普通高等教育高职高专“十三五”规划教材

移动应用创新设计与制作（App Inventor 2）

主　编　黎明明　龙祖连　朱　荻

中国水利水电出版社
www.waterpub.com.cn
·北京·

内 容 提 要

本教材主要介绍App Inventor 2的应用开发。它是Android开发的一种入门级开发环境。采用拼图开发方式简化了复杂的程序编程过程，极大地提升了学习者对软件编程的兴趣。App Inventor 2不仅可以开发各种Android程序，还可以跟单片机、Arduino、乐高机器人连接，应用领域广阔。

本教材所涉及的内容包括Android与App Inventor 2简介、App Inventor 2入门、App Inventor 2基本组件应用、App Inventor 2内建模块使用、Arduino开发——基础实验、Arduino开发——传感器实验、App Inventor 2与Arduino应用开发七个教学单元。每个教学单元都以实际应用程序开发任务的形式进行组织，将知识点和技能点系统地贯穿到每个任务中。

本教材适合作为高职高专院校计算机、通信、物联网等相关专业移动应用开发课程的教材，也可用作各类培训机构的培训教材，还可以作为Android应用开发专业人员和业余爱好者的参考书。

图书在版编目（CIP）数据

移动应用创新设计与制作 : App Inventor 2 / 黎明明，龙祖连，朱获主编. -- 北京 : 中国水利水电出版社，2017.12

普通高等教育高职高专“十三五”规划教材

ISBN 978-7-5170-6154-0

Ⅰ. ①移… Ⅱ. ①黎… ②龙… ③朱… Ⅲ. ①移动终端－应用程序－程序设计－高等职业教育－教材 Ⅳ. ①TN929.53

中国版本图书馆CIP数据核字(2017)第326237号

书　　名	普通高等教育高职高专“十三五”规划教材 **移动应用创新设计与制作（App Inventor 2）** YIDONG YINGYONG CHUANGXIN SHEJI YU ZHIZUO (App Inventor 2)
作　　者	黎明明　龙祖连　朱获　主编
出版发行	中国水利水电出版社 （北京市海淀区玉渊潭南路1号D座　100038） 网址：www.waterpub.com.cn E-mail：sales@waterpub.com.cn 电话：(010) 68367658（营销中心）
经　　售	北京科水图书销售中心（零售） 电话：(010) 88383994、63202643、68545874 全国各地新华书店和相关出版物销售网点
排　　版	中国水利水电出版社微机排版中心
印　　刷	天津嘉恒印务有限公司
规　　格	184mm×260mm　16开本　16.75印张　397千字
版　　次	2017年12月第1版　2017年12月第1次印刷
印　　数	0001—2000册
定　　价	**38.00**元

本书编写人员

主　编　黎明明　　龙祖连　　朱　获

副主编　苗志锋　　钟文基　　农朝勇

参　编　区倩如　　姚　馨　　陈　平

刘荣才　　邓丽萍

主　审　宁爱民

Android是当下应用最为广泛的智能手机平台，具有丰富的软件资源。Android软件开发具有一定的难度，一般需要开发者具备一定的软件开发技术和经验。

本教材主要介绍App Inventor 2的应用开发。它是Android开发的一种入门级开发环境。它是由Google实验室与美国麻省理工学院联合推出的。App Inventor 2采用拼图开发方式简化了复杂的程序编程过程，入门门槛低，程序员和非程序员均能上手，极大地提升了学习者以软件编程的兴趣。App Inventor 2不仅可以开发各种Android程序，还可以跟单片机、Arduino、乐高机器人连接，应用领域广阔。

本教材在内容选材和组织安排上按照“基础篇—创新制作篇—强化实训篇”这一思路进行编排，力求帮助读者由浅入深、循序渐进地进行学习。基础篇选取的项目难度适中、生动有趣；创新制作篇让读者制作包括软硬件结合的日常小制作，让App编程融入生活；强化实训篇以物联网智能家居控制系统这个综合性项目进行强化。

一、教材特点

1. 由浅入深、实例实用、易学易用

本教材对简单易懂、实用有趣的项目进行讲解，每篇之间是递进关系，基础篇为后续两篇夯实基础，创新制作篇为强化实训篇做好准备。每篇的各项目之间是平行关系，几乎将App Inventor所有知识点分散到各个项目中，各个项目相对独立。每个项目又按一个项目的开发流程编排内容，包括项目描述—项目目标—项目知识点—项目界面设计—项目功能实现—拓展与提高，有助读者理解项目开发流程，培养读者开发和拓展的能力。

2. 教材配套资源丰富

本教材列举了数十个有趣范例，并为每个范例设计各种不同的素材，通过简单、条理且清晰的教学用语，引导读者慢慢进入积木式App的开发世界，还配备了电子课件和项目源码，为读者的学习和教师的教学提供方便。

二、内容介绍与教学建议

本教材内容结构如下：

第1章：简单介绍Android的现状、发展及优势以及App Inventor 2的发展、特点、学习资源等。

第2章：介绍App Inventor 2入门知识，包括如何搭建App Inventor 2开发环境、App Inventor 2操作界面介绍、App Inventor 2应用程序如何进行调试；并编写第一个App Inventor 2应用。

第3章：以任务的形式让读者掌握App Inventor 2中按钮、文本输入框、下拉框、列表框、音效、图像、计时器、布局、日期选择器、屏幕等组件的使用要点。

第4章：以任务的形式让读者掌握App Inventor 2的内建模块（如常量与变量、条件判断、循环控制、列表、函数）的使用要点。

第5章：以任务的形式介绍Arduino入门知识，包括开发环境的搭建、内部资源的应用等，从最简单的如何点亮一个LED实验开始，一步一步走进Arduino的开发世界。

第6章：以任务的形式让读者掌握Arduino与传感器的应用，包括声控、光控、温湿度、红外传感器、超声波传感器等，进一步掌握Arduino应用编程知识。

第7章：以任务的形式让读者能结合本教材所学知识，运用App Inventor 2和Arduino设计开发一些日常生活中创意、创新制作，达到学以致用的效果。

三、读者对象

（1）高职高专计算机、通信、物联网等相关专业学生。

（2）计算机相关专业培训机构的学生。

（3）Android应用开发专业人员和业余爱好者。

本教材编写团队由学校资深教师和企业专家组成，由黎明明、龙祖连、朱荻担任主编，苗志锋、钟文基、农朝勇担任副主编，区倩如、姚馨、陈平、刘荣才、邓丽萍参与编写，宁爱民教授担任主审。在教材项目开发和内容选择等方面得到了南宁西途比科技有限公司技术总监朱荻、项目经理黄建皓、南宁悟空信息技术有限公司经理李金东、工程师潘源的大力支持。由于作者水平有限，难免存在不妥和错误之处，敬请批评指正，我们将不胜感激。

编　者

2017年8月

前言

基 础 篇

创 新 制 作 篇

强化实训篇

基 础 篇

第1章 Android与App Inventor 2简介

【教学目标】

（1）了解Android系统的起源和发展。

（2）了解App Inventor 2的发展及其优势。

（3）了解App Inventor 2的开发成果。

（4）了解App Inventor 2的学习资源。

【本章导航】

App Inventor 2是Google公司开发的一款手机编程软件，它是一个基于网页的开发环境，采用积木式搭建程序，即使是没有开发背景的人也能通过它轻松创建Android应用程序。通过本章学习，将了解Android系统的特点和发展，掌握App Inventor 2的起源和优势，了解如何获取互联网上App Inventor 2的学习资源。

1.1 Android的简介

1.1.1 Android现状

Android是Google于2007年宣布的基于Linux平台的开放源代码的操作系统。Android一词的本义指“机器人”，国内多称为“安卓”。Android主要使用于移动设备，如智能手机和平板电脑，是第一个完整、开放、免费的手机操作系统，如图1.1所示。

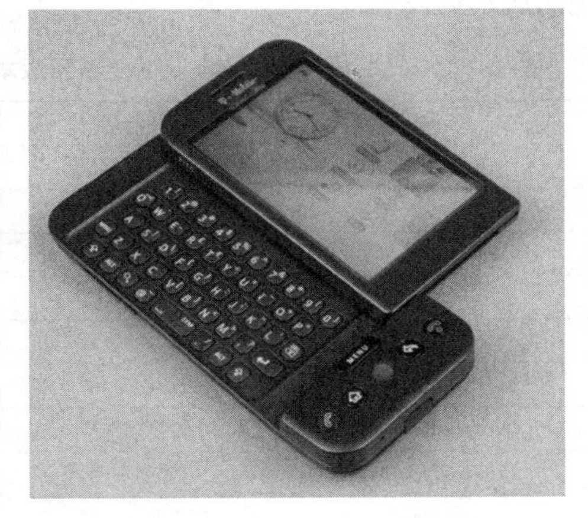

图1.1 第一台搭载安卓系统的手机G1

Android是当今世界上应用最广泛的智能手机平台。据IT研究和咨询公司Gartner发布的2017年第一季度的全球智能手机市场报告显示：苹果iOS操作系统设备2017年第一季度出货量为5199.25万部，Android设备的出货量高达3.271亿部。换成市场份额，iOS占据13.7%的市场份额，而Android占比高达86.1%，数据见表1.1。

1.1.2 Android发展史

2003年10月，Andy Rubin（图1.2）等人创建了与Android系统同名的Android公司，并组建了Android开发团队。最初的Android系统是一款针对数码相机开发的智能操

表 1.1　2017 年第一季度全球售给终端用户智能手机操作系统数量表

操作系统	2017 年第一季度销售量/千部	2017 年第一市场占有率/%	2016 年第一季度销售量/千部	2016 年第一市场占有率/%
Android	327163.6	86.1	292746.9	84.1
iOS	51992.5	13.7	51629.5	14.8
其他	821.2	0.2	3847.8	1.1
总计	379977.3	100.0	348224.2	100.0

图 1.2　Android 开发的领头人：Andy Rubin

作系统，之后被 Google 公司低调收购。2007 年，Google 宣布与 33 家手机厂商（包括华为、摩托罗拉、三星等）、手机芯片供应商、软硬件供应商、移动运营商联合组成开发手机联盟（Open Hand-Set Alliance，OHA），发布了名为 Android 的开放手机软件平台。参与开放手机联盟的这些厂商都会基于 Android 平台来开发新的手机业务。Android 向手机厂商和移动运营商提供了一个开放的平台，供他们开发创新性的应用软件。

Android 触及平板电脑、笔记本、汽车等诸多市场。随着 Android 手机的普及，Android 应用的需求势必会越来越大，这是一个潜力巨大的市场，会吸引无数软件开发厂商和开发者投身其中。作为未来发展战略的关键，Google 的梦想是逐步完成“让 Android 系统平台随时随地替每位使用者提供资讯”。Android 系统推出后，版本升级非常快，几乎每隔半年就有一个新的版本发布。Android 系统的版本见表 1.2。

表 1.2　Android 系统不同版本的发布时间及对应的版本号

Android 版本	发布日期	代　号
Android Beta	2007 年 11 月	阿童木
Android 1.0	2008 年 9 月	发条机器人
Android 1.5	2009 年 4 月	纸杯蛋糕（Cupcakes）
Android 1.6	2009 年 9 月	甜甜圈（Donut）
Android 2.0/2.1	2009 年 10 月	松饼（Eclair）
Android 2.2	2010 年 5 月	冻酸奶（Froyo）
Android 2.3	2010 年 12 月	姜饼（Gingerbread）
Android 3.0	2011 年 2 月	蜂巢（Honeycomb）
Android 4.0	2011 年 10 月	冰激凌三明治（IceCream Sandwich）
Android 4.1	2012 年 6 月	果冻豆（Jelly Bean）
Android 4.4	2012 年 10 月	奇巧（KitKat）
Android 5.0	2014 年 10 月	棒棒糖（Lollipop）
Android 6.0	2015 年 5 月	棉花糖（Marshmallow）
Android 7.0	2016 年 3 月	牛轧糖（Nougat）

1.1.3 Android 的优势

Android 突出的优势是开放性。Android 平台得到了业界广泛的支持，继 2008 年 9 月第一款基于 Android 平台的手机 G1 发布之后，小米、三星、摩托罗拉、华为、中兴等公司都推出各自 Android 平台的手机。对于以创新的搜索引擎技术而成为互联网巨头的 Google 公司，Android 操作系统是 Google 公司最具杀伤力的武器之一。Android 平台的开放性允许任何移动终端厂商加入到 Android 联盟中来，显著的开放性可以使其拥有更多的开发者。随着用户和应用的日益丰富，一个崭新的平台也将很快走向成熟。开放性对于 Android 的发展而言，有利于积累人气，这里的人气包括消费者和厂商，而对消费者来讲，最大的受益正是丰富的软件资源。

Android 另一个优势是其免费性。与 Microsoft 推行 Windows Mobile、Symbian 等厂商不同的是，Android 是一款完全免费的智能手机平台，从而避开了阻碍市场发展的专利壁垒，而与 Windows Mobile 高达 20 多美元的单台授权费相比，采用 Android 系统的终端可以有效地降低产品成本，Android 系统对第三方软件开发商也是完全开放和免费的。

1.2 App Inventor 2 的简介

1.2.1 App Inventor 2 的来源

App Inventor 是由 Google 实验室所设计，由来自麻省理工学院（MIT）有“App Inventor 之父”之称的 Hal Abelson 教授及其团队负责主导开发。它以图形化界面为主要特色，是一种简单、快速开发 Android 的应用程序的开发平台。2012 年移交麻省理工学院（MIT）行动学习中心维护。主要面向没有程序设计基础、想快速学会移动应用程序设计，以及想迅速开发出 App 的初学者。App Inventor 最大的特点是不需要编写代码，开发程序就如拼图、堆积木般简单，能够帮助读者快速完成专属的、能够运行在模拟器、Android 手机或平板电脑，甚至用于获取盈利的 Google Play 商店上的 App。App Inventor 易学、易用、有助于锻炼逻辑思维，是帮助移动开发初学者的好工具。

2012 年 3 月 4 日，MIT App Inventor 开放使用。2013 年 12 月，麻省理工学院推出了新的 App Inventor 版本——App Inventor 2（简称 AI2）和新的 App Inventor 官方网站。之前的版本称为 App Inventor Classic 或 App Inventor 1(简称 AI1)，而且目前已经停止对 App Inventor 1 提供技术支持。AI1 是基于 Java Web Start 的代码编辑器 Blocks Editor，所以开发者必须安装 JRE，而 AI2 完全基于浏览器，开发者除了浏览器不需要额外安装任何软件。AI2 同时在操作上大幅简化了各指令模块中的下拉选项，使得广大开发者能更快找到所需的指令。本教材是以 App Inventor 2 为基础进行编写的。

在 App Inventor 2 上线的同时，国内的 IT 界和教育界就注意到了这一新的 Android 应用开发工具，越来越多的院校将 App Inventor 2 作为非计算机专业的选修课程，如浙江师范大学附属中学、浙江大学城市学院、湖南师范大学、汕头大学、中山大学、四川文理学院、芜湖职业科技学院、淄博职业学院、江西师范大学、哈尔滨工程大学、深圳信息职业技术学院和马鞍山师范高等专科学校等。MIT 和 Google 中国大学一直支持 App Inventor 2 在中国的推广和发展，为推广 App Inventor 的使用，MIT 于 2014 年 9 月 14 日推出中文版本（含简体、繁体）。

1.2.2　App Inventor 2 的特点

1. 开发简单，积木式拼接程序

Android 开发环境有两种：一种是基于 Eclipse＋ADT（Android 开发者工具）的开发环境；另一种是基于 Android Studio 的开发环境。基于 Eclipse＋ADT 的开发环境已经逐步被淘汰；目前主流是基于 Android Studio 的开发环境。Android Studio 的开发环境如图 1.3 所示。通过写 Java 代码来开发 Android 应用。这种开发方式对于开发人员的开发知识和经验有一定要求，并且要熟悉 Java 语言的使用。

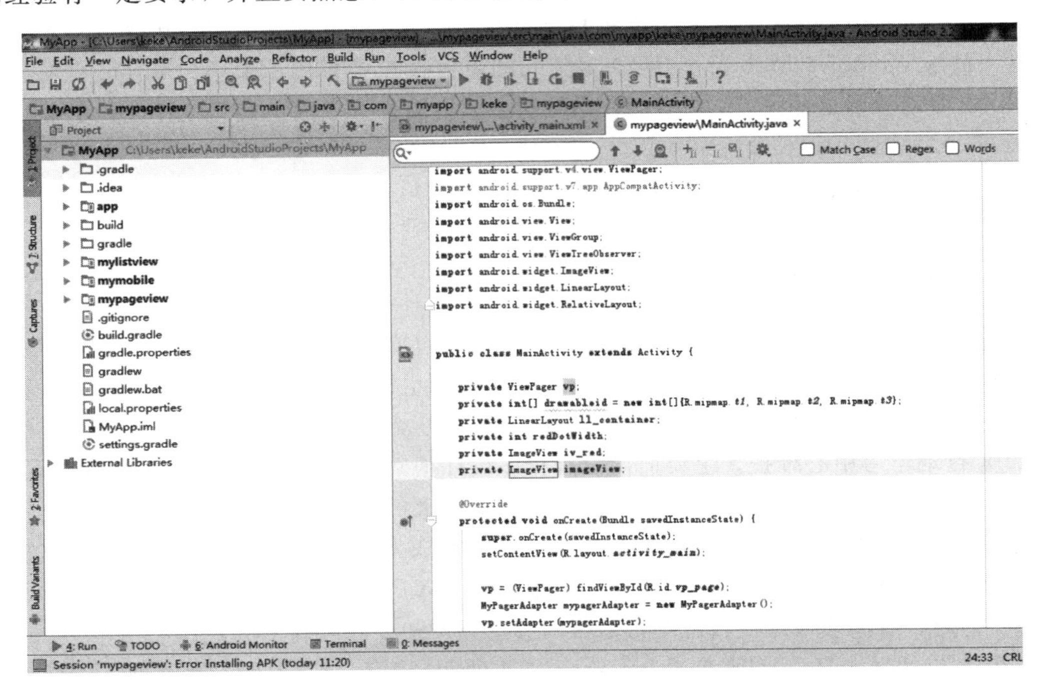

图 1.3　Android Studio 集成开发环境

相比之下，App Inventor 2 开发 Android 应用不需要编程基础，通过可视化的开发环境如图 1.4 所示，让用户拖曳模块，像搭积木一样搭建程序。当积木模块成功搭配，会发出“咔嗒”的提示声音。

2. 网络作业，云端开发

所有开发都在浏览器上完成，将资料存储在云服务器上，方便在任何地方进行设计。

3. 正确性高，便于调试

在代码式编程中，出现错误后信息比较隐秘，改正错误需要分析错误信息，而使用 App Inventor 2 开发 Android 程序，使用积木进行搭建时，相匹配的模块才可以拼接，在一定程度上保证编程正确性。调试容易，可以在模拟器或实体手机上进行程序调试，测试

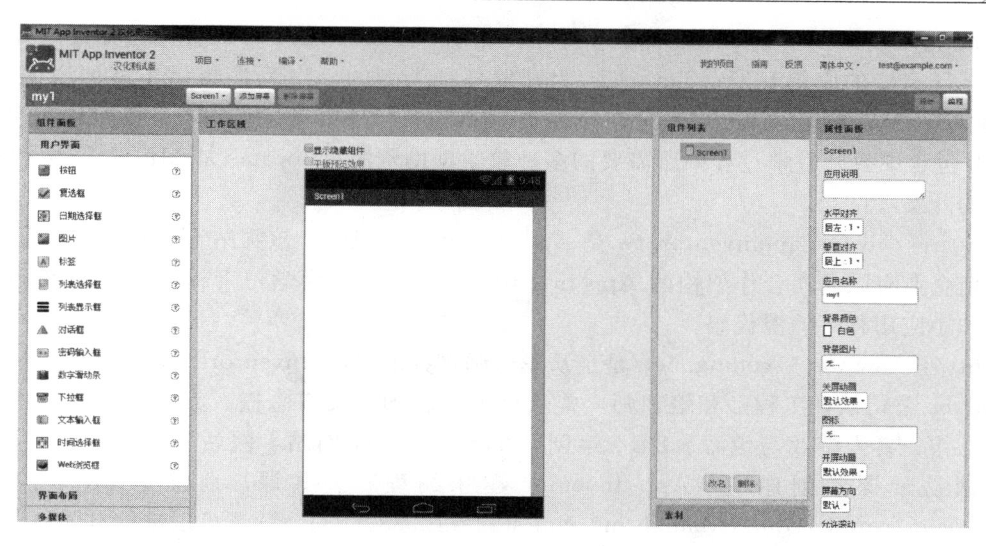

图 1.4 App Inventor 2 开发界面

运行结果。

4. 支持乐高机器人

可以使用 App Inventor 2 开发乐高机器人程序，控制机器人运动。

5. 文件体积大

相同功能下，App Inventor 2 开发的 Android 程序比 Java 开发的大。

1.2.3 App Inventor 的学习资源

MIT App Inventor——http：//appinventor. mit. edu/explore/是美国麻省理工大学的 App Inventor 2 网站，如图 1.5 所示。网站为学生、教师提供了大量的教学资源。其中 Get

图 1.5 appinventor. mit. edu 网站界面

Started 为开发第一个 AI2 程序提供了简单的指引；Create apps 可以直接打开集成开发环境，进行 AI2 的应用开发；Tutorials 为开发各种类型的 AI2 程序提供丰富的说明；Library 包括了在开发过程中涉及的各种资料，包括文档、索引、提示和问题解答等；Teach 包含中教师教学过程中所需要的多种教学辅助资源；Forums 是 MIT 为学生和教师提供的开发者论坛。

http：//www. appinventor. tw 是 App Inventor 学习网，该网站为 CAVE 教育国际与翰尼斯企业有限公司合作架构的 App Inventor 教育平台，为学习者提供优秀的网络学习环境和小应用程序的源代码。

http：//www. 17coding. net/是金从军老师创办的 App Inventor 2 学习网站。金老师是 Adobe 公司认证工程师和培训师，曾从事大学教师、渠道总监、程序员、开发项目经理等工作；喜爱游戏与编程。2014 年创办 17coding. net 网站，网站界面如图 1. 6 所示。她在网易云课堂创建了《App Inventor 趣味编程》公共课，地址是 http：//study. 163. com/course/courseMain. htm？ courseId＝1003895033，读者可以进行自学。

图 1. 6　www. 17coding. net 网站界面

1. 2. 4　App Inventor 2 的应用

在国外，App Inventor 2 诞生之日，各行各业的开发人员就用它开发 Android App。大量正式非正式的教育机构面向计算机学科的学生、科学俱乐部成员、课外活动的参加者和夏令营的成员教授编程知识。很多教育者也使用 App Inventor 2 来开发与教学任务相关的 App。政府雇员和社区志愿者利用 App Inventor 2 开发定制的 App 以应对自然灾害和服务社区。在医疗和社会等领域研究人员通过开发定制的 App 有效地帮助他们收集并处理数据，极大地提高工作效率。

2016 年广州市中小学电脑机器人竞赛活动，首创 App Inventor（手机控制）机器人挑战赛项目。广州市天河区中海康城小学同学制作的《校园智能语音借伞机器人》，需要借伞的同学只需要打开手机借伞软件，对着手机和机器人进行对话，就可以轻松方便地从机器人肚子里拿到一把雨伞（图 1.7）。

图 1.7 同学向借伞机器人借伞

广东溢达集团开展了基于 App Inventor 2 的应用创新比赛，员工创作了实用性很强的手机软件。如员工利用该平台开发了一款公司停车软件，可以实时查询停车位状态及公共自行车租借情况，避免盲目寻找。

第2章　App Inventor 2 入门

【教学目标】

(1) 掌握 App Inventor 2 开发环境的安装方法。

(2) 熟悉 App Inventor 2 界面编辑器和程序模块编辑器。

(3) 掌握使用手机和模拟器进行应用程序调试的方法。

【本章导航】

App Inventor 2 开发环境的安装是开发应用程序的第一步，通过本章学习，可以快速掌握如何开发安装调试自己的第一个 App Inventor 2 程序。

2.1　搭建 App Inventor 2 开发环境

2.1.1　App Inventor 2 开发环境搭建要求

AI2 提供了基于网页的开发环境，因此读者需要检查自己所使用的操作系统和浏览器是否支持 AI2 开发。AI2 所支持的操作系统和浏览器见表 2.1 和表 2.2。

表 2.1　AI2 所支持的操作系统

操作系统	版本说明
Macintosh	Mac OS X 10.5 或更高版本
Windows	Windows XP，Windows Vista，Windows 7 或更高版本
GNU/Linux	Ubuntu 8 或更高版本，Debian5 或更高版本
Android Operating System	2.3 或更高版本

表 2.2　AI2 所支持的浏览器

浏览器名称	版本说明	浏览器名称	版本说明
Mozilla Firefox	3.6 或更高版本	Google Chrome	4.0 或更高版本
Apple Safari	5.0 或更高版本	Microsoft Internet Explorer	暂不支持

如果使用的浏览器并不在 AI2 的支持范围内，AI2 会给出图 2.1 提示告知用户。

2.1.2　App Inventor 2 开发流程

使用 AI2 进行 Android 应用开发，大致要经过以下的步骤，如图 2.2 所示。

(1) 使用电子邮箱账号登录 AI2。

(2) 进行 AI2 开发环境，在界面编辑器中开发应用的界面部分，在模块编辑器中开发应用的逻辑部分。

Your browser might not be compatible.

To use App Inventor for Android, you must use a compatible browser.
Currently the supported browsers are:

- Google Chrome 29+
- Safari 5+
- Firefox 23+

图 2.1 浏览器不兼容的界面

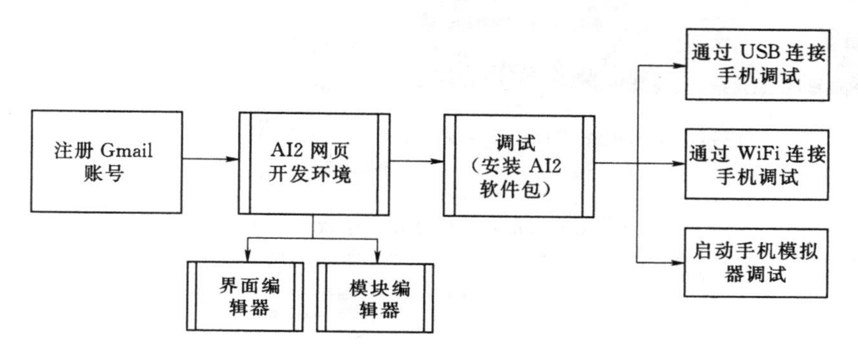

图 2.2 App Inventor 2 的开发流程

(3) 在进行应用的调试前，要先安装 AI2 的软件包，手机连接工具 aiStarter 和 Android 模拟器都在这个软件包中。

(4) 用户可选择 USB、WiFi 或模拟器中任意一种模式进行应用的调试。

2.1.3 在线版 App Inventor 2 开发环境

为了使用 http：//ai2. appinventor. mit. edu/中的服务，需要使用 Google 的 Gmail 邮箱账号进行登录，因此首先要申请 Google 的 Gmail 账号。

进入谷歌搜索页面 http：//www. google. com. hk，然后单击右上角的“登录”按钮进行 Gmail 邮箱登录页面，如果没有 Gmail 账号，则可以单击“创建账户”按钮进行 Gmail 邮箱注册。

由于 AI2 是完全基于浏览器开发安卓应用的（也称为云端开发），访问 AI2 云端官方服务器 http：//ai2. appinventor. mit. edu（由于受 Google 插件影响，国内经常无法访问，可尝试访问备用服务器 http：//contest. appinventor. mit. edu/）。

http：//app. gzjkw. net/是 App Inventor 广州服务器，是中国最早由麻省理工学院授权的 App Inventor 官方服务器，于 2015 年 1 月上线，由广州市教育信息中心（广州市电教馆）负责运维，由美国 Thunkable 公司提供技术支持。需要使用邮箱账号登录使用，并且是汉化版，国内可正常访问，如果选择在线开发，可以使用这个服务器。本教材主要使用 App Inventor 广州服务器汉化版进行讲解，讲解时用中文描述组件、组件属性，同时也用括号说明对应英文，以方便使用英文版的读者。http：//app. gzjkw. net/网站界面

图 2.3　广州服务器网站界面

如图 2.3 所示。

金从军老师是 Adobe 公司认证工程师和培训师，在新浪微博及博客上自称“老巫婆”，2014 年创办 http：//ai2.17coding.net/网站，为学习者提供在线服务器。

2.1.4　搭建离线版 App Inventor 2 开发环境

没有上网条件的用户可以在本地架设 AI2 本地服务器，这样可以在没有互联网的环境下开发 App Inventor 2 应用程序。

（1）App Inventor 2 离线软件包软件清单见表 2.3。

表 2.3　App Inventor 2 离线软件包软件清单

软件名称	下载地址
JDK	http：//www.oracle.com/technetwork/java/javase/downloads/index.html
App Inventor 离线包安装程序 AppInventor _ Setup _ Installer _ v _ 2 _ 1.exe	http：//dl.google.com/dl/appinventor/installers/windows/
appinvnetor 打包工具	Launch－buildServer.cmd
命令文件	startAi.cmd

（2）App Inventor 2 离线版的开发环境搭建具体步骤如下：

1）下载并安装 JDK。安装后，假设 JDK 安装目录为 C:\Program Files\Java\jdk1.8.0 _ 111。

2）设置环境变量。在“我的电脑”图标上右击，在弹出的快捷菜单中选择“属性→高级→环境变量”，进行表 2.4 所示的设置。

表 2.4　设置参数

动作	设置
新建系统变量 JAVA_HOME	变量名:JAVA_HOME 变量值:C:\Program Files\Java\jdk1.8.0_111
新建系统变量 CLASSPATH	变量名:CLASSPATH 变量值:.;%JAVA_HOME%\lib\dt.jar;%JAVA_HOME%\lib\tools.jar;
修改系统变量 Path	在 Path 原内容后追加;%JAVA_HOME%\bin\;%JAVA_HOME%\jre\bin

设置完成后，选择“开始→运行”，输入“cmd”进入命令行模式，输入 javac，若能显示如图 2.4 所示窗口，说明环境变量配置成功；否则，需重新检查环境变量的设置是否正确。

为保证 App Inventor 2 顺利运行，还要对 Java 进行设置。打开控制面板，双击打开

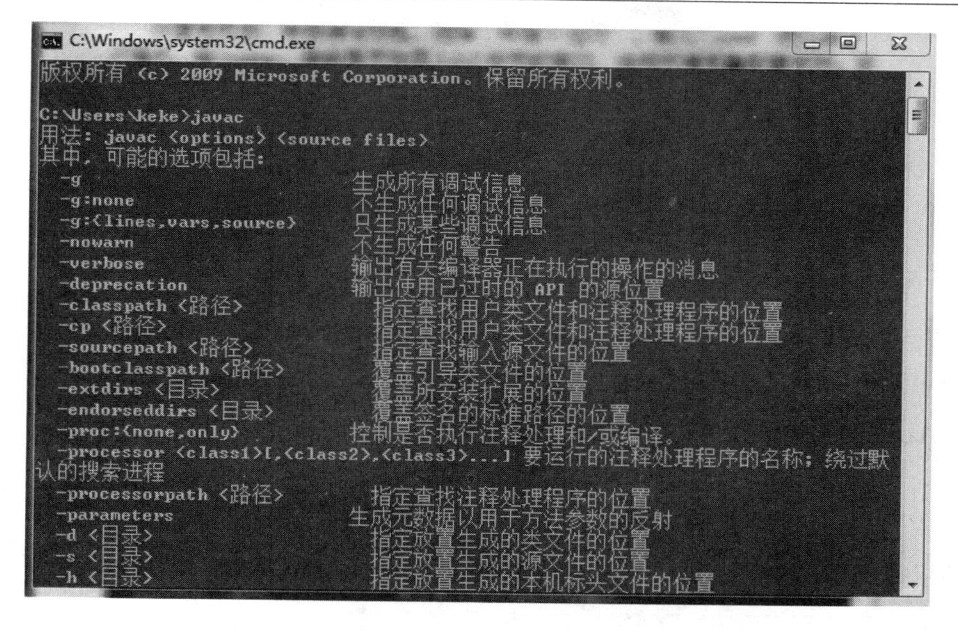

图 2.4 环境变量设置成功界面

Java，在弹出的对话框中选择“常规→设置”，取消勾选“将临时文件保存在我的计算机上（K）”选项，设置后如图 2.5 所示；然后选择“安全”，将安全级别调为中级，设置后如图 2.6 所示。

图 2.5 临时文件设置界面

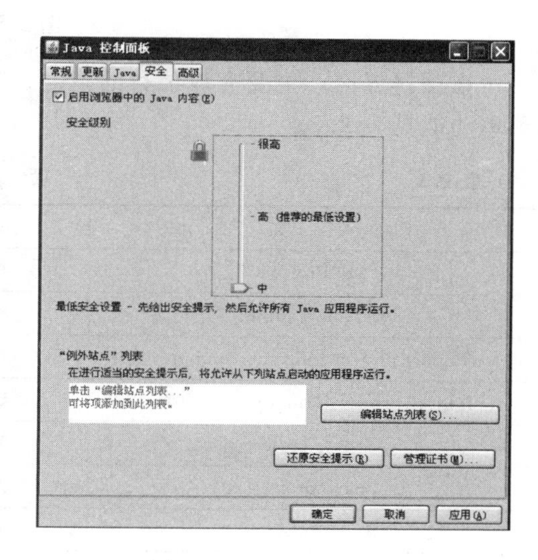

图 2.6 Java 设置界面

3）下载并安装 App Inventor，按默认步骤安装即可。

4）启动 launch - buildserver32. cmd。

5）启动 startAI. cmd。

6）打开浏览器，输入 http：//localhost：8888，出现如图 2.7 所示窗口。单击“Log In”，即可进入项目开发窗口。

图 2.7　成功安装 AI2 启动的界面

2.2　App Inventor 2 操作界面

2.2.1　App Inventor 2 项目界面

使用账号成功登录 App Inventor 2 后，第一个界面为项目界面，如图 2.8 所示。

图 2.8　项目界面

在项目界面，主要完成项目的建立、删除、导入、导出，操作菜单集中在项目，项目菜单功能见表 2.5。

表 2.5　　　　项　目　菜　单

英　　文	中　　文	功　　能
My Projects	我的项目	返回项目界面
Start new project	新建项目	新建项目
Import project form my computer	导入项目	导入文件后缀为 aia 的项目
Import project form a responsitory	导入模板	从代码库导入
Delete project	删除项目	删除项目
Save project	保存项目	保存
Save project as	另存项目	另存为
Checkponit	检查点	方便返回项目的项目检查点
Export select project to my computer	导出项目	导出项目
Export all project	导出全部项目	导出全部项目
Import keystore	导入密钥	在更新 Google Player store 应用时，必须使用同一密钥
Export keystore	导出密钥	
Delete keystore	删除密钥	

2.2.2 App Inventor 2 界面编辑器

App Inventor 2 界面编辑器也称 UI 界面，也就是设计程序外观，即设计用户直接看到的界面，该界面有 4 个栏目，如图 2.9 所示。第一栏为组件面板栏，用于选择组件，选取的组件需要拖曳到第二栏。第二栏为工作面板栏，是用户直接面对的项目外观。第三栏上方为组件列表栏，显示已添加的组件；下方为媒体栏，用来上传声音、图片等素材。第四栏为组件属性栏，用来设置组件的属性。

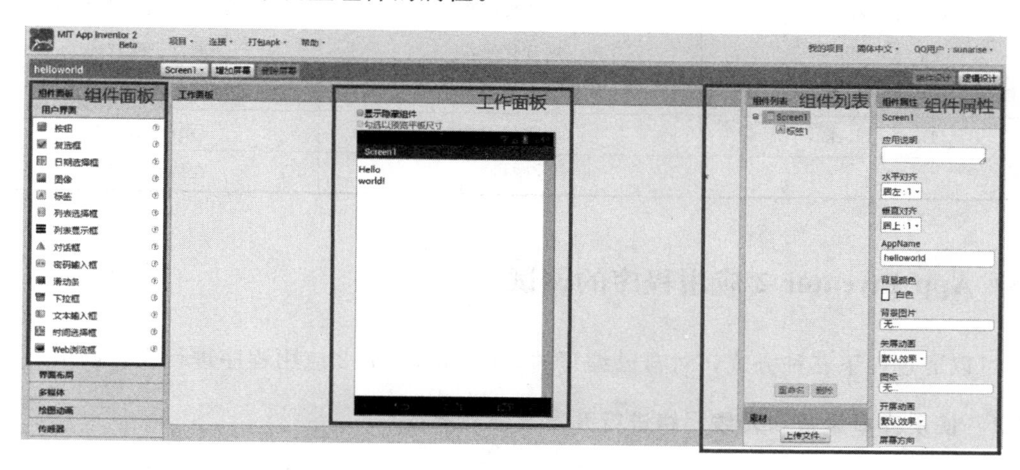

图 2.9　App Inventor 2 界面编辑器

2.2.3 App Inventor 2 程序模块编辑器

第三个界面为程序模块编辑器面，单击右上角的 Blocks（逻辑设计）进入，如图 2.10 所示。Blocks（逻辑设计）是程序后台的模块。

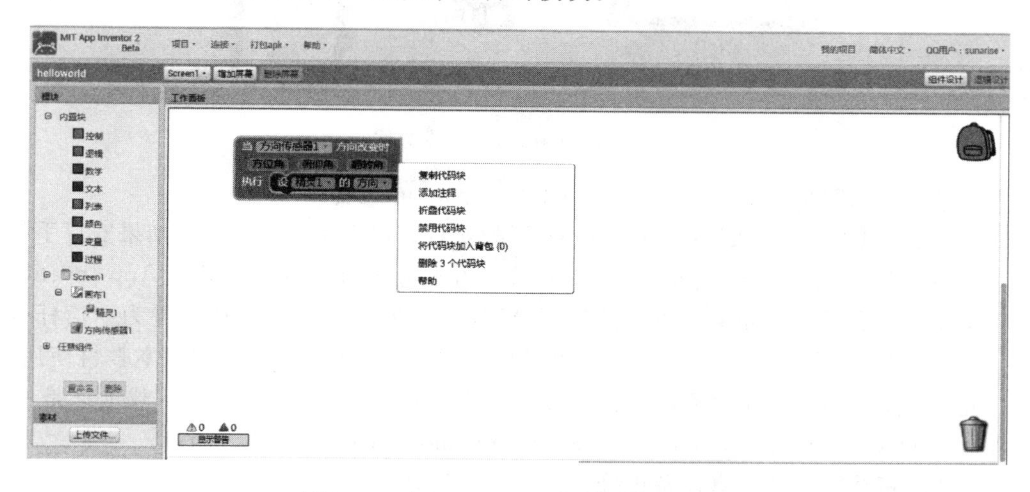

图 2.10　App Inventor 2 程序模块编辑器

模块操作有几个快捷键，如 Ctrl+C 复制、Ctrl+V 粘贴、Delete 删除，Ctrl+鼠标

滚轮可放大缩小视图。将鼠标悬停在模块上，会出现模块使用说明。

右击模块，弹出菜单见表 2.6。

表 2.6　　模块右击菜单

英　　文	中　　文	功　　能
Duplicate	复制代码块	复制模块
Add Comment	添加注释	方便自己和他人理解程序
Collapse Block	折叠代码块	折叠代码，节省视图空间
Expand Block	展开代码块	展开折叠代码
Disable Block	禁用代码块	禁用代码，调试时使用
Delete Block	删除代码块	删除代码块
Help	帮助	在线帮助网页

2.3　App Inventor 2 应用程序的调试

可以通过以下三种方式，对自己编写的 App Inventor 2 应用程序进行安装调试。

2.3.1　使用安卓设备和无线网络进行开发（强烈推荐）

这种方式不需要你在计算机上下载任何额外的软件，而是直接在云端服务器上开发，并通过在安卓设备上安装 MIT App Inventor 2 Companion 配套 App 进行实时调试，如图 2.11 所示。

图 2.11　WiFi 真机开发方式

步骤 1：下载安装 MIT App Inventor 2 Companion 配套 App。

可以扫描中的二维码从谷歌 Play Store 下载安装，这也是推荐方式。如果安卓手机或平板电脑未安装二维码扫描 App，也可以直接到谷歌应用市场搜索“MIT App Inventor 2 Companion”然后安装。如果希望直接使用 APK 方式安装，请将手机设置为“信任未知源”，这在调试和安装软件时同样适用。也可以直接下载 APK 方式安装。本教材使用 http：//app.gzjkw.net/广州服务器进行讲解，其相应的 AI Companion 的下载地址是：http：//app.gzjkw.net/companions/MITAI2Companion.apk，版本是 2.4.1。

步骤 2：将计算机和安卓设备连接到同一无线网络。

只有当计算机和安装有配套 App 的安卓设备连接到同一无线网络时，才能将正在开发的 App 显示到安卓设备上，便于调试。换句话说，计算机和安卓设备必须在同一局域网。

步骤 3：打开 App Inventor 2 的项目将它与安卓设备连接

打开 App Inventor 2，打开上节 Hello World 项目，接下来在 AI2 浏览器的顶部菜单中选择“连接”→“AI 伴侣”，如图 2.12 所示。

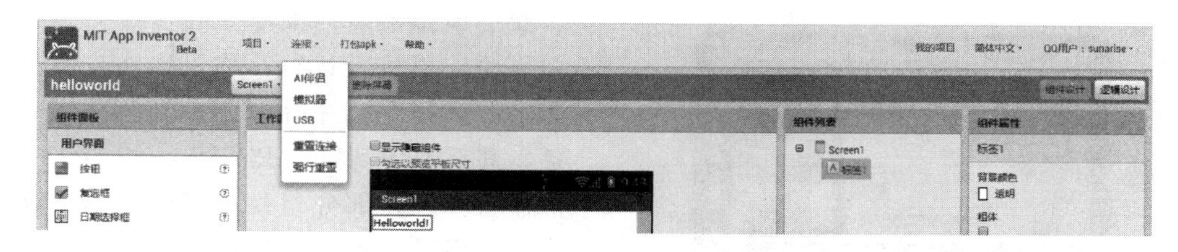

图 2.12　连接 AI 伴侣

然后浏览器中会出现一个二维码对话框。使用安卓设备像打开其他应用一样的方式开启 AI2 Companion 应用。然后单击“Scan QR code”按钮开始扫描浏览器中的二维码，如图 2.13 所示。

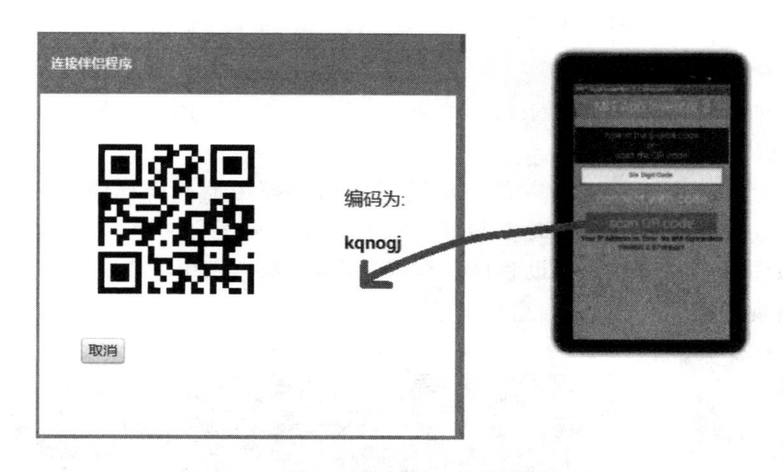

图 2.13　扫描二维码

几秒钟之后，正在开发的 App 就会显示在安卓设备上了。在设计器 Designer 或图块编辑器 Blocks 界面做了修改之后，安卓设备会即时更新 App，这种特性称为“实时调试”。

假如手机没有摄像头，或者其他原因导致无法扫描，也可以直接将二维码对话框中“Your code is”下面的 6 个字母输入安卓设备中打开的配套 App 的输入框“Six Dight Code”中，然后单击“connect with code”按钮。

假如你设计的 App 没有显示在安卓设备上，可能原因如下：

(1) 你的配套 App 已经过期，需要更新。按步骤 1 的方法重新安装即可。

(2) 你的安卓手机或平板电脑没有连接到 WiFi。确认你的配套 App 下方显示了网络 IP 地址。

(3) 你的安卓设备没有和计算机连接到同一网络，确认计算机和手机连接的是同一 WiFi 网络。

2.3.2　使用 AI2 模拟器进行安装调试

假如没有安卓手机或平板电脑，仍然可以使用 AI2 模拟器来调试 App。AI2 提供了一个安卓模拟器，同安卓设备一样，但需要在你的计算机上运行。你可以在安卓模拟器中调试程序，并打包分发到其他安卓设备，甚至上传到谷歌 Play Store。注意：模拟器与真机在部分组件测试时可能有所不同。使用模拟器来开发，需要首先在计算机上安装相应的软件，步骤如图 2.14 所示。

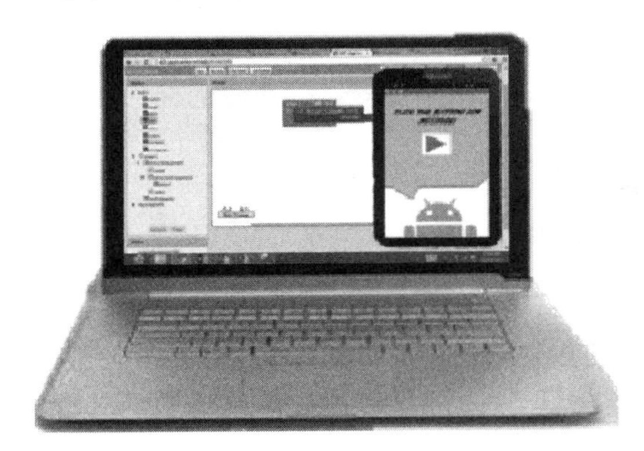

图 2.14　使用模拟器调试

步骤 1：在计算机上安装 App Inventor 2 Setup 软件包。

下载软件包（网址：http：//app-inv. us/aisetup _ windows)，双击打开软件包，像安装其他软件一样单击“Next”按钮，(注意：必须使用管理员权限安装软件包)。

步骤 2：启动 aiStarter。

我们需要辅助程序 aiStarter 才能在浏览器中启动模拟器。该程序已经在步骤 1 中安装 App Inventor 2 Setup 软件包时安装好了，并在桌面创建了一个快捷方式，如图 2.15 所示。双击该图标，便可启动辅助程序。在 Windows 操作系统下该程序默认开机自启动。启动后将会出现如图 2.16 所示的窗口。

图 2.15　aiStarter 桌面图标

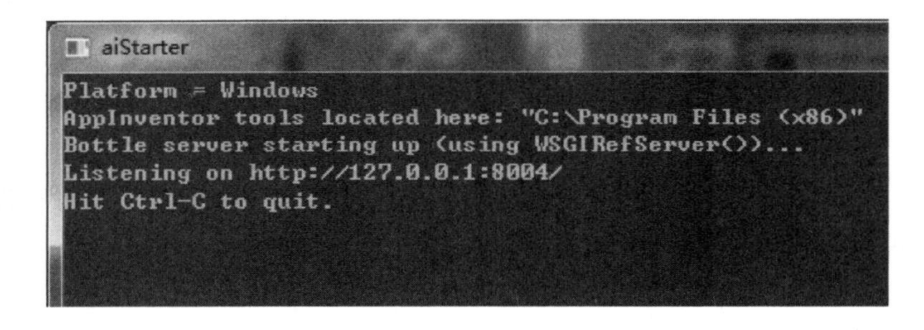

图 2.16　aiStarter 启动界面

步骤 3：打开 App Inventor 2 项目并连接到模拟器。

打开 App Inventor 2（网址 http：//app. gzjkw. net)，打开 Hello World 项目。然后从 App Inventor 2 的顶部菜单中依次单击“连接”→“模拟器”菜单项。浏览器中央会弹出一个对话框，告诉我们正在连接模拟器，可能需要几分钟时间。接下来出现模拟器窗口，模拟器启动成功后，会显示如图 2.17 所示的状态。启动成功到可以显示你正在开发的 App，可能还需要几分钟时间，这期间模拟器会准备 SD 卡：从模拟器顶部的状态栏中可以看到相应提示。完成该工作后，模拟器就会启动并显示你正在 App Inventor 2 中创建的 App。

由于 App Inventor 2 还处于 beta 测试版，软件功能在不断变化，相应的配套软件更新有可能会滞后。如果遇到模拟器有类似如图 2.18 所示的画面，表示模拟器中的配套软件不是最新的版本，App Inventor 2 会自动更新它。在浏览器中单击“OK”按钮，将会下载最新版的配套 App，然后自动安装到模拟器中。安装时，需要在模拟器中确认替换 App。

图 2.17 模拟器窗口

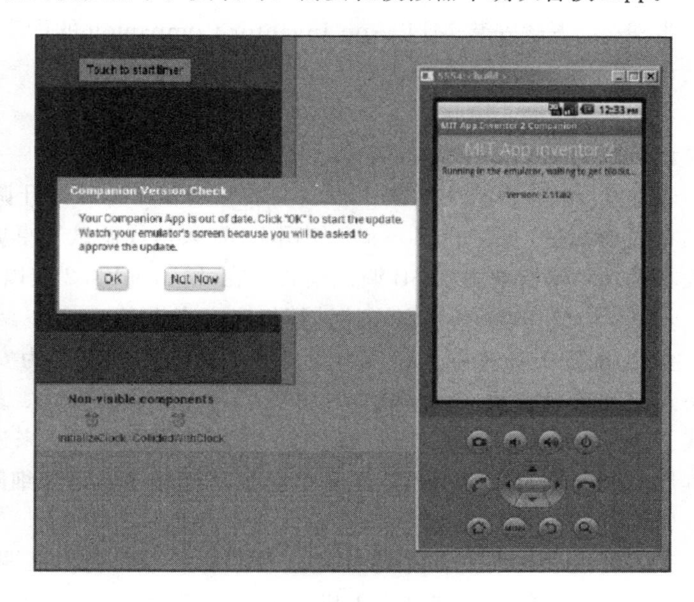

图 2.18 模拟器更新

2.3.3 使用 USB 数据线连接安卓手机或平板电脑

当你使用安卓手机或平板电脑连接 App Inventor 2 时，设备中配套 App 管理着与计算机中的配套软件通过计算机中浏览器建立的连接。2.3.1 中步骤 1 已经说明了如何安装配套 App，并且说明了使用无线网络来建立这种连接实时调试应用是 App Inventor 2 官方推荐的连接方式。

但是仍然会有一些场所不提供 WiFi 网络，App Inventor 2 还是提供了使用 USB 数据线来连接安卓手机或平板电脑的方式，如图 2.19 所示。

在 Windows 操作系统上使用 USB 数据线来连接 App Inventor 2 和安卓设备最大的不

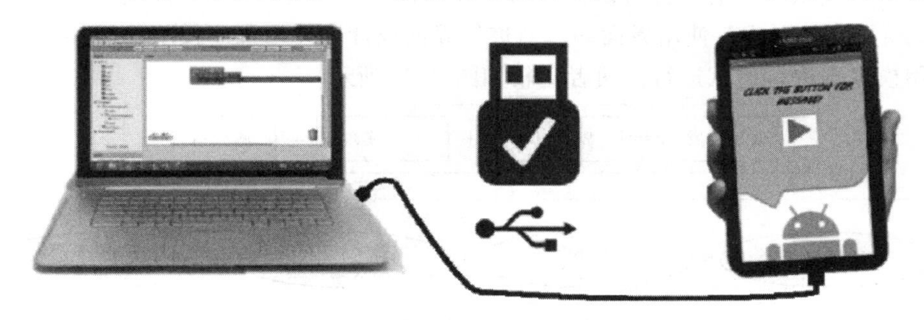

图 2.19 USB 调试

便就是安装驱动（Mac 和 Linux 操作系统不需要特别安装驱动程序），并且不同厂家的设备需要不同的驱动程序。因此，你需要查询设备官方网站来获取驱动程序。

步骤 1：在计算机上安装 App Inventor Setup 软件包。

该步骤同 2.3.2 步骤 1。

步骤 2：下载安装 MIT App Inventor Companion 的配套 App。

该步骤同 2.3.1 步骤 1。

步骤 3：启动 aiStarter。

该步骤同 2.3.2 步骤 2。

步骤 4：在计算机上为安卓设备安装驱动程序，并打开调试模式。

如之前所述，在 Windows 上使用 USB 数据线调试安卓应用，需要在系统设置里打开开发者选项，确保打开 USB 调试模式。在 Android 3.2 或以下。

步骤 5：使用 USB 数据连接计算机和安卓设备。

要使用 USB 数据线连接安卓设备并调试应用，需要为安卓设备安装驱动程序。安卓设备连接计算机有很多种模式，比如大容量存储设备模式、多媒体设备模式，甚至上网卡模式。App Inventor 2 官方建议使用大容量存储设备模式来连接计算机，并安装相应的驱动程序。由于制造安卓手机或平板电脑的厂商较多，请仔细阅读说明书或在线支持网站来安装驱动程序。

很多智能手机助手软件可以自动帮你的安卓设备安装驱动程序，比如 91 手机助手、豌豆夹手机助手等。安装这类手机助手安卓版后，当你的设备使用 USB 数据线连接到计算机上之后，助手将会自动识别设备型号，并下载相应驱动程序，指导你打开调试模式。

步骤 6：测试你的连接。

使用浏览器打开连接测试网站（http：//app.gzjkw.net），如果测试网站测试通过（即没有红色字出现），说明 App Inventor 2 可以检测到你的测试。接下来就可以开始制作你的 App 了。如果没通过测试，主要可能是步骤 5 的驱动程序没有正确安装，你可以向相关设备厂商或相关论坛寻求帮助。

2.4　编写 Hello World 程序

开发一个应用程序的流程可以概括为：界面设计＋功能实现＋测试运行，而 App Inventor 2 项目开发则为：使用界面编辑器进行界面设计＋使用程序模块编辑器实现逻辑功能＋使用模拟器进行调试运行。两者比较如图 2.20 所示。

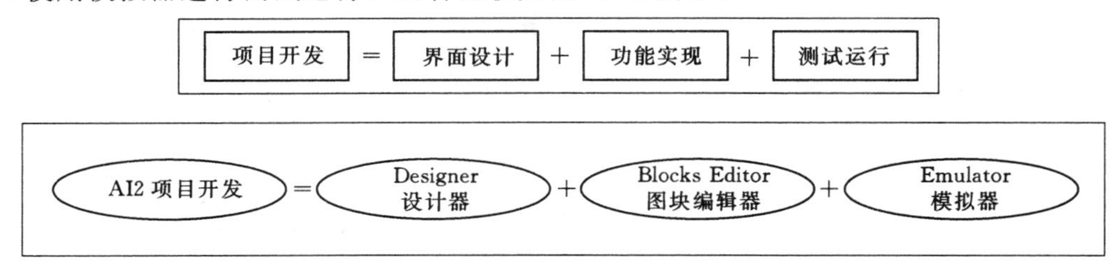

图 2.20　普通项目开发流程与 AI2 项目开发流程

在了解 AI2 的基本知识后，我们按照传统编程语言开发惯例，从 Hello World 开始 App Inventor 2 之旅。

2.4.1 新建项目

使用账号登录 http：//app. gzjkw. net/服务器，登录成功后，会出现项目界面（Project），如图 2.21 所示。单击“新建项目” （New Project），输入项目名称“Hello World”。如图 2.22 所示。在这里要注意，项目名只能以英文字母开头，且只能包括英文字母、下划线和数字，不能包含空格或中文。

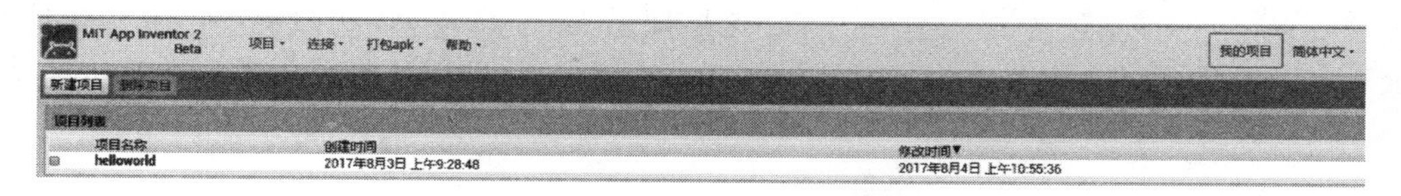

图 2.21 新建项目

App Inventor 2 是一个基于云计算的开发工具，也就是说，当你在开发项目时，项目中的所有信息都保存在网络服务器上，因此，当关闭 App Inventor 2，然后再重新打开它时，项目依然还在，不需要像使用微软公司的 Word 那样，在本地电脑上保存任何信息。

图 2.22 输入项目名称

2.4.2 UI 设计

在左侧组件面板（Palette）的用户界面（User Interface）中单击标签（Lable）组件，并按住鼠标左键将其拖曳到中间视图（Viewer）窗口，如图 2.23 所示。为 Hello World 的组件说明。

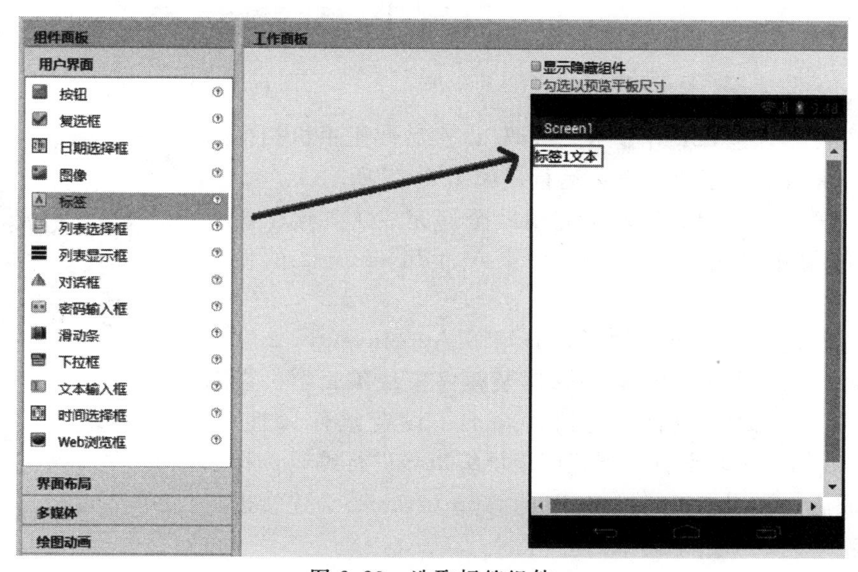

图 2.23 选取标签组件

标签（Lable）组件可以直接在屏幕上输出文本信息，用户无法进行修改，无法触发事件，常用来对项目功能等进行描述。在右侧的组件属性面板（Properties）找到Text，将“Text for Label1”修改为“Hello World!”，如图2.24所示，其他项目如字体颜色、大小、属性等在这里暂不修改。这样HelloWorld项目编写完成。

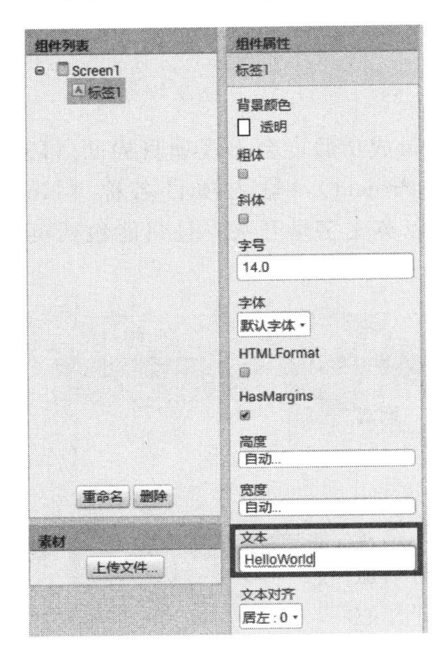

图2.24 将标签1的文本属性修改为“Hello World!”

2.4.3 程序调试

这里使用WiFi模式AI配套AI伴侣（AI Companion）进行调试，过程可参看2.3.1小节。可以在手机上看到程序的运行界面如图2.25所示。

2.4.4 程序打包

上面的程序只能你自己使用，如果你想分享给朋友或上传到App市场，那就需要打包成apk文件，App Inventor 2实现了一键打包的功能，在计算机端单击“打包apk（Bulid）”→“打包apk并下载到电脑（save. apk to my computor）”，完成打包工作，如图2.26所示。

图2.25 Hello World项目运行效果

图2.26 打包apk菜单

也可以使“打包apk并显示二维码”，然后使用手机扫描二维码将apk下载到手机中安装运行，如图2.27所示。

我们的第一个Hello World应用就全部完成了。这个过程中没有使用任何代码，充分显示了App Inventor 2的便利性。

本节课通过一个简单的例子，介绍了App Inventor 2开发环境的两个组成部分：界面编辑器及程序模块编辑器。在界面编辑器中，添加组件、为组件命名、设置组件属性；Hello World例子暂时没有用到程序模块编辑器进行编码，程序编写完成后，利用真机通过WiFi与App Inventor 2连接进行测试，就此完成了这个简单的应用。

图2.27 用二维码下载apk

第3章　App Inventor 2基本组件应用

【教学目标】

（1）掌握App Inventor 2常用基本组件的使用方法。

（2）熟悉App Inventor 2界面编辑器和程序模块编辑器。

（3）掌握组件属性、方法与事件的概念。

【本章导航】

本章通过几个简单的小程序来学习App Inventor 2的基本组件，包括文本输入框（TextBox）、标签（Lable）、按钮（Button）、Web浏览框（WebViewer）、列表（ListView）等以及相关指令和流程控制语句。灵活运用这些组件可以使应用程序的交互界面更友好。作为容器的界面布局组件可以有序排列加入其中的其他组件，有助于界面美观。不同类型的组件所具有的属性、事件、方法也不尽相同。系统以不同颜色来区分不同功能代码块：土黄色是事件，紫色是方法，浅绿色是取得属性值，深绿色是设置属性值。

3.1　会说话的汤姆猫

3.1.1　任务描述

“会说话的汤姆猫”是一款手机宠物类应用游戏。汤姆是一只宠物猫，它可以在用户触摸时作出反应，并且用滑稽的声音完整地复述您说的话。本节任务模仿这款游戏，实现在手机上显示汤姆猫图片，当用户单击汤姆猫图片时，它会发出打喷嚏的声音。这个任务将教会大家如何实现显示图片和对触屏的响应以及声音的播放。

3.1.2　任务目标

（1）熟悉App Inventor 2开发平台界面。

（2）掌握App Inventor 2开发App流程。

（3）掌握App Inventor 2伴侣调试流程。

（4）掌握App Inventor 2逻辑设计的功能。

（5）掌握apk打包安装流程。

（6）掌握项目导入导出流程。

3.1.3　界面编辑器

进行App应用开发第一步，是App的界面设计，帮助完成这项工作的是界面编辑器。界面编辑器包括四栏：第一栏为组件面板栏，用于选择组件，选取的组件需要拖到第

二栏。第二栏为工作面板栏，是用户直接面对的项目外观。第三栏上方为组件列表栏，显示已添加的组件；下方为媒体栏，用来上传声音、图片等素材。第四栏为组件属性栏，用来设置组件的属性。界面编辑器的外观如图 3.1 所示。

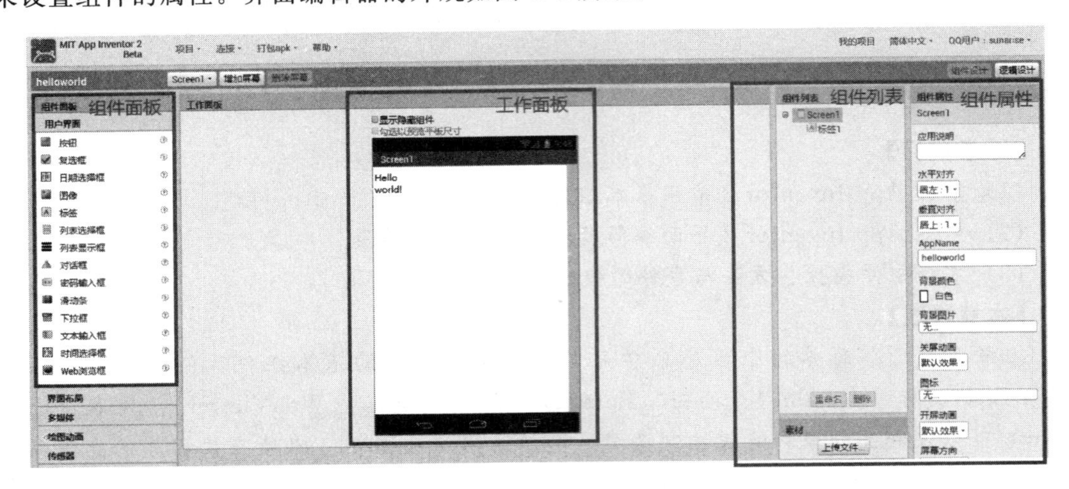

图 3.1　界面编辑器

1. 组件面板栏

组件面板栏是列出了供选择的所有组件。组件按类别分为九个组。默认情况下，只有用户界面类组件处于可见状态，其他组件隐藏在各自的类别名称下，单击类别名称，如多媒体，可以显示该类别的组件。

组件是应用的组成元素，就像一个菜谱中的配料。有些组件功能单一，例如标签，它仅用于在屏幕上显示文字；再例如按钮，单击按钮将引发一个活动；有些组件功能复杂，例如画布组件，它可以容纳静态图片或动画，又如加速度传感器组件，它具有运动感知能力，可以侦测到设备的移动或摇晃；另一些组件可以编写并发送短信、播放音乐、视频或者从网络上抓取信息等。

2. 工作面板栏

中部的白色区域是工作面板，用于放置应用中的所有组件（分为可视组件与非可视组件）。工作面板的中央是用户界面的预览窗口，对应于设备的屏幕，窗口中只能粗略地显示应用的外观，真实的显示效果，需要在测试设备（安卓手机或平板或模拟器）上观看，可能与预览窗口中的不同。

3. 组件列表栏

工作面板右侧的是组件列表，显示了项目中的所有组件，拖动到工作区域中的所有组件都将显示在该列表中。组件列表下方是素材区，显示项目中的所有素材资源（图片和声音等）。

4. 组件属性栏

组件属性栏，用于显示组件的属性。在工作面板或组件列表中单击某个组件，将在组件属性面板中看到该组件的全部属性。属性描述了组件的详细信息（例如，如果单击标签组件，将看到与颜色、显示文本及字体相关的属性），可以在组件属性面板中修改组件的属性。

3.1.4 屏幕

AI2 会在每一个新建项目中自动创建一个屏幕页 Screen1，在预览区（Viewer）区可以看到屏幕页 Screen1 的显示效果，屏幕页是界面组件的容器，用户可以在屏幕上面放置各种组件。每个 App 可以有多个 Screen，可以从一个 Screen 跳转到另一个 Screen。

单击工作面版下的“增加屏幕”，出现“新建屏幕”的对话框，输入新的屏幕名，按“确定”，就可以增加新的屏幕（图 3.2）。如果要删除屏幕，单击“删除屏幕”按钮，此时，会弹出“警告”对话框，如果删除屏幕，将会连同屏幕上的所有组件和相关代码，并且无法恢复（图 3.3）。

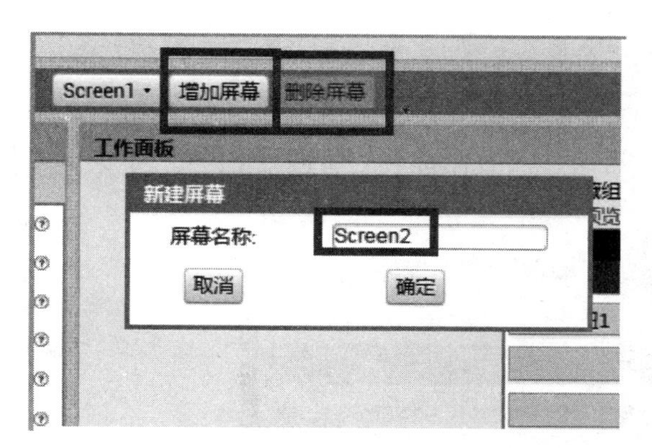

图 3.2 新建屏幕

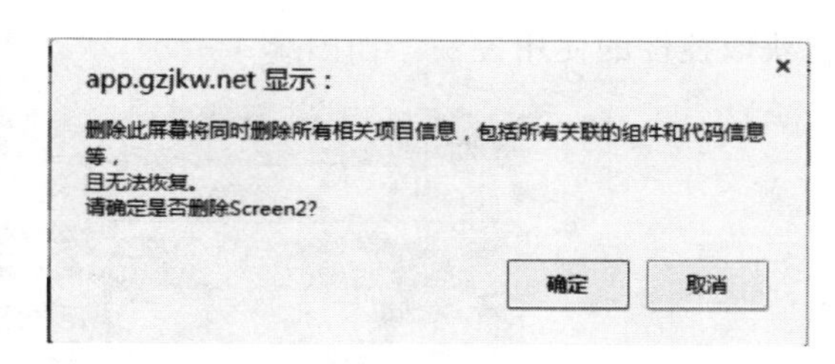

图 3.3 删除屏幕提示

屏幕页 Screen1 的属性较常用的是标题（Title）属性，是指手机屏幕右上角显示的文本，默认值为“Screen1”。

屏幕（Screen1）组件常用属性见表 3.1。

表 3.1　屏幕（Screen1）组件常用属性

属性	说明	属性	说明
AlignHorizontal	水平对齐方式，数字 1、2、3 分别代码向左、居中、向右对齐	CloseScreenAnimation	关屏动画
AlignVertical	垂直对齐方式，数字 1、2、3 分别代码向上、居中、向下对齐	Icon	图标
AppName	应用名称	OpenScreenAnimation	开屏动画
BackgroundColor	背景颜色	ScreenOrientation	屏幕方向
BackgroundImage	背景图片	Scrollable	允许滚动

3.1.5 标签

标签（Lable）组件可以直接在屏幕上输出文本信息，用户无法进行修改，无法触发事件，因此不支持单击、长按或焦点切换等操作，常用来对项目功能等进行描述。

标签组件常用属性见表 3.2。

表 3.2　　标签组件常用属性

属性	说　明	属性	说　明
Background Color	设置标签背景色	TextAlignment	设置标签内文字的对齐方式
FontBold	设置字体加粗	TextColor	设置文本的颜色
FontItalic	设置字体倾斜	Visible	设置标签是否可见
FontSize	设置字体大小	Width	设置标签的宽度
FontTypeface	设置字体类型	Height	设置标签的高度
Text	设置标签栏内显示的文字		

3.1.6　按钮

按钮（Button）是界面上最常用的组件，主要提供单击式的触发操作，通过设置按钮的事件和属性，可以实现基本的交互功能。所有组件的右侧都有一个问号，单击问号可以获取控件的使用说明，如图 3.4 所示。

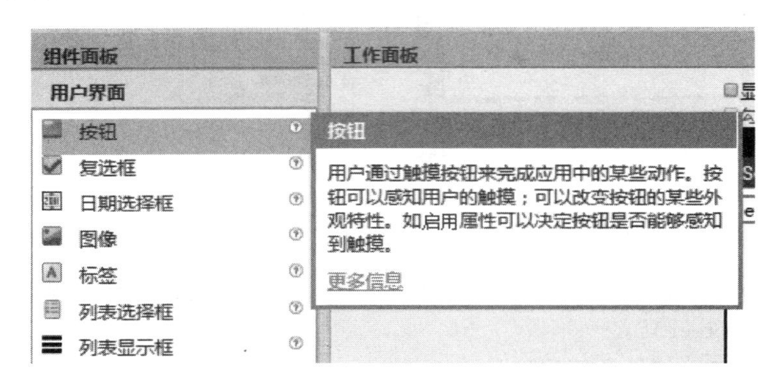

图 3.4　按钮组件的说明

只要在工作面板栏选中按钮，然后在组件属性区就可修改按钮的属性，从而按钮呈现不同的颜色、形状、字体、文本内容等。按钮的属性列表 3.3。

宽度（Width）和高度（Height）属性也是每个控件必有的属性，控制着控件在界面上显示的宽度和高度，支持自动（Automatic）、充满（Fill Parent）和固定尺寸（Pixels）三种选择。如图 3.5 所示，按钮 1 的宽度是自动模式，因此按钮的宽度刚好与文字匹配；按钮 2 的宽度是充满模式，因此按钮的宽度达到上一层控件（父控件）所允许的最大值；按钮 3 的宽度是固定尺寸，尺寸为 300 像素。

文本对齐（TextAligment）属性可以设置文字的对齐方式，支持左对齐、右对齐和居中对齐 3 种对齐方式。如图 3.5 所示，3 个按钮，都设置了宽度为充满（Fill Parent），从上到下，文本对齐属性分别是左对齐、居中和右对齐显示文本。

启用（Enabled）属性标识组件是否可以。勾选启用，则组件可用；否则组件不可用，组件会变为灰色，且不接受用户的操作。如图 3.6 所示，按钮 1 是不可用状态，按钮 2 是可用状态。

表 3.3　按钮的属性列表

属性	说　明
Background Color	设置按钮的背景色
Enabled	设置按钮是否可用
FontBold	设置字体加粗
FontItalic	设置字体倾斜
FontSize	设置字体大小
FontTypeface	设置字体类型
Image	设置按钮的背景图案
Shape	设置按钮的形状，如圆角按钮、矩形按钮等
ShowFeedback	为有背景图片的按钮提供视觉反馈
Text	设置按钮上显示的文字，如果清空，则不在按钮上显示任何文字
TextAlignment	设置按钮上文字的对齐方式
TextColor	设置文本的颜色
Visible	设置按钮是否可见
Width	设置按钮的宽度
Height	设置按钮的高度

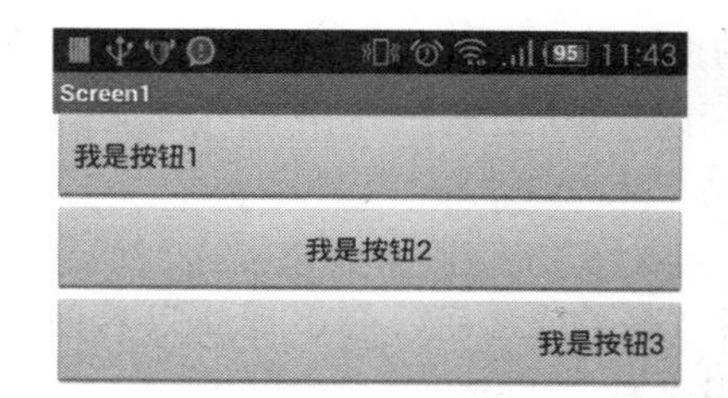

图 3.5　按钮的文本对齐属性

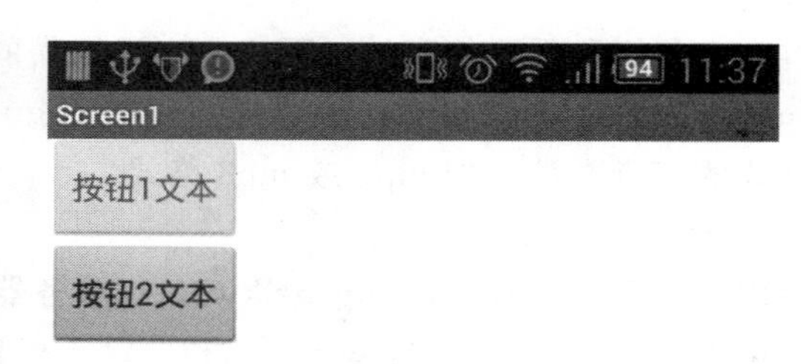

图 3.6　按钮的启用属性

形状（Shape）属性可控制按钮的外观形状，目前支持圆角形、矩形和椭圆形。

按钮支持的事件有单击（Click）事件、长按（LongClick）事件、获取焦点（GetFocus）事件和失去焦点（LostFocus）事件，按压按钮（TouchDown）事件和松开按钮（TouchUp）事件，英文版和汉化版的按钮事件如图 3.7 所示。

手指按钮下立即抬起才会产生单击事件，否则会产生长按事件。如果长时间按在按钮上，即使没有抬起手指，也会引发长按事件。获取焦点事件和失去焦点事件分别在按钮获取到焦点和失去焦点时产生。

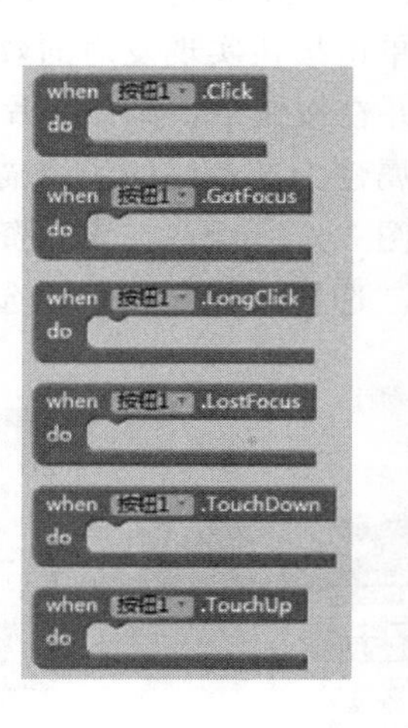

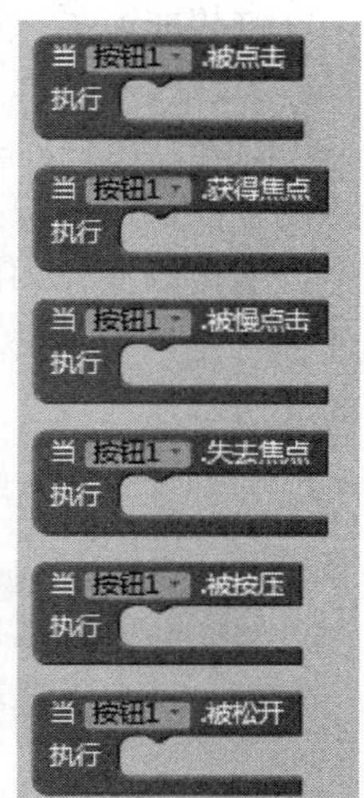

图 3.7　按钮的事件

3.1.7　音效

在 App Inventor 2 中播放短小的音效文件可使用音效（Sound）组件，音效组件的基本属性见表 3.4；音效组件的基本方法见表 3.5。

表 3.4　　音效组件的基本属性

属　　性	说　　明	属　　性	说　　明
最小间隔（MinimumInterval）	两次播放之间的最小时间间隔（ms）	源文件（Source）	指定播放的声音文件

表 3.5　　音效组件的基本方法

方　　法	说　　明	方　　法	说　　明
暂停（Pause）	使播放暂停	停止（Stop）	停止播放
播放（Play）	开始播放	震动[Vibrate（number millisecs）]	设置手机震动的时长（ms）
恢复（Resume）	在暂停后继续播放		

3.1.8　任务实现

1. 素材准备

首先准备好所需要的素材。下载一个汤姆猫的图片文件 tom.jpg，以及打喷嚏的声音文件 sneeze.mp3。App Inventor 2 支持所有 png、jpg、gif 这些图片格式，也支持大多数标准格式的声音文件，如 mpg 或 mp3 格式。

2. 新建项目

使用账号登录 http：//app.gzjkw.net/服务器，登录成功后，会出现项目界面（Project），单击“新建项目”（New Project），输入项目名称“Tom”。

3. 用户界面设计

分析功能需求，需要一个按钮（Button）组件，并用图片作为按钮的背景。当触摸屏幕上的图片时，达到单击按钮实现发声的效果。先设计 UI，在 Tom 项目中，添加一个按钮（Button）组件，并在按钮中，添加图片。

设置按钮的图像属性为准备好的汤姆猫图片 tom.jpg 之前，首先要将图片上传到服务器上，上传的操作如图 3.8 所示，在素材资源区单击“上传文件”按钮，在弹出的“上传文件…”窗口中单击“选择文件”按钮，选中所需要图片后，单击“确定”按钮即可，如图 3.9 所示

图 3.8　素材资源区

图 3.9　多媒体资源上传

上传的图片文件名显示在素材资源区，单击图片名，弹出下拉菜单，可以删除或下载图片资源，如图 3.10 所示。

上传完成后，在组件属性窗口设置中，单击图像属性，弹出如图 3.11 所示下拉菜单，选中其中需要的资源即可。

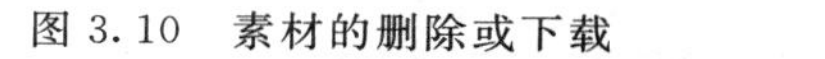
图 3.10 素材的删除或下载

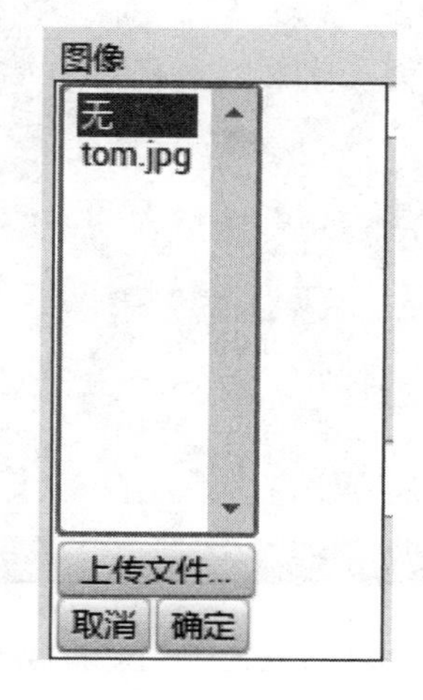

图 3.11 设置按钮组件的图像属性

然后设置按钮组件的其他属性，见表 3.6。

表 3.6 设置按钮 1 组件的属性

属　性	说　明	属　性	说　明
启用（Enabled）	选中，使按钮起作用	可见性（Visible）	选中，使按钮可见
高度（Height）	设置按钮的高度为自动	宽度（Width）	设置按钮的宽度为自动
图像（Image）	设置按钮的背景图片为 Tom.jpg		

此时界面设置完成，如图 3.12 所示。

界面设计完成后，添加音效（Sound）组件。音效（Sound）组件属于多媒体（Media）类，它是非可见组件，在用户界面上是看不到的。非可视文件的显示方法在工作面板区 Screen 下方，如图 3.13 所示。

4. 功能实现

要实现单击按钮（Button）后播放声音的功能，就需要了解组件的事件和方法。以本任务为例，用户需要单击按钮（Button），这里的“单击（Click）”可以看作一个事件。因此，事件其实包括谁产生的事件、产生如种事件、响应事件后需要处理什么三部分。在本例中，事件的来源是按钮（Button）组件，产生一个单击（Click）按钮的事件，事件响应后使音效（Sound）组件播放声音。

（1）实现按下按钮，触发单击（Click）事件。切换至“逻辑设计”界面，单击“按钮 1”，将单击事件拖出来，如图 3.14 所示。

（2）播放音效。拖拽音效组件的播放方法出来，如图 3.15 所示。

图 3.12　会说话的汤姆猫界面设计

图 3.13　音效组件显示

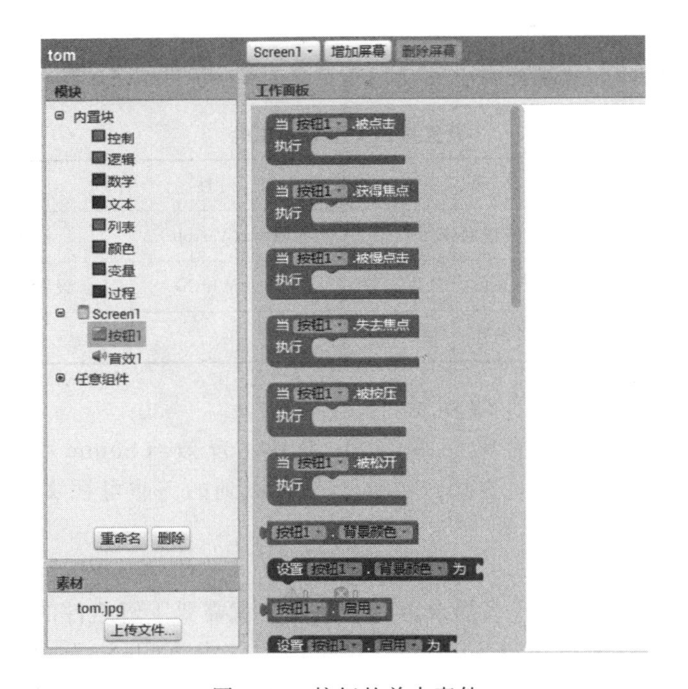

图 3.14　按钮的单击事件

(3) 将音效 1. 播放拼块放到按钮 1 的单击事件中，当两个代码块拼插在一起的时候，会有“啪嗒”声音，说明两个拼块搭接成功，如图 3.16 所示。

(4) 使用 WiFi 连接手机调试。使用 WiFi 调试模式的前提是，计算机和手机必须使用同一无线路由，并且在手机上安装 AI 伴侣（MIT App Inventor 2 Companion）应用。选择“连接”菜单，单击“AI 伴侣”，弹出如图 3.17 所示窗口，提供了二维码和 6 位字

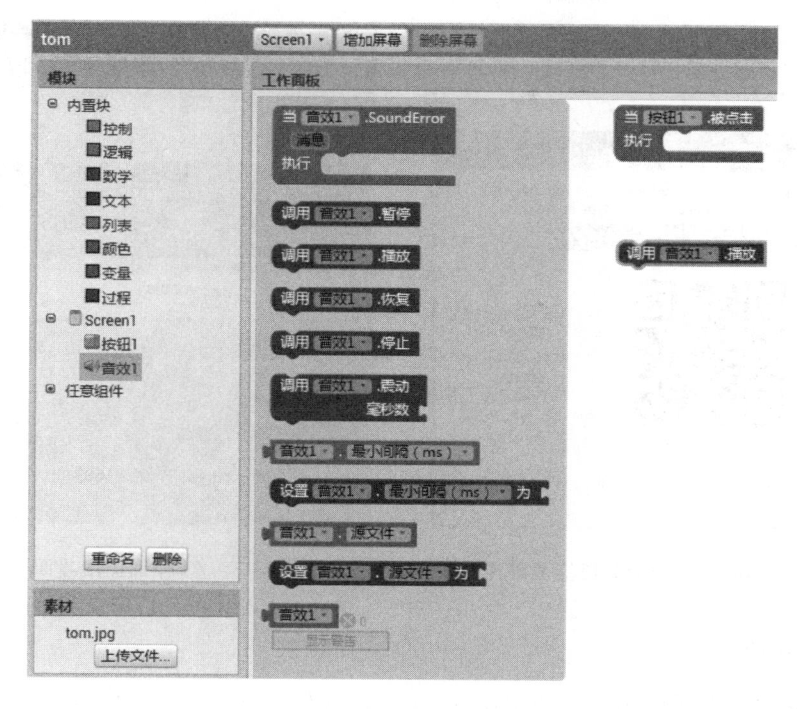

图 3.15 音效的播放方法

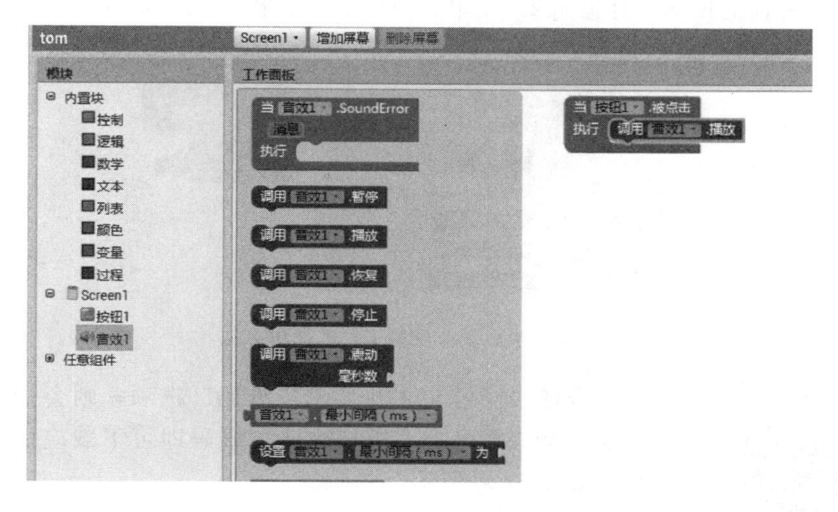

图 3.16 完成拼块搭建

母组成的验证码。

打开手机上的 MIT App Inventor 2 Companion 应用，如图 3.18 所示界面，输入在图 3.17 的 6 位验证码，单击 Connect with code 按钮即可连接；也可以单击手机上的 scan QR code 按钮，扫描计算机屏幕上的二维码即可连接。连接后可在手机上看到项目的运行效果。

图 3.17　App Inventor 2 提供两种连接口令

图 3.18　AI 伴侣应用界面

3.1.9　任务拓展

设计完成后，生成应用的安装文件（.apk），以及分享应用的源代码。

1. apk 文件下载

单击开发界面的顶部“打包 apk”菜单，弹出下拉菜单，如图 3.19 所示。

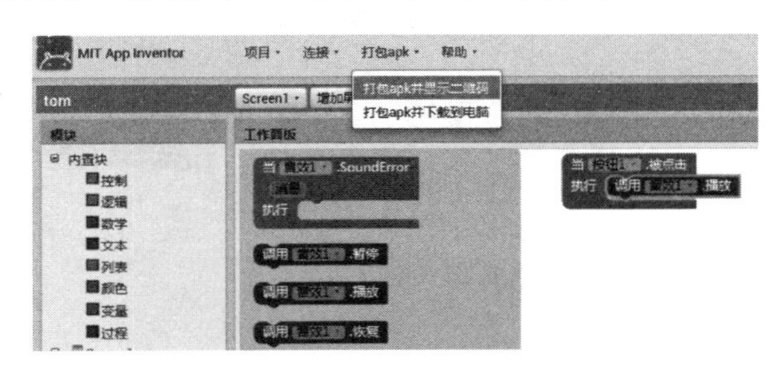

图 3.19　生成 apk 安装文件的两种方法

图 3.20　使用二维码方式生成 .apk 文件

选择“打包 apk 并显示二维码”选项，则会弹出新窗口，显示一个二维码，手机扫描该二维码即可下载应用的 .apk 文件，如图 3.20 所示。

选择“打包 apk 并下载到电脑”选项，自动下载 .apk 文件到计算机上。

2. 导出项目

导出项目要切换到如图 3.21 所示的项目管理界面，选中要操作的项目，弹出如图 3.22 所示下拉菜单，单击“导出项目(.aia)”选项，自动下载 .aia 源文件到计算机上。

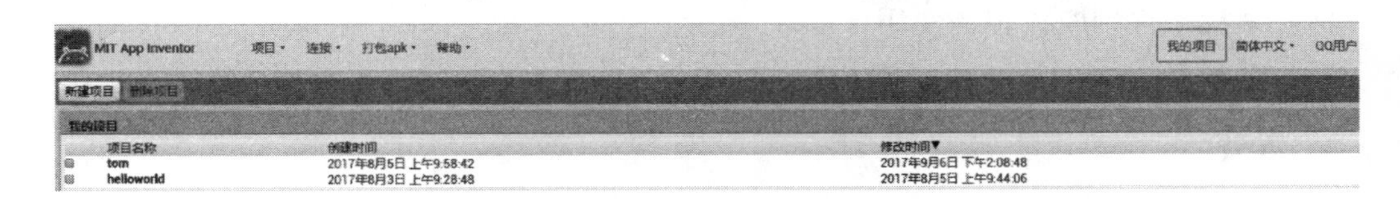

图 3.21 项目管理界面

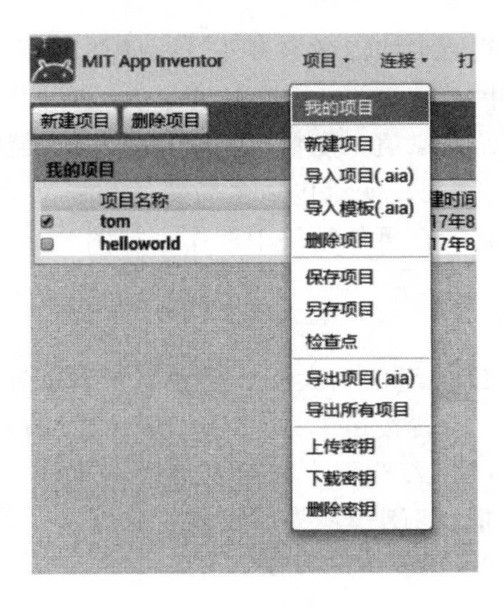

图 3.22 导出项目

3.2 漫画书

3.2.1 任务描述

很多读者都喜爱看漫画书，利用 App Inventor 2 制作一款漫画图书 App，然后分享给你的好友，这是不是很有创意呢？在本节中，将会学习编程的基本要素——变量，以及更多丰富的组件。

漫画书 App 界面设计可参考图，实现的功能如下：

(1) 当应用开始运行时，显示第一页漫画。

(2) 单击“下一页”按钮，显示下一页漫画。

(3) 单击“上一页”按钮，显示上一页漫画。

(4) 到达最后一页，下一页按钮无法单击，提示已到最后一页。

(5) 到达第一页，上一页按钮无法单击。

3.2.2 任务目标

(1) 熟悉逻辑设计的操作。

(2) 掌握全局变量、局部变量的应用。

(3) 掌握组件的属性、事件和方法。

（4）掌握条件判断流程的使用。

（5）掌握 Button、Image、Notifier、Horizontal Arrangement 组件使用方法。

3.2.3　变量

变量来源于数学，是计算机语言中能存储计算结果或表示值的抽象概念。在 AI2 中，变量首先要声明，声明后的变量才可以通过 get 模块调用。声明时需要定义变量名，变量名要以英文字母或下划线开头，不能以数字开头，不能使用中文。变量命名的原则是便于理解程序，可以使用英文或拼音等简写。AI2 的变量类型有数字型、字符型、列表型和逻辑型。变量声明需时需要初始化赋值，变量类型根据赋值的类型来确定。如变量值为 true 则为逻辑型，empty list 为列表型。变量包括全局变量和局部变量，全局变量在整个 App 中都可以调用，而局部变量只能在事件模块中调用，如图 3.23 所示。

3.2.4　属性

组件属性是 AI2 中用来设置组件的大小、颜色、位置、速度等功能，模块用绿色显示。属性多为成对出现。如“设置按钮 1. 文本为”表示设置按钮的文本，而“按钮 1. 文本”为调用按钮 1 的文本。组件属性都有其自身属性，多用来与 list 的结合使用，如图 3.24 所示，另外属性设置可以在前端 UI 界面设置，也可以在逻辑设计中设置，可以根据习惯需要选择。在前端 UI 设置比较直观方便。

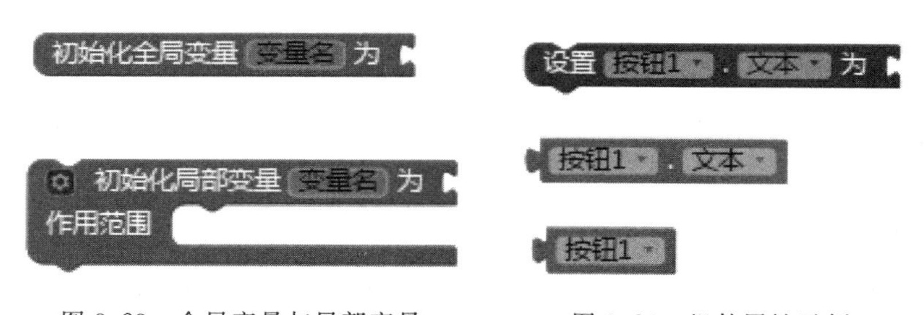

图 3.23　全局变量与局部变量　　　　图 3.24　组件属性示例

3.2.5　事件

事件类型是 AI2 一个重要的概念，用来连接不同的程序动作，如按钮的单击、长按等，当单击按钮或满足其他条件激活其他程序运行，在逻辑设计中一般用事件表示，为暗黄色的马蹄形，如图 3.25 所示。

图 3.25　事件类型示例

3.2.6　方法

方法是直接触发组件的一个内部程序，如弹出对话框、保存数据等，不是所有的组件都有方法类型。方法不能单独使用，必须在事件模块中才能激活，模块中用紫色来表示，如图 3.26 所示。

3.2.7 条件判断

生活中经常会遇到类似于“如果明天天气好，则我们就去游泳；如果天气不好，就不去了”“如果成绩平均分大于等于90，则你的成绩等级为优秀；如果成绩平均分大于等于80并小于90分，则成绩等级被评为良好”这样的说法，这里的“如果……”就是条件判断，“如果”后面描述的情况称为“条件”，所以这样的句子形式可以总结为“如果+条件，条件成立时可以做的事情。”

任何编程语言都有条件判断流程控制，AI2中使用了用于条件判断的“如果……则……”模块，可以实现简单的条件判断功能。

为了处理各种可能发生的复杂判断情况，“如果……则……”模块可以演变成为更加复杂的判断模块，这里将其称为“扩展”，如扩展为“如果……则……否则……”判断模块，如果条件满足时执行“则”的语句。否则执行“否则”中的语句，如图3.27所示，图示为单向条件控制模块，可单击扩充图示改变为双向条件控制模块，拖否则模块到if模块中。

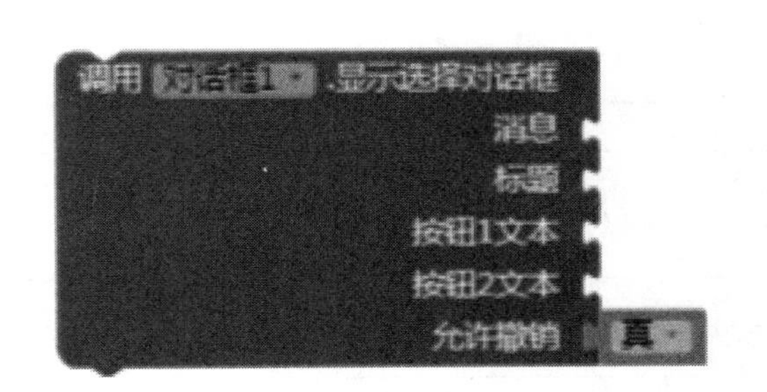

图 3.26 “显示选择对话框”

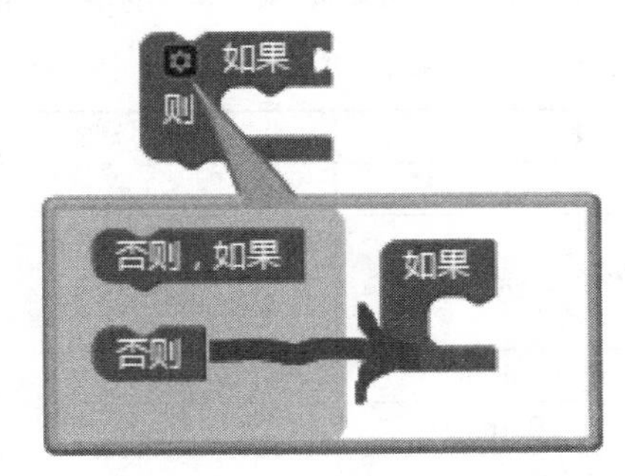

图 3.27 如果……则……否则……流程控制

3.2.8 布尔表达式

“如果……则……”模块中，所有假设条件是拼接在槽if上的，这个“假设条件”实际上是一种布尔表达式，最终结果只能是真和假两个取值。

最简单的布尔表达式莫过于等式，这种布尔表达式用来测试一个值是否与另一个值相同，可以是一个简单的等式，例如$x=4$。AI2支持的关系运算符有等于、不等于、小于、小于等于、大于及大于等于。

AI2支持的逻辑运算符有相等（=）、不相等、真、假、与、或和非。

除此之外，还有一些判断模块返回的值是布尔类型的，这些模块也可以作为布尔表达式拼接在“如果……则……”模块的条件中，如图3.28所示。

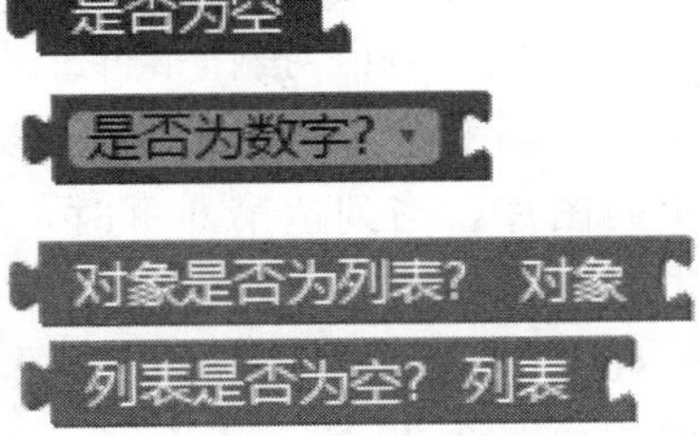

是否为空

是否为数字?

对象是否为列表? 对象

列表是否为空? 列表

图 3.28 可用作条件判断的模块

3.2.9 任务实现

1. 新建项目

使用账号登录 http://app.gzjkw.net/服务器，登录成功后，会出现项目界面，单击“新建项目”，输入项目名称“Comic”。

2. 素材准备

首先找到漫画书素材，统一图片大小，命名为 t1.jpg、t2.jpg、t3.jpg、t4.jpg，通过素材面板上传，如图 3.29 所示。

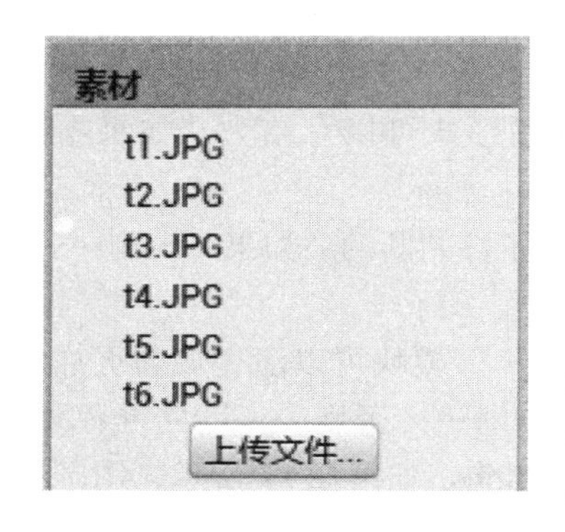

图 3.29　素材面板

3. 用户界面设计

漫画书 UI 界面为：上方图片显示漫画，下方为上一页、下一页按钮，两个按钮显示在同一排。图 3.30 显示了应用在设计界面中的截图，按图来创建水平布局(HorizontalArrangement)组件，最后添加对话框组件。图像的属性设置为图片：t1.jpg，宽度：200，高度：250。按钮 1 的属性文本设置为"上一页"，按钮 2 的属性文本设置为"下一页"。屏幕属性标题设置为"父与子"。表 3.7 是整个 App 所需要的组件说明。最后 App 的界面如图 3.30 所示。

表 3.7　　组件说明

组件	命名	作用	UI 属性
屏幕 (Screen)	Screen1	标题	标题：父与子
图像 (Image)	图像 1	显示漫画中的图片	图片：t1.jpg 高度：200 宽度：250
按钮 (Button)	Pre	上一页	文本：上一页
按钮 (Button)	next	下一页	文本：下一页
水平布局 (Horizontal Arrangement)	水平布局 1	水平放置"上一页"和"下一页"按钮	
Notifier	对话框 1	提示已到第一页或最后一页	

4. 功能实现

(1) 定义全局变量。定义全局变量 number，表示漫画书的页码，初始值为 1。页码随着按钮单击增加和减少。操作方式为在逻辑设计界面中"变量"模块中"初始化全局变量为"拖到工作面板界面上，并修改"变量名"为 number，拖数字 1，将数字 1 和"初始化全局变量为"两个代码块拼插在一起，听到"啪嗒"声音，说明两个拼块搭接成功，如图 3.31 所示。

(2)"下一页"按钮事件。当每次单击"下一页"按钮时，全局变量 number 在自身数值上加 1，然后显示当前页码图片，当到达第 6 页时，"下一页"按钮变成不可单击，同时显示提示"已是最后一页"如图 3.32 所示。

(3)"上一页"按钮事件。与"下一页"按钮的事件类似，如图 3.33 所示。

图 3.30　漫画书 App 的界面设计

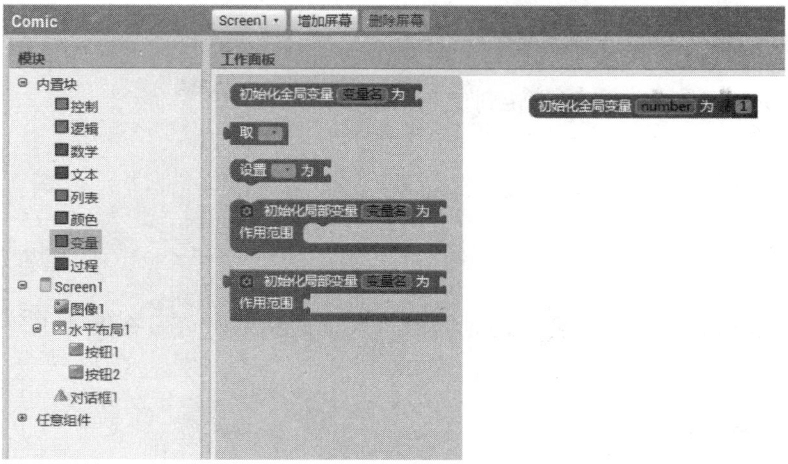

图 3.31　定义全局变量 number

图 3.32　“下一页”按钮单击事件代码

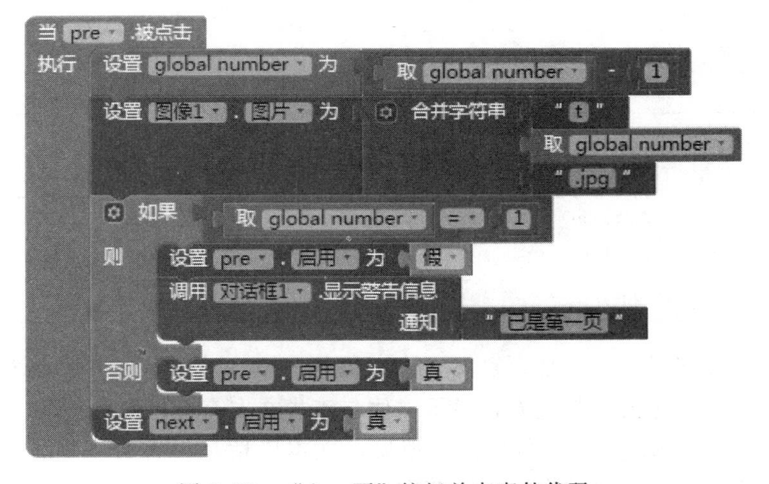

图 3.33　“上一页”按钮单击事件代码

3.2.10　任务拓展

制作 10 页的漫画书，可以跳转到任意指定页。

3.3　手机屏保

3.3.1　任务描述

用户通过文件框输入一个合适的时间值，系统达到定时值后在屏幕上每隔 2s 依次显示 4 张图片。

3.3.2　任务目标

(1) 熟悉按钮、文本输入框、图像和定时器组件的基本用法。
(2) 理解定时器的原理。
(3) 掌握简单的选择结构程序设计。

3.3.3　文本输入框

文本输入框组件用作用户数据的输入，是常用的界面组件之一。文本输入框组件的常用属性见表 3.8。

表 3.8　　文本输入框组件的常用属性

属　　性	说　　明
可用（Enabled）	组件是否可用（是否可以输入）
粗体（FontBold）	设置文本是否粗体
斜体（FontItalic）	设置文本是否斜体
字体大小（FontSize）	设置文本的字体大小
字体类型（FontTypeface）	设置文本的字体类型
提示（Hint）	设置 TextBox 未输入时的提示文字
仅限数字（NumbersOnly）	设置是否只能输入数字
允许多行（Multiline）	设置是否可以多行输入
文本（Text）	设置 TextBox 上显示的文本
文本对齐（TextAligment）	设置文本对齐方式
文本颜色（TextColor）	设置文本颜色
可见性（Visible）	设置组件是否可见

提示属性与文本属性，都是设置文本输入框的文本内容，但是 Hint 属性是设置还未输入时的提示语句，它会以灰色方式显示以便与正式文本有所区别，当用户在文本输入框中输入任意内容后，Hints 内容即会自动消失。文本属性是设置文本输入框的默认内容，用户为该属性赋值可以避免文本输入框获取空值。

文本输入框常用的事件、方法见表3.9。

表3.9　　文本输入框常用的事件、方法

事件、方法	说　明
设置 文本输入框1 . 启用 为	设置文本输入框是否可用
文本输入框1 . 启用	获取文本输入框的启用状态
设置 文本输入框1 . 文本 为	设置文本输入框的文本
文本输入框1 . 文本	获取文本输入框的输入内容
当 文本输入框1 .获得焦点 执行	文本输入框获取焦点时触发的事件
当 文本输入框1 .失去焦点 执行	文本输入框失去焦点时触发的事件
调用 文本输入框1 .隐藏键盘	隐藏键盘功能
调用 文本输入框1 .焦点请求	设置文本输入框获得焦点

3.3.4　图像

图像组件的作用是在App界面上显示一张图片，其属性见表3.10。

表3.10　　图像组件的常用属性

属　性	说　明	属　性	说　明
图片（Picture）	设置要显示的图片	可见性（Visible）	设置组件是否可见

初始时，只需为图像的图片属性赋值，即可设定显示的图片。本地图片需上传至网络端，在素材栏中可以显示出来，如图3.34所示。

运行过程中需要设置图片，可以设置图像组件的图片属性，如图3.35所示。

图像组件的常用事件、方法见表3.11。

3.3.5　计时器

计时器组件可为App提供与时间相关的功能，如获取当前时间，计算时间间隔等。本任务中需要用计时器功能，就是由用户设置一个时间值，启动计时器后，系统开始计时，用户指定的时间值到了以后便执行一段特定的代码段。本例中由用户设定启动屏保的

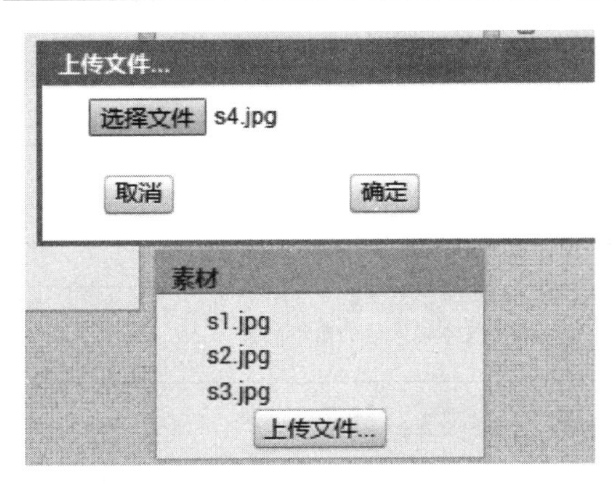

图 3.34 上传本地图片

设置 图像1 . 图片 为 " s1.jpg "

图 3.35 设置图像组件的图片属性

表 3.11　　图像组件的常用事件、方法

事件、方法	说　明
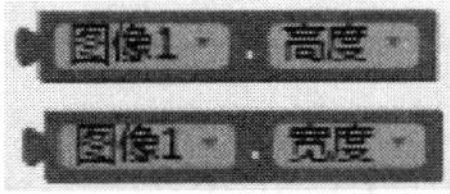 图像1 . 高度 图像1 . 宽度	获取图像组件的高度和宽度
 设置 图像1 . 高度 为 设置 图像1 . 宽度 为	设置图像组件的高度和宽度
 设置 图像1 . 可见性 为	设置图像组件是否可见
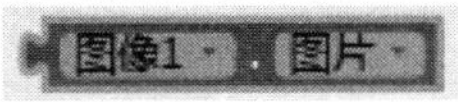 图像1 . 图片	获取图像组件上显示的图片

等待时间。

计时器为不可见组件，不会在界面上显示，计时器组件的常用属性见表 3.12。

表 3.12　　计时器组件的常用属性

属　性	说　明	属　性	说　明
一直计时（TimerAlwaysFires）	计时器是否在后台一直运行	时间间隔（TimeInterval）	计时器间隔（ms）
启用计时（TimerEnabled）	计时器是否启动		

计时器组件常用的事件与方法见表 3.13。

3.3.6 任务实现

1. 新建项目

使用账号登录 http://app.gzjkw.net/服务器，登录成功后，会出现项目界面，单击“新建项目”，输入项目名称“ScreenSavers”。

2. 素材准备

首先准备手机屏保素材，命名为 s1.jpg、s2.jpg、s3.jpg、s4.jpg，通过素材面板上传。

表 3.13　　计时器组件常用的事件与方法

事件、方法	说　　明
 当 计时器1 .计时 执行	当计时器时间到时执行
 调用 计时器1 .Add 分 时刻 数量	为给定时刻增加分钟数，使时刻向后推迟指定分钟数
 调用 计时器1 .求日期 时刻	求某时刻中的日值，范围为 1～31
 调用 计时器1 .持续时间 开始时刻 结束时刻	求两个时刻间的毫秒数
 调用 计时器1 .由文本建时间点 日期文本	用文字表示某一时刻的时间
 调用 计时器1 .求分钟 时刻	求某一时刻中的分钟数
 调用 计时器1 .日期格式 时刻 pattern " MMM d, yyyy "	用月、日、年的格式来表示某一日期
 调用 计时器1 .日期时间格式 时刻 pattern " MM/dd/yyyy hh:mm:ss a "	用月/日/年时：分：钞表示某一日期及时间值
 设置 计时器1 . 启用计时 为 真 设置 计时器1 . 启用计时 为 假	设置计时器启动或停止，true 为启动，false 为停止
 设置 计时器1 . 计时间隔 为	设置计时器时间间隔（ms）

3. 用户界面设计

界面放置按钮、文本输入框、图像、计时器组件。其中图像组件的可见属性设置为假，以便于 App 启动时图片不显示，并且计时器的启用计时设置为假，当用户在文本输入框输入定时时间，单击按钮确定后计时器开始计时，时间到后开始顺序显示相应的图片。

4. 功能实现

（1）定义全局变量。定义全局变量 number，用来记录当前显示的图片号，初始值为 1，如图 3.36 所示。

（2）添加按钮点击事件。为按钮添加单击事件，在事件中获取文本输入框中的输入值，如输入值为空则设为默认值 5s，即 5s 后启动屏保，由于计时器

图 3.36　手机屏保 App 全局变量的设置

的启用计时属性的单位为 ms，所以要将秒转换为毫秒。然后将文本输入框中的值或默认值赋值计时器的“计时间隔”属性，设定计时器时间值，然后启动计时。程序逻辑如图 3.37 所示。

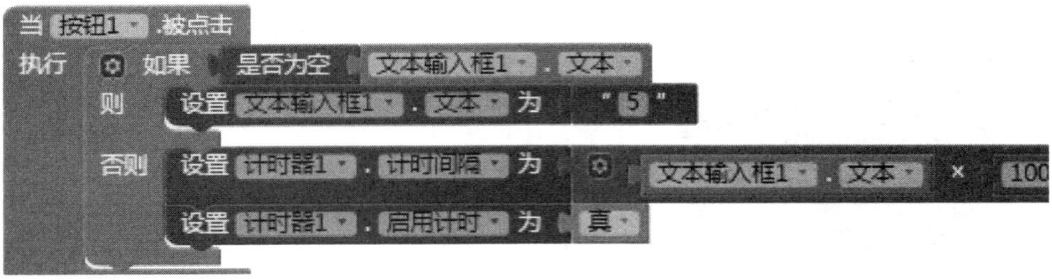

图 3.37　按钮单击事件代码

（3）设置当计时器时间到时执行代码。为计时器添加当时间到时代码块，先将屏幕上除图像外的组件按钮、文本输入框的可见属性设为假，使它们不可见，再将图像组件的可见性设为 true，使其可见；并且判断 number 变量的值，选择对应的图片显示，number 变量自增（因为只有 4 张图片，所以判断 number 一旦自增到 5 就恢复为 1，如图 3.38 所示。

图 3.38　计时器时间到后执行的代码

3.3.7　任务拓展

思考如何实现图片的可配置功能。

3.4　认识节日

3.4.1　任务描述

本任务将制作一个简单的节日说明书 App，用户选择节日或者输入节日的日期，App

将自动在界面上显示该节日的图片说明。

3.4.2 任务目标

(1) 熟悉布局、日期选择框、下拉框组件的基本用法。
(2) 掌握选择结构的程序设计方法。
(3) 掌握多分支的算法结构。

3.4.3 布局

布局是指界面上组件与组件之间的排列关系。App Inventor 2 中布局支持五种布局，如图 3.39 所示。这些布局可以按照一定顺序或者相对关系，排列布局内部的控件。布局本身在界面上没有任何显示，也不具备事件响应功能，因此布局并不能响应单击或拖动等操作。

1. 水平布局

水平布局（Horizontal Arrangement）将界面分为若干列，每列只能放置一个界面组件。比如拖三个按钮到屏幕上，一般一个按钮将占据一行，如果要想三个按钮水平排列，则需要先放置一个水平布局，然后再往水平布局里添加按钮，如图 3.40 所示。

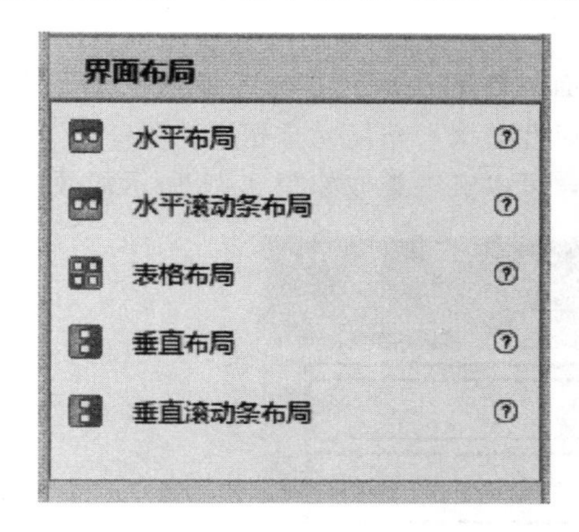

图 3.39 五种布局

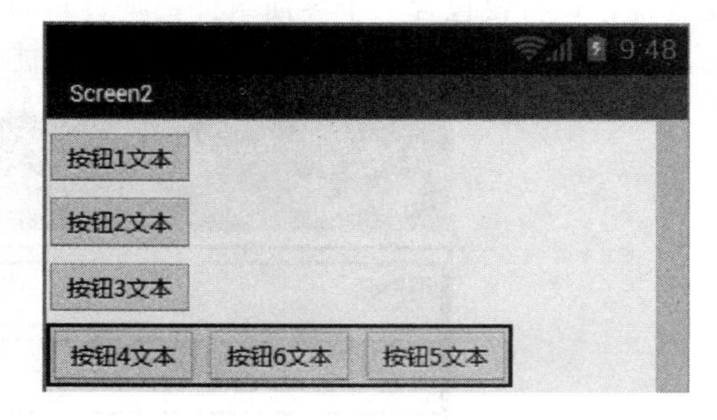

图 3.40 水平布局的效果

水平布局常用的属性见表 3.14。

表 3.14 水平布局常用的属性

属 性	说 明
水平对齐方式（Alignment Horizontal）	可选左、中、右
垂直对齐方式（Alignment Vertical）	可选上、中、下
可见性（Visible）	是否可见
宽度（Width）	宽度，可选自动、自定义或撑满
高度（Height）	高度，可选自动、自定义或撑满

2. 表格布局

表格布局该布局将界面分为若干行和若干列组成的表格，每个单元格中放置一个界面组件，表格布局会根据控件的大小自动修改表格的大小，这种布局方式适合界面组件较多的场合。图 3.41 所示是一个 3 * 3 的表格布局。

行数和列数是表格布局的专有属性，表示表格的行数和列数，可以在界面编辑属性区中进行更改，如图 3.42 所示。

表格布局中也可以放置其他布局，如水平布局或垂直布局，实现布局的嵌套。

图 3.41　3 * 3 的表格布局

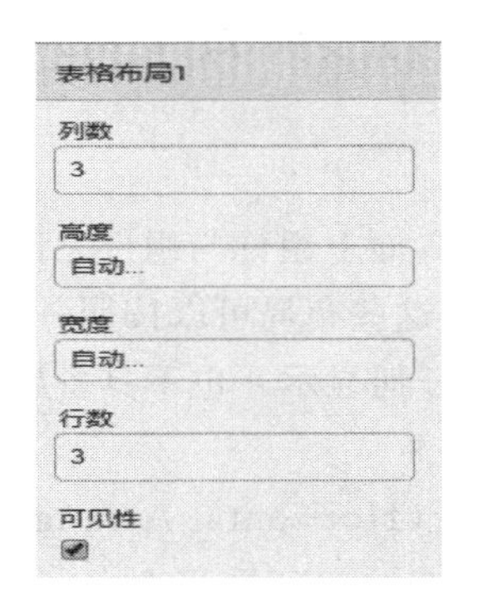

图 3.42　表格布局的属性

3. 垂直布局

垂直布局（Verical Arrangements），所有界面控件都在垂直方向按照顺序进行排列，也就是说，每行仅包含一个界面组件。垂直布局属性与水平布局完全相同。

垂直布局与水平布局嵌套是经常使用的技能，可以实现类似如图 3.43 所示的效果。

图 3.43　垂直布局嵌套水平布局

3.4.4　日期选择框

日期选择框是一个供用户选择日期的组件，在界面上表现为一个按钮，用户单击按钮后会弹出一个如图 3.44 所示的日期选择界面，用户选择日期后该界面关闭。

日期选择框组件的常用属性见表 3.15。

日期选择框组件常用的事件与方法见表 3.16。

图 3.44　日期选择框运行效果图

3.4.5　下拉框

用户可以从下拉列表中选择输入内容，一般限制输入内

表 3.15 **日期选择框组件的常用属性**

属　性	说　明
背景颜色（Background Color）	设置背景颜色
是否启用（Enabled）	设置组件是否有效
粗体（Font Bold）	设置文本是否粗体
斜体（Font Italic）	设置文本是否斜体
字体大小（Font Size）	设置文本的字体大小
字体类型（Font Typeface）	设置文本的字体类型
图片（Image）	设置组件上的显示的图片
外形（Shape）	设置启动按钮的外形
显示反馈（Show Feedback）	显示交互效果
文本（Text）	设置文字内容
文本对齐方式（Text Aligment）	设置文本对齐方式
文本颜色（Text Color）	设置文本颜色
可见性（Visible）	设置组件是否可见

表 3.16 **日期选择框组件常用的事件与方法**

事件、方法	说明
日期选择框1 . 年度 日期选择框1 . 月份 日期选择框1 . 日期	分别获取用户设定的年、月、日
当 日期选择框1 .完成日期设定 执行	当用户完成日期选择后自动运行
当 日期选择框1 .获得焦点 执行	当日期选择组件获得输入焦点时自动运行
当 日期选择框1 .失去焦点 执行	当日期选择组件失去输入焦点时自动运行
当 日期选择框1 .被按压 执行	当用户按下日期选择按钮后自动运行
当 日期选择框1 .被松开 执行	当用户松开日期选择按钮后自动运行

容都会使用下拉框。

单击该组件时，将弹出列表窗口。列表元素可以在设计及逻辑设计中通过元素字任串属性进行设置，该字符串由一组逗号分隔的子字符串组成（如选项 1、选项 2）也可以在逻辑设计视图中将元素属性设置为某个列表。

下拉框的主要属性见表 3.17。

表 3.17　　下拉框的主要属性

属性	说明
元素字符串（Elements From String）	元素字符串，用来设定下拉框的初始选项
提示（Prompt）	提示信息
选中项（Selection）	选中项
可见性（Visible）	设置是否可见

下拉框的常用的方法与事件见表 3.18。

表 3.18　　下拉框的常用的方法与事件

事件、方法	说明
当 下拉框1 .选择完成 选择项 执行	在用户对下拉框进行选择后会自动执行
设置 下拉框1 . 元素字串 为	可设置下拉框的选项目内容
设置 下拉框1 . 选中项 为	可设置下拉框中当前的选中项
设置 下拉框1 . 选中项索引 为	可设置下拉框当前的选项序号（以 1 开始）
下拉框1 . 选中项	可获取下拉框当前选中项的序号（以 1 开始）

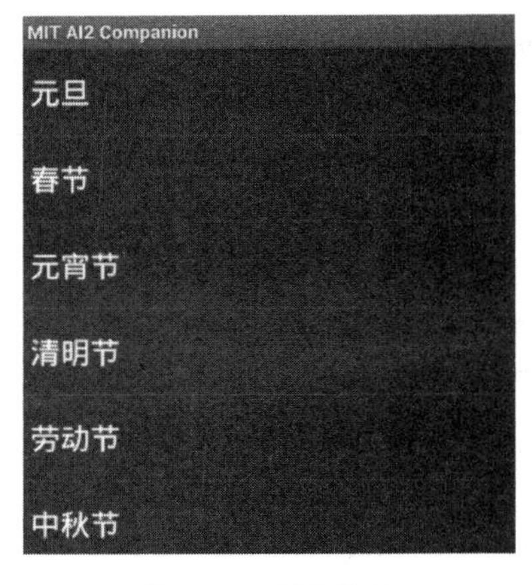

图 3.45　列表选项

3.4.6　列表显示框

列表显示框是从列表的多个项目中选取某一项的控件，适合多选一的情况。列表选项放置在界面上，形状如一般的按钮，单击后会出现黑色背景的列表项供选择，如图 3.45 所示，单击列表中某一选项后，黑色背景的列表界面会消失，返回按钮界面。

列表显示框中显示的列表项，既可以在界面编辑中定义，也可在模块编辑中进行定义。在界面编辑器中修改选项列表的“元素字符串”属性，将要显示的列表用逗号拼接成完整的字符串，例如“元旦、春节、元宵节、清明节”等。

在模块编辑器中，直接修改列表“元素字符串”属性，或将列表拼接在列表的“元素”属性中，可以实现相同的效果，如图 3.46 所示。

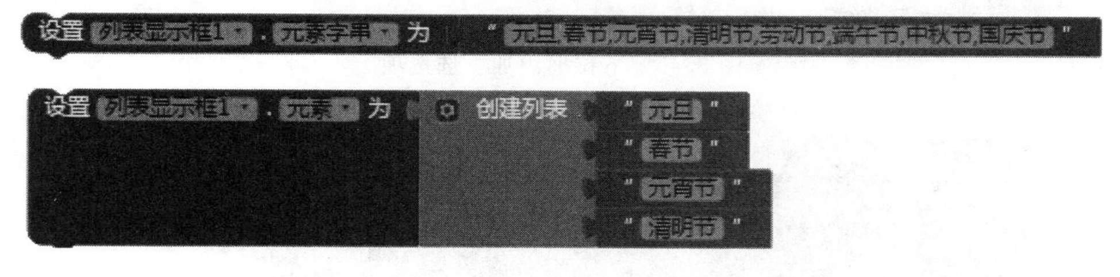

图 3.46 设置元素字符串属性和元素属性

3.4.7 任务实现

1. 新建项目

使用账号登录 http：//app.gzjkw.net/服务器，登录成功后，会出现项目界面，单击“新建项目”，输入项目名称“Feast”。

2. 素材准备

首先准备节日说明图片素材，命名为 t1.jpg、t2.jpg、t3.jpg、t4.jpg、t5.jpg、t6.jpg、t7.jpg、t8.jpg，通过素材面板上传。

3. 用户界面设计

节日说明 App 界面用到的组件及功能见表 3.19。界面设计如图 3.47 所示。

表 3.19 节日说明 App 界面用到的组件及功能

组件名称	组件类别	功能简介
标签	用户界面	显示提示文字
下拉框	用户界面	用户选择节日
日期选择框	用户界面	用户选择节日日期
按钮	用户界面	选择后确定按钮
图像	用户界面	显示节日信息

4. 功能设计

(1) 屏幕初始化时，为下拉框添加可选项，代码如图 3.48 所示。

(2) 根据用户所选节日，显示节日说明图片，代码如图 3.49 所示。

(3) 根据用户所选日期，显示节日说明图片，代码如图 3.50 所示。

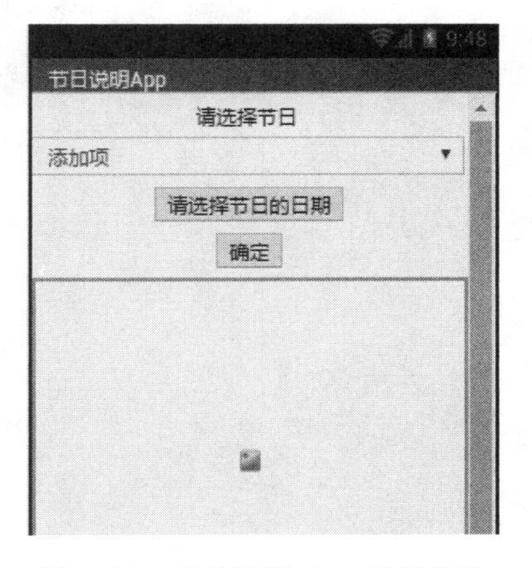

图 3.47 节日说明 App 界面设计

3.4.8 任务拓展

本节通过节日说明 App 案例让读者理解程序设计常用的多分支结构。多分支结构的关键在于设定合适

图 3.48　下拉框添加可选选项

图 3.49　判断所选节日显示对应图片

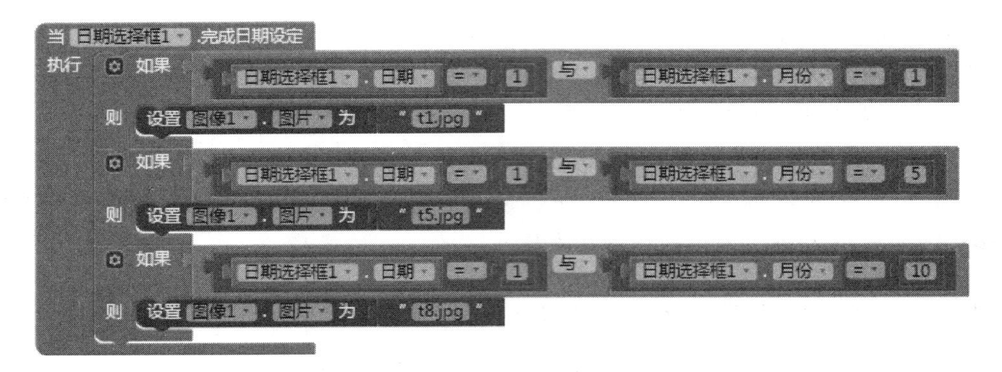

图 3.50　判断所选日期显示相应节日图片

的分支条件。请读者仿照节日说明 App 自己制作星座说明 App。

第4章　App Inventor 2 内建模块使用

【教学目标】

(1) 掌握 App Inventor 2 常量和变量的使用方法。

(2) 掌握 App Inventor 2 循环控制流程的使用方法。

(3) 掌握 App Inventor 2 列表、函数调用方法。

【本章导航】

在开发 App 过程中，不可避免会使用条件判断、循环、函数和列表等模块，用户可以选择所需的结构模块，最终实现完整的程序逻辑。

4.1　计算 BMI 指数

4.1.1　任务描述

BMI 指数（即身体质量指数，简称 BMI），是用体重（kg）数除以身高（cm）平方得出的数字，是目前国际上常用的衡量人体胖瘦程度以及是否健康的一个标准。主要用于统计用途，当我们需要比较及分析一个人的体重对于不同高度的人所带来的健康影响时，BMI 值是一个中立而可靠的指标。本节任务制作一个 App，用户输入自己的体重和身高后，系统计算得出 BMI 以相应的健康提示。应用运行界面如图 4.1 所示。

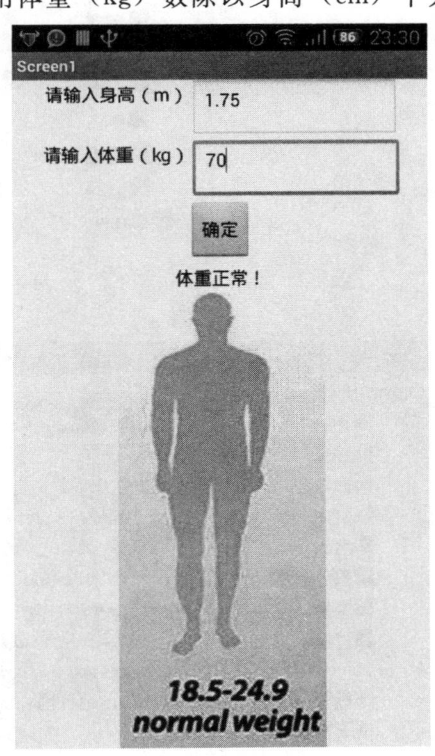

图 4.1　计算 BMI 指数 App 界面

4.1.2　任务目标

(1) 理解四则运算规则。

(2) 掌握逻辑大小判断。

(3) 掌握 IF 条件判断的方法。

4.1.3　常量的应用

常量分为数值型、字符串型和逻辑型。

数值型常量：设置方法是在左侧栏的“内置块”中选择“数学”类，再在右边栏选择拼块数字 0，如图 4.2 所示，选中数据 0 后可重新修改成所需要的新值。注意只能输入 0～9、+、－和小数点。

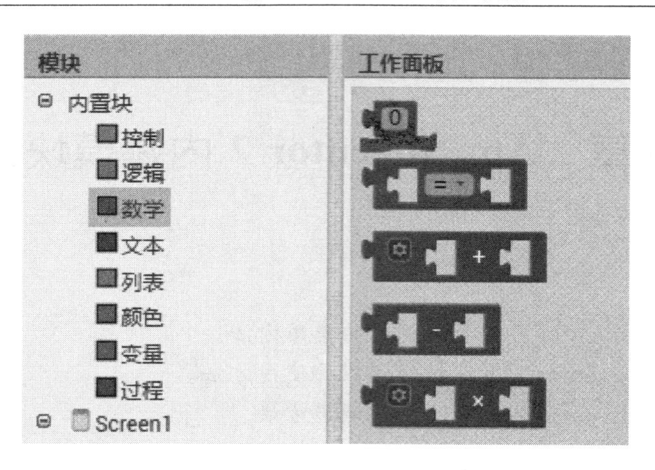

图 4.2　数值型常量设置

字符串型字量：设置方法是在左侧栏的“内置块”中选择“文本”类，再在右边栏选择拼块空字符串，如图 4.3 所示，选中空字符串可以重新输入新字符串，可以是中文字符串。

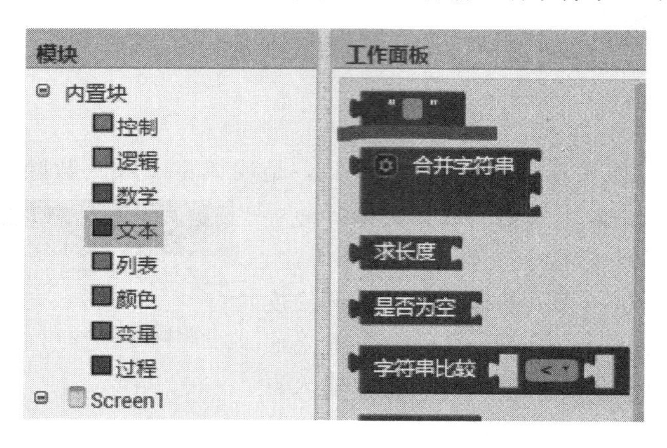

图 4.3　字符串型常量设置

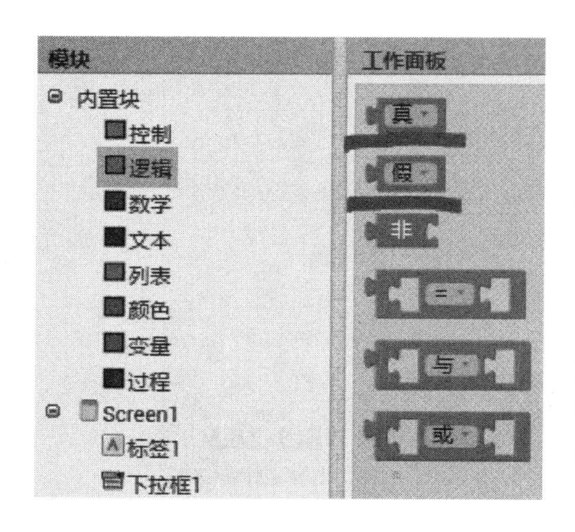

图 4.4　逻辑型常量设置

逻辑型常量：设置方法是在左侧栏的“内置块”中选择“逻辑”类，再在右边栏选择拼块真或拼块假，如图 4.4 所示。

4.1.4　基本运算

1. 算术运算

算术运算主要是包括加、减、乘、除四则运算，设置方法是左侧栏的“内置块”中选择“数学”类，在右栏出现基本的运算拼块有加法、减法、乘法、除法、指数等。如图 4.5 所示是进行 10＋20＋30 的运算。要进行多个数连加和连乘，可点占扩充图标。

2. 字符串运算

字符串运算的设计方法，设置方法是左侧栏的“内置块”中选择“文本”类，在右栏出现基本的运算拼块有合并字符串、字符串比较、求子字符串在父字符串的位置等等。如图 4.6 所示是进行多个字符串的相连。

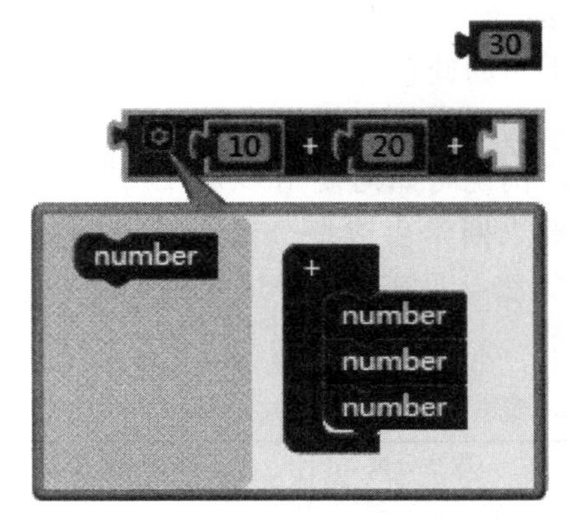

图 4.5　加法拼块实现多个数相加

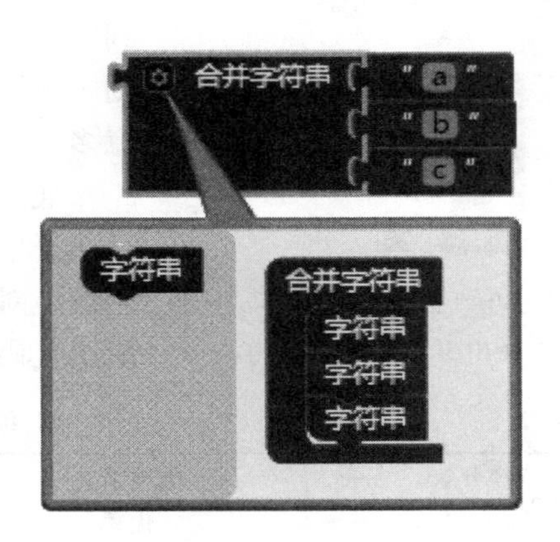

图 4.6　字符串相连运算

3. 比较运算

比较运算有数值型比较和字符串型比较两类。比较的结果是布尔值“真”或“假”。

4. 逻辑运算

逻辑运算符位于“内置块”的“逻辑”类中，逻辑运算包括与、或、非、等于及不等于运算。主要用于将多个运算结果进行相应的逻辑判断后来得到最终结果。表 4.1 列出了常用的逻辑运算拼块及示例。

表 4.1　　表常用的逻辑运算拼块及示例

拼　块	功　能	示　例
非	逻辑非，返回的运算结果是对输入的结果取反	非 2 < 4 结果为：假
与	逻辑与，仅当所有参与运算的分项都为真，返回的运算结果才为真，否则返回假	2 < 4 与 5 > 4 结果为：假
或	逻辑或，只要有一个参与运算的分项为真，传回的运算结果就为真，否则返回假	2 < 4 或 5 > 4 结果为：真
=	逻辑相等，两个分项进行相等或不相等的判断	" abc " = " Abc " 结果为：假

4.1.5　多条件判断

在第 3 章中提到，为了实现基于条件判断的分支结构，App Inventor 提供了一个单条

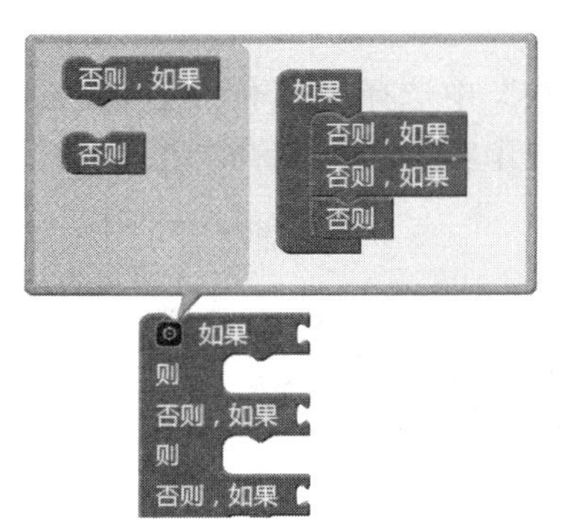

图 4.7　由“如果……则……”块扩展出更多的分支结构

件判断块：“如果……则……”块以及双条件判断“如果……则……否则”。其中双条件判断是通过单条件判断块中的扩充图标中的“否则”到“如果”区域下面形式的。

在这节中，我们来学习多条件判断，也是从单条件判断块派生出来的。如图 4.7 所示，单击“如果……则……”块左上角的蓝色标记，可以从该块中扩展出任意多个“否则，如果”分支。

通过一个示例说明如何使用多条件判断结构。在这个例子中，需要判断学生成绩分数 score 的值，输出学生成绩对应的等级，见表 4.2。这个逻辑可以用图 4.8 所示代码块表示。

表 4.2　　　　**成 绩 等 级 表**

成绩分数	成绩等级	成绩分数	成绩等级
90≤score≤100	优秀	60≤score<70	及格
80≤score<90	良好	Score<60	不及格
70≤score<80	中等		

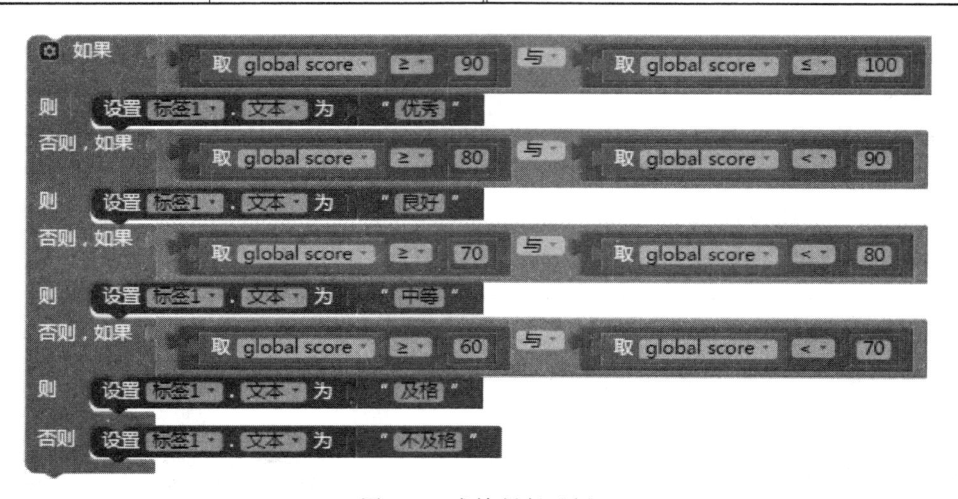

图 4.8　成绩判断示例

4.1.6　任务实现

1. 新建项目

使用账号登录 http://app.gzjkw.net/服务器，登录成功后，会出现项目界面（Project），单击“新建项目”（New Project），输入项目名称“BMI”。

2. 素材准备

首先准备 BMI 数值各个等级对应的说明文本和图片。

3. 用户界面设计

计算 BMI 指数 APP 界面用到的组件见表 4.3，界面设计如图 4.9 所示。

表 4.3　　计算 BMI 所用的组件及功能

组件名称	组件类别	功能简介	组件名称	组件类别	功能简介
标签 1	用户界面	输入体重/kg	图像	用户界面	显示相应阶段人物的图片
标签 2	用户界面	输入身高/cm	标签 3	用户界面	显示 BMI 等级
按钮	用户界面	计算启动按钮			

4. 功能设计

（1）初始化身高值和体重值以及 BMI 指数值，如图 4.10 所示。

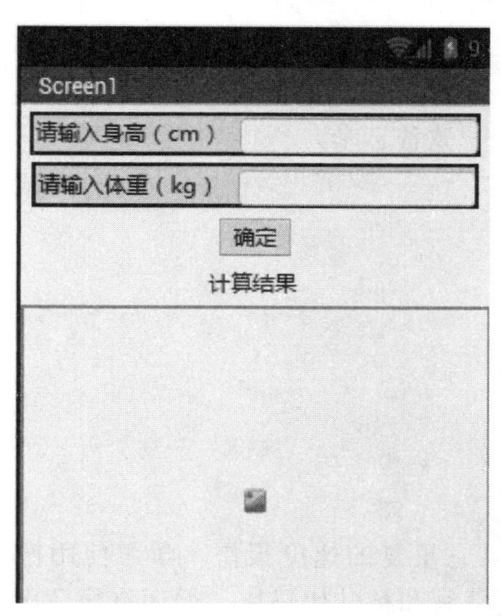

图 4.9　计算 BMI 指数 App 的界面

图 4.10　初始化全局变量

（2）用户输入身高和体重后，单击确定按钮，开始进行计算，如图 4.11 所示。

图 4.11　计算 BMI 指数

4.1.7　任务拓展

本节通过计算 BMI 指数 App 案例理解程序设计常用的多分支结构及四则运算。多分支结构的关键在于设定合适的分支条件。

4.2　手机备忘录

4.2.1　任务描述

手机几乎都有记事本或备忘录功能，随着手机功能的日渐增强，大家越来越习惯使用手机来记录提醒待作事项，本节使用 AI2 制作一款备忘录。

4.2.2　任务目标

(1) 掌握循环的使用。
(2) 掌握列表组件的使用。
(3) 掌握微数据库组件的使用。
(4) 掌握函数的使用。

4.2.3　循环

计算机最擅长做的事情就是"重复"，并且它重复的速度很快。学习使用循环，可以让计算机重复执行一段代码，来替代我们反复复制和粘贴代码块。循环有循环次数固定和循环次数不固定的两种情况。

1. 循环次数固定

AI2 中提供了 for - each - from 拼块（图 4.12）来实现次数固定的循环。拼块需要提供三个参数：第一个为循环初值；第二个为循环终值；第三个为循环增量。循环的过程是：首先循环变量从初值开始，每次循环都是先将循环变量当前值和循环终值相比较，或小于或等于循环终值就执行一次循环体的代码；其次将循环变量值加上循环控制增量作为新的循环新值；最后和循环终值相比，若小于或等于循环终值就继续执行一次循环体的内容，如此循环，直到循环变量新值大于循环终值，结束整个循环。

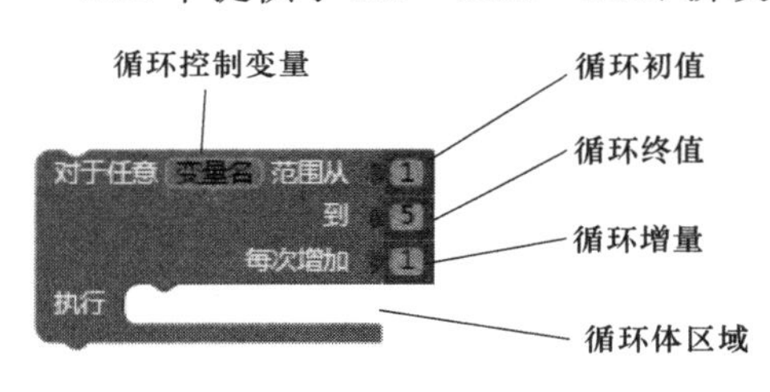

图 4.12　for - each - from 拼块

以一个 100 个数字累加的例子说明如何使用 for - each - from 模块。在这个示例，定义一个全局变量 sum 作为累加结果，循环的开始值为 1，结束值为 100，递进量为 1，如图 4.13 所示。

AI2 中还提供了 for - each - item 拼块来实现次数固定的循环，如图 4.14 所示。与 for - each - number 拼块不同的是，for - each - item 拼块执行次数是由列表元素的个数决定。

图 4.13　100 的数字累加

循环时会依次对列表中的每个元素执行一次循环体。

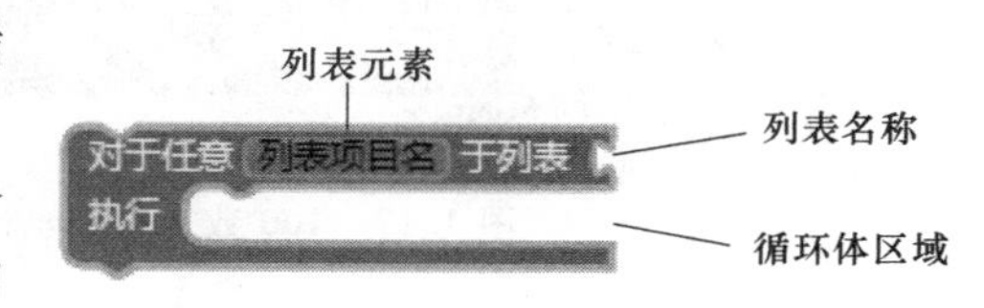

图 4.14　for－each－item 拼块

例如定义了"角色"列表，该列表有三个元素，则循环执行三次，循环结束后，标签的文本属性的值变成"孙悟空，猪八戒，沙和尚"，如图 4.15 所示。

图 4.15　for－each－item 应用举例

2. 循环次数不固定

"控制"类中的（当……满足条件……循环）拼块可以实现不固定执行次数的有条件的循环控制，如图 4.16 所示。当循环控制条件取值为真时，就执行循环体，否则就结束循环。需要注意的是要合理设置循环控制条件，即在循环体中要有取值可变的变量，而此变量又能够影响循环条件的真、假取值，避免造成死循环。

图 4.16　循环次数不固定拼块（当……满足条件……循环）

还是以 1～100 数字累加为例说明如何使"当……满足条件……循环"拼块。这个例子定义一个全局变量 total 作为累加结果，定义一个全局变量 n 表示循环的当前值，循环的开始值为 1，结束值为 100，递增量为 1，如图 4.17 所示。在循环过程中，每次循环前都要检测条件槽的条件是否满足"$n \leqslant 100$"，如果满足条件，循环体的动作是将变量 n 累加到变量 total 中，并在每次循环过程中将变量 n 增加 1，这样在 n 为 1～100 的值时，都满足条件“$n \leqslant 100$”，所以变量 total 可以获到到 1～100 的累加值。当 n 等于 101 时，无法满足条件“$n \leqslant 100$”，结束循环。

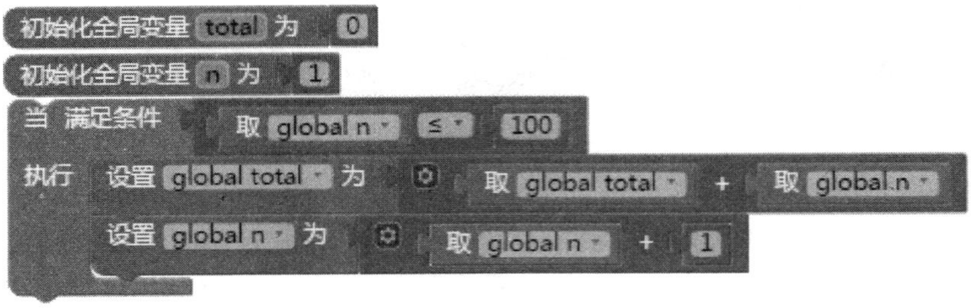

图 4.17　100 数字累加示例（当……满足条件……循环）

4.2.4　列表

App 应用包含了对事件的处理，以及处理过程中的决策。这些处理过程构成了程序的基础，但只有这些是远远不够的，构成程序的另一个非常重要的基础就是数据——程序所要处理的信息。程序中的数据可以划分为简单数据和复杂数据两种类型。简单数据只占有一个单独的存储空间（如数字变量、字符串变量、逻辑变量等），像游戏中分数这样的数据就属于简单数据。不过只有少量应用中只涉及简单数据，更普遍的情况是，大多数应用中都会使用复杂数据。复杂数据是由多个甚至多种简单数据以某种特定结构组织起来的数据列表，比如班级名单、记录列表等，AI2 提供了“列表”来处理这类批量的数据。列表是将数据按照特定顺序进行排列的一种数据结构。列表中的每个数据都有位置指示，称为索引，用户可以根据索引找到列表中与之对应的数据。AI2 所建立的列表是动态扩展的，也即是说当列表创建后，用户可随机向列表添加或删除数据。

1. 创建列表

要使用列表，首先要创建一个列表，在“逻辑设计”—“内置块”—“列表”中可以选择“创建空列表”“创建列表”模块来创建列表。

列表数据的存储空间是一组相互关联的存储单元。对于静态数据列表，可以使用“列表”块来设置列表变量的值，如图 4.18 所示，角色列表中包含了 3 个角色名称，其中索引值为 1 的数据为“孙悟空”，索引值为 2 的数据为“猪八戒”，照此类推，要注意列表的索引是从 1 开始的；对于动态数据的列表，可以使用“空列表”块来设置列表变量的初始值。空列表如图 4.19 所示。如果需要往列表中继续添加数据，只需要单击“创建表表”模块左上方的蓝色方块，就可以方便地添加列表项，如图 4.20 所示。

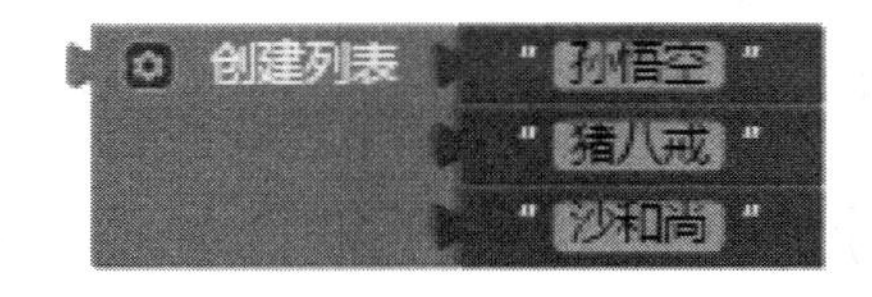

图 4.18　创建列表

图 4.19　空列表

2. 创建列表变量

为了使用创建好的列表，需要将列表保存在一个变量中，一般创建一个全局变量进行保存。这里介绍一下全局变量和局部变量。全局变量和局部变量是AI2提供的两种变量定义方式，全局变量定义后在所有的地方都可以使用；而局部变量在定义后，只有在特定的范围内可以使用。定义局部变量的好处是不会产生变量名冲突。如图4.21所示，将刚创建好的列表拼接在全局变量“role”。

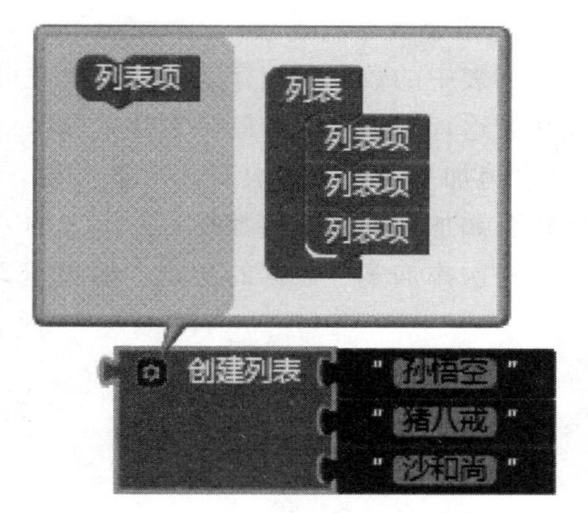

图4.20 创建列表的扩展结构

图4.21 创建列表变量“role”

3. 获取列表项

要在“电话本”中获取某个电话，需要给出索引值，即一个列表项在列表中的位置信息，假设“角色列表”中有三个项，则这些项的索引值分别为1、2、3，可以使用这些数字以及获取列表荐模块来获取指定的列表项，如图4.22所示，我们选中的“角色列表”中的第三项。通过索引获取列表中数据时，在要注意的是索引编号不能够超过列表数据项的总数，不然将会引发“索引越界”的错误，如图4.23所示。

图4.22 获取“角色列表”中第三项

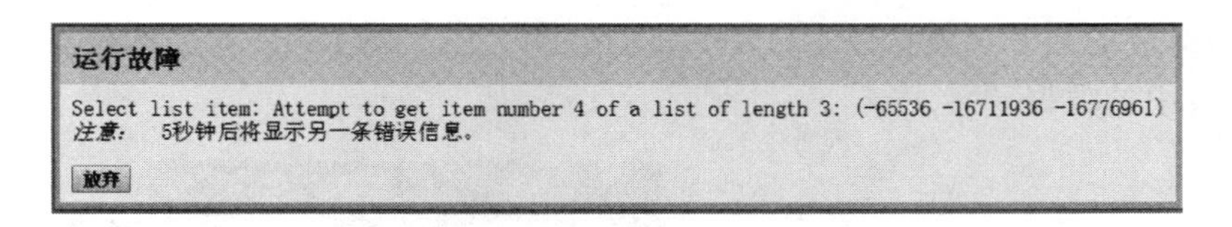

图4.23 “索引越界”运行故障

4. 使用索引值遍历列表

在许多应用中，都会有遍历列表的需求，如本例中我们需要输入备忘录中所有的记录等。遍历列表的最简单的方法是“逻辑设计”—“内置块”—“控制”中的“for-each-item”模块。这是一种安全的遍历方法，在遍历过程中索引值不会超过列表所拥有的数据项的最大索引值，避免了索引值越界导致的错误。

在4.2.3循环小节时，已举例介绍了使用for-each-item模块循环遍历输出列表的值，这里就不再举例。

5. 添加删除列表项

列表中的数据在程序运行过程中是可以动态添加和删除的，下面分别介绍列表项添加模块“追加列表项”和删除模块“删除列表项”，如图 4.24 所示。

“追加列表项”模块有两个参数槽，槽“列表”用来拼接目标列表，槽“item”用来拼接要添加到列表中的数据。左上方的“蓝色方块”可以让“追加列表列”模块具有向列表中一次添加多个数据的功能，如图 4.25 所示。

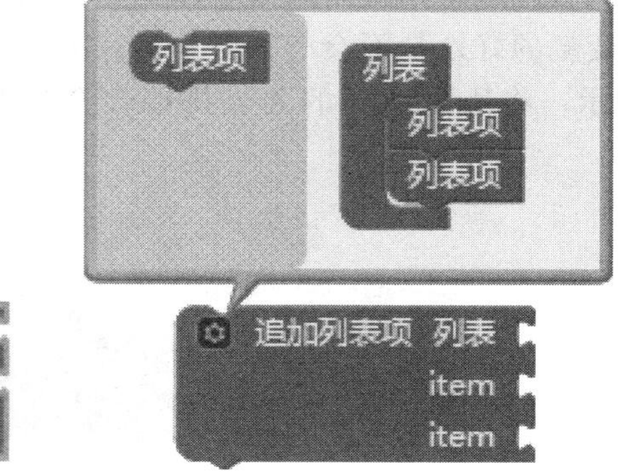

图 4.24　追加列表项和删除列表项模块　　图 4.25　添加多个数据

“删除列表项”模块可以从列表中删除数据项，槽“列表”用来拼接要操作的列表变量，槽“第几项”是要删除数据的索引位置，如要删除“角色列表”第 3 项目，则索引应该设置为 3，如图 4.26 所示。“删除列表项”模块每次只能够删除 1 个列表中的一项数据。

如果用户希望删除“猪八戒”这个数据，但是并不知道这个数据项的索引号，可以使用“求对象在列表的位置”模块，位于“逻辑设计一内置块一列表”中。“求对象在列表的位置”模块有两个参数槽，参数槽“对象”用来拼接要查找的数据对象，参数槽“列表”拼接列表，该模块会返回数据在列表中的索引值，然后再通过调用“删除列表项”来删除该索引对应的列表项就可以了。图 4.27 所示即是“求对象在列表的位置”模块删除“角色”列表中的数据“猪八戒”。

图 4.26　删除“角色列表”中第 3 项目　　图 4.27　删除列表 role 中的数据“猪八戒”

4.2.5　过程

通过编程语言都会提供内置的功能模块，同时也允许开发编写自定义的功能模块，来

实现某些特殊的功能以重复利用，提高写程序的效率。在 AI2 中，隶属呈组件的紫色代码块，就是编程语言中内置的功能模块，又如内置块中的数学类中的“产生随机数”拼块等，也称为内置过程。开发者自己编写的功能模块，一般可以称为自定义过程（procedure），过程也有许多别名，如子程序、函数、方法等。AI2 中的拼块 procedures，它分成有返回值和无返回值两种形式。在 AI2 中，通过命名一段代码块来定义过程，从而实现功能的扩展，应用中可以像调用 AI2 中的内置过程一样，调用自定义过程。

在“逻辑设计”—“内置块”—“过程”中有定义过程的模块，如图 4.28 所示。两个过程定义模块的区别在于左边的过程模块没有返回值，右边的过程模块有返回值。

图 4.28　过程的定义模块

1. 定义无返回值过程

单击定义过程拼块左上方的蓝色下拉扩充图示，通过选择该扩充图示，拖拽“输入项 x”拼块到“输入项”区域，可以为过程设定参数，参数可以是扩展多个，默认没有参数。选择过程名称或参数名称可以直接修改名称，将鼠标移动到过程参数上会出现“取 x”“设置 x 为”拼块，可以将其拖拽到需要的地方进行参数应用，如图 4.29 所示。

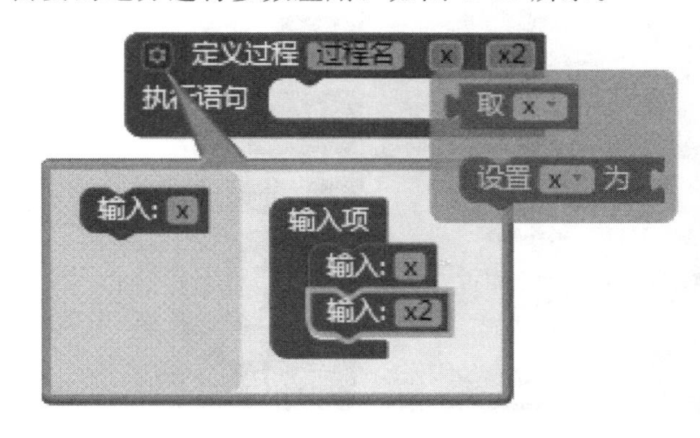

图 4.29　输入项扩充

2. 定义有返回值过程

定义有返回值过程的方法跟定义无返回值过程的方法是相同的，区别是，有返回值过程需要在返回结果处设定过程的返回值，若返回值计算比较简单，可以在返回结果处通过运算公式直接给出。这需要用到内置块—控制—执行模块……返回结果板块。“执行模块—返回结果”模块的主要功能是运行“执行”处的程序块，并返回“执行结果”。

如定义一个过程 mysum，提供 1 个参数 n，过程的作用是计算 1 到 n 的累加，并返回累加的结果，如图 4.30 所示。

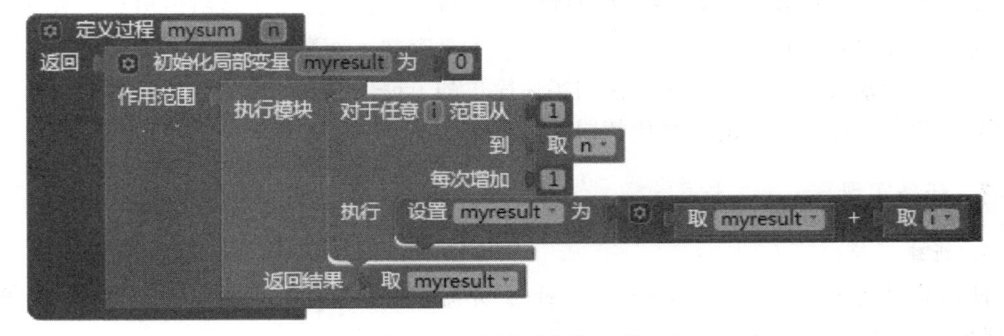

图 4.30　有返回值的过程

3. 调用过程

使用内置块—过程—调用过程拼块可以调用过程，只有定义好的过程才会出现在“调用过程”，而且过程名称和参数名称都自动设置与定义时一致，如调用 mysum 过程，如图 4.31 所示。

图 4.31　调用 mysum 过程

4. 内建程序功能模块

为了便于程序人员快速开发相关应用，AI2 也为用户建立了许多常用功能模块，即内建程序功能模块，使用这个内建模块，有助于快速开发、缩短开发周期。常用内建功能模块包括逻辑设计里的“控制”“逻辑”“列表”“过程”“数学”“文本”类等。

（1）数学类运算符。数学类运算符位于内建块中的数学类，主要有三角函数运算、对数运算、取余运算等，如图 4.32 所示。

（2）字符串运算类。字符串运算位于内建块中的文学类，主要有字符串查找、字符串大小写转化、字符串分割等，如图 4.33 所示。

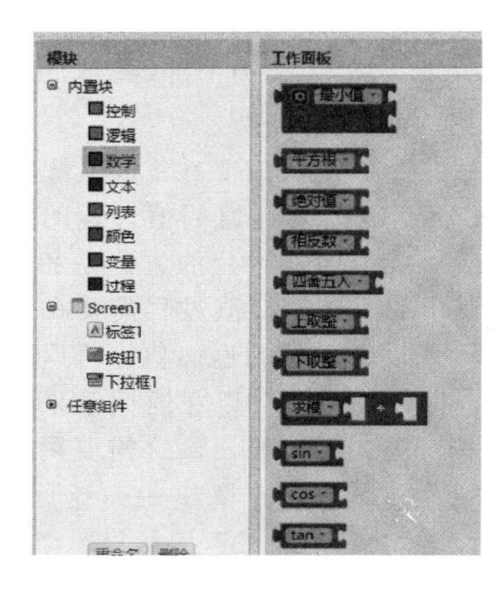

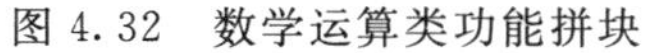
图 4.32　数学运算类功能拼块

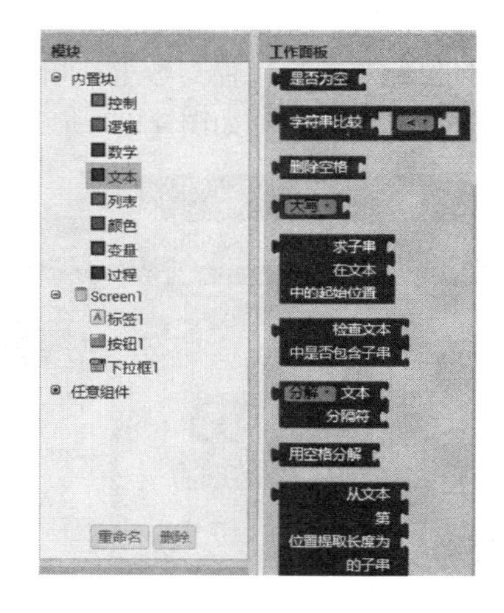

图 4.33　文本类运算类功能模块

4.2.6　微数据库

微数据库是 AI2 中提供的一个小型数据库组件，用来永久存储用户信息。程序中的变量是临时存储，当程序关闭后，这些变量将不复存在。而数据库中的信息保存在手机存储器中，将会永久保存。微数据库使用了最简单的 tag - value（标签一值）模式进行一对一存储。相同的标签，新的值将代替旧的。

4.2.7　任务实现

1. 新建项目

使用账号登录 http：//app. gzjkw. net/服务器，登录成功后，会出现项目界面，单击“新建项目”，输入项目名称“memo”。

2. 界面设计

UI设计采用上下布局，最上方是输入和显示栏，用来增加和修改备忘录，使用文本输入框；中间是功能按钮，使用水平布局和4个按钮组件，下方为显示区域，使用列表组件，最后添加微数据组件。界面如图4.34所示。

3. 功能设计

(1) 定义全局变量。由于备忘录是一条一条的，可以用列表保存所有的备忘录，而备忘录索引对应每一条备忘录。因此需要定义两个全局变量，一个命名为memo，初始值为空列表，用来保存便签内容；一个命名为index，初始值为1，表示备忘录索引，如图4.35所示。

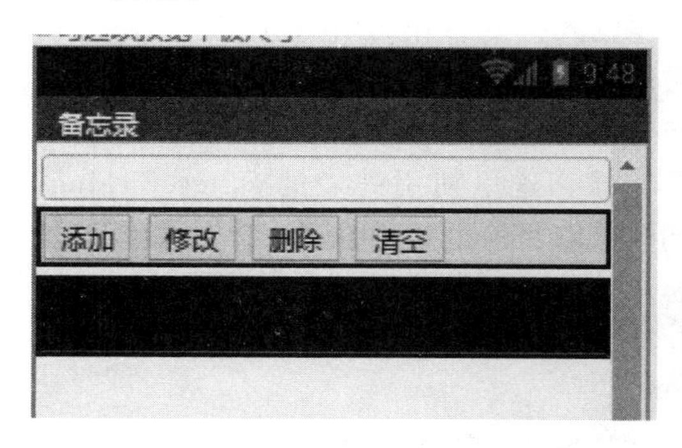

图4.34　备忘录界面

图4.35　定义全局变量

(2) 程序初始化。由于备忘录保存在微数据库中，因此程序初始化时，需要先判断数据库是否为空，如果不为空，也就是原来已保存了备忘录，则将备忘录以列表的形式显示出来，初始化程序可以调用屏幕（Screen）的初始化事件。数据库保存的标签名定义为memo，如图4.36所示。

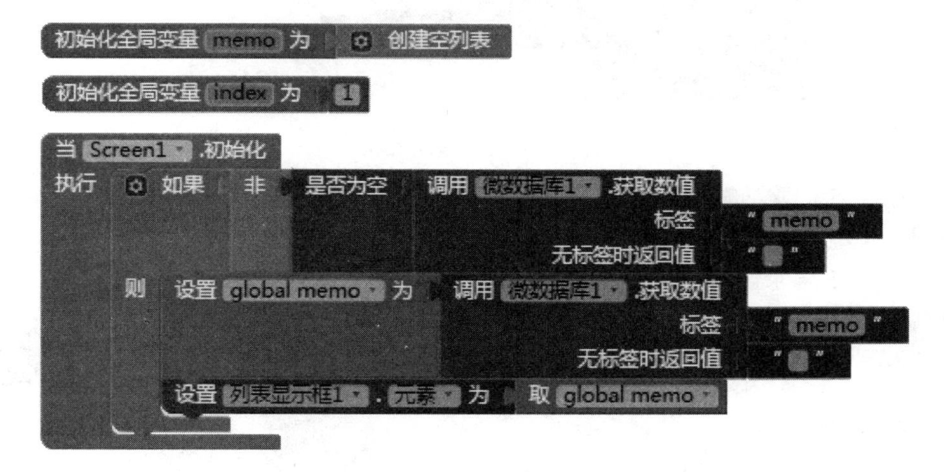

图4.36　程序初始化

(3) 显示过程模块。备忘录的增加、修改和删除都涉及列表及数据库的更新显示，为了简化程序，可定义名称为show的过程，过程模块如图4.37所示。

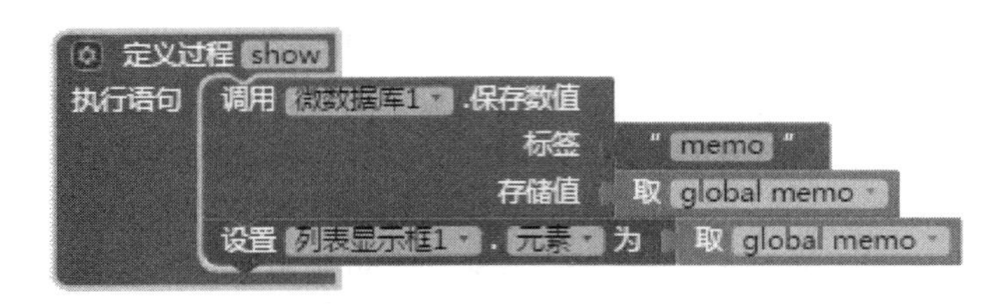

图 4.37　显示过程模块

图 4.38　增加按钮

（4）增加按钮。增加备忘录只需要将文本输入框内容作为 item 加入列表即可，最后调用显示过程，如图 4.38 所示。

（5）修改备忘录。首先选中要修改的备忘录，这里使用列表的 After Picking，同时获取当前的索引位置；其次要修改备忘录；最后仍是调用显示过程模块，如图 4.39 所示。

图 4.39　修改备忘录

（6）删除备忘录。删除备忘录与修改备忘录类似，直接删除列表索引对应的元素即可，如图 4.40 所示。

（7）清空备忘录。清空备忘录即清空所有数据，包括变量、列表和微数据库中的所有数据，如图 4.41 所示。

图 4.40　删除备忘录

4.2.8　任务拓展

本节介绍了列表、微数据库组件以及列表类型、过程的使用。可以增加密码锁，或增加时间标签功能。

当 btndelall .被点击
执行
调用 微数据库1 .清除所有数据
设置 global memo 为
创建空列表
设置 列表显示框1 . 元素 为
取 global memo

图 4.41 清空备忘录

创新制作篇

第5章　Arduino开发——基础实验

【教学目标】

（1）了解Arduino板卡的种类及Arduino IDE的使用。

（2）了解面包板连线软件fritzing的使用。

（3）熟悉Arduino Uno板卡IO的输入输出使用。

（4）熟悉Arduino编程函数的使用。

（5）掌握一些基础模块的使用。

【本章导航】

Arduino板卡的种类很多，本教材选用的是Arduino Uno板卡。通过本章学习，可以快速掌握Arduino IDE使用，如何利用Arduino Uno板卡点亮一个LED灯，液晶及数码管显示，控制直流电机、步进电机、舵机及串口通信等。

5.1　走进Arduino的世界

【任务导航】

（1）认识Arduino，了解Arduino板子种类。

（2）掌握Arduino的开发环境安装。

（3）体验Arduino。

【材料阅读】

1. 什么是Arduino?

Arduino是一个能够用来感应和控制现实物理世界的一套工具。它由一个基于单片机并且开放源码的硬件平台和一套为Arduino板编写程序的开发环境组成。

Arduino可以用来开发交互产品，比如它可以读取大量的开关和传感器信号，并且可以控制各式各样的电灯、电机和其他物理设备。Arduino项目可以是单独的，也可以在运行时和电脑中运行的程序（例如：Flash、Processing、MaxMSP）进行通信。Arduino板可以选择自己手动组装或是购买已经组装好的；Arduino开源的IDE可以免费下载得到。

Arduino的编程语言就像在对一个类似于物理的计算平台进行相应的连线，它基于处理多媒体的编程环境。

2. 为什么要使用Arduino?

有很多的单片机和单片机平台都适合用做交互式系统的设计，例如：Parallax Basic Stamp、Netmedia's BX-24、Phidgets、MIT's Handyboard等。所有这些工具，都不需要去关心单片机编程的细节，它提供的是一套容易使用的工具包。Arduino同样也简化了同单片机工作的流程，但同其他系统相比Arduino在很多地方更具有优越性，特别适合老

师、学生和一些业余爱好者使用。

(1) 便宜。和其他平台相比，Arduino 板算是相当便宜了。最便宜的 Arduino 板可以自己动手制作，即使是组装好的成品，其价格也不会超过 200 元人民币。

(2) 跨平台使用：Arduino IDE 可以运行在 Windows、Macintosh OSX 和 Linux 操作系统。大部分其他的单片机编译软件都只能运行在 Windows 上。

(3) 简易的编程环境。初学者很容易就能学会使用 Arduino 编程环境，同时它又能为高级用户提供足够多的高级应用。对于老师们来说，一般都能很方便地使用 Processing 编程环境，所以如果学生学习过使用 Processing 编程环境的话，那他们在使用 Arduino 开发环境的时候就会觉得很熟悉。

(4) 软件开源并可扩展。Arduino 软件是开源的，对于有经验的程序员可以对其进行扩展。Arduino 编程语言可以通过 C＋＋库进行扩展，如果有人想去了解技术上的细节，可以跳过 Arduino 语言而直接使用 AVR C 编程语言（因为 Arduino 语言实际上是基于 AVR C 的）。类似的，如果需要的话，也可以直接往 Arduino 程序中添加 AVR－C 代码。

(5) 硬件开源并可扩展。Arduino 板基于 Atmel 的 ATMEGA8 和 ATMEGA168/328 单片机。Arduino 基于 Creative Commons 许可协议，所以有经验的电路设计师能够根据需求设计自己的模块，可以对其扩展或改进。甚至是对于一些相对没有什么经验的用户，也可以通过制作试验板来理解 Arduino 是怎么工作的，省钱又省事。

Arduino 基于 AVR 平台，对 AVR 库进行了二次编译封装，把端口都打包好了，寄存器、地址指针等基本不用管，大大降低了软件开发难度，适宜非专业爱好者使用。优点和缺点并存，因为是二次编译封装，代码不如直接使用 AVR 代码编写精练，代码执行效率与代码体积都弱于 AVR 直接编译。

3. Arduino 板种类

Arduino 先后发布了十多个型号的板，有可以缝在衣服上的 LiLiPad，有为 Andriod 设计的 Mega，也有最基础的型号 Uno，还有最新的 Leonardo。

(1) Arduino Uno。广受青睐的 Arduino Uno 开发板如图 5.1 所示，以 ATmega328 MCU 控制器为基础，具备 14 路数字输入/输出引脚（其中 6 路可用于 PWM 输出）、6 路

图 5.1　Arduino Uno 开发板

模拟输入、一个16MHz陶瓷谐振器、一个USB接口、一个电源插座、一个ICSP接头和一个复位按钮。

Uno并未使用FTDI出品的USB到串行驱动芯片。ATmega16U2（ATmega8U2至R2板）取而代之，作为USB到串行口的转换器。此外，Uno3还具有下列新增功能：1.0引出线，在靠近ARFF引脚处新增SDA和SCL引脚，另在RESET（复位）引脚处新增两个引脚，IOREF引脚允许shield适应板卡提供的电压（注：第二个引脚不是已连接引脚），增强型复位电路，ATmega16U2代替8U2。

（2）Arduino Leonardo。Arduino Leonardo以功能强大的ATmega32U4为基础。此款板卡提供20路数字输入/输出引脚（其中7路可用作PWM输出，12路用作模拟输入）、一个16MHz晶体振荡器，微型USB连口，一个电源插座，一个ICSP接头和一个复位按钮，如图5.2所示。

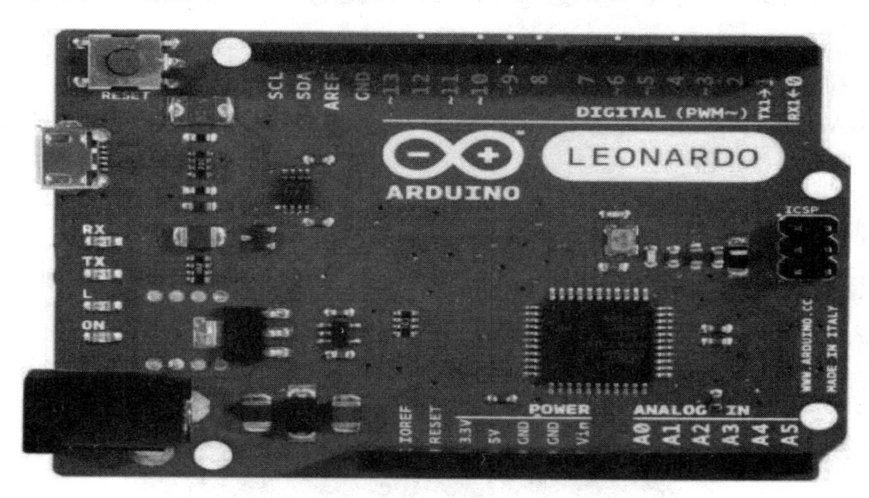

图5.2　Arduino Leonardo开发板

Leonardo包含支持微控制器的所有部件；只需通过USB线将其连接到电脑上或使用AC-DC适配器或电池为其供电，即可启动Leonardo。另外，ATmega32U4还提供了内置USB通信，免去了使用辅助处理器的必要。由此可见，除被视为虚拟（CDC）串行/COM端口外，Leonardo几乎与鼠标和键盘无异。

（3）Arduino Due。Arduino Due是一款基于Atmel | SMART SAM3X8E ARM Cortex-M3 CPU的MCU板卡，如图5.3所示。

作为首款基于32位ARM核心微控制器的Arduino板卡，Due配备54路数字输入/输出引脚（其中12路可用于PWM输出）、12路模拟输出、4个UART（硬件串行端口）、84MHz时钟、USBOTG可用连接、2个DAC（数字—模拟）、2个TWI、一个电源插座、一个SPI接头、一个JTAG接头、一个复位按钮和一个擦除按钮。与其他Arduino板卡不同的是，Due使用3.3V电压。输入/输出引脚最大容许电压为3.3V，如使用更高电压，如将5V电压用于输入/输出引脚，可能会造成板卡损坏。

（4）Arduino Yún。Arduino Yún的特点是采用了ATmega32U4处理器，同时还带

图 5.3　Arduino Due 开发板

有 AtherosAR9331，可支持基于 OpenWRT（即 Linino）的 Linux 分配，如图 5.4 所示。

图 5.4　Arduino Yún 开发板

Arduino Yún 板具备内置以太网和 WiFi 支持器、一个 USB-A 端口、一个微型 SD 板卡插槽、20 路数字输入/输出引脚（其中 7 路用于 PWM 输出、12 路作为模拟输入引脚)、一个 16MHz 晶体振荡器、微型 USB 接口、一个 ICSP 接头和 3 个复位按钮。Arduino Yún 还可以与板上 Linux 分配通信，Arduino 带来了功能强大的联网计算机。

除 cURL 等命令外，创客和工程师还可自行编写 shell 和 python 脚本，以实现更稳定的互动。Yún 板与 Leonardo 板相似，因为 ATmega32U4 提供 USB 通信，无需使用辅助处理器。由此配置可见，除被视为虚拟（CDC）串行/COM 端口外，Yún 几乎与鼠标键盘无异。

(5) Arduino Micro。Arduino Micro 开发板是由 Arduino 与 Adafruit 联合开发的板卡，由 ATmega32U4 供电，如图 5.5 所示。

此款板卡配有 20 路输入/输出引脚（其中 7 路可用于 PWM 输出，12 路用于模拟输入)、一个 16MHz 晶体振荡器、一个微型 USB 接口、一个 ICSP 接头和一个复位按钮。

图 5.5　Arduino Micro 开发板

Micro 包含支持微处理器所需的全部配置；只需要使用微型 USB 线将 Micro 与电脑连接，即可启动 Micro。Micro 甚至还提供了形态系数，为设备在电路板上的安装提供了方便。

(6) Arduino Robot。Arduino Robot 是 Arduino 正式发布的首款配轮产品。Robot 配有两个处理器分别用于两块电板，如图 5.6 所示。

图 5.6　Arduino Robot 开发板

电动板驱动电动机，控制板负责读取传感器并确定操作方法。每个基于 ATmega32u4 的装置都是完全可编程的，使用 ArduinoIDE 即可进行编程。具体来说，Robot 的配置与 Leonardo 的配置程序相似，因为两款板卡的 MCU 均提供内置 USB 通信，有效避免使用辅助处理器。因此，对于联网计算机来说，Robot 就是一个虚拟（CDC）串行/CO 端口。

(7) Arduino Esplora。Arduino Esplora 是一款由 ATmega32u4 供电的微控制器板卡，以 ArduinoLeonardo 为基础开发而成。此款板卡专为不具备电子学应用基础且想直接使用 Arduino 的创客和 DIY 爱好者而设计，如图 5.7 所示。

Arduino Esplora 具备板上声光输出功能，配有若干输入传感器，包括一个操纵杆、滑块、温度传感器、加速度传感器、麦克风和一个光传感器。Esplora 具备扩展潜力，还可容纳两个 Tinkerkit 输入和输出接头，以及适用于彩色 TFTLCD 屏幕的插座。

图 5.7　Arduino Esplora 开发板

(8) Arduino Mega (2560)。Arduino Mega 采用 ATmega2560 作为核心处理器，如图 5.8 所示。

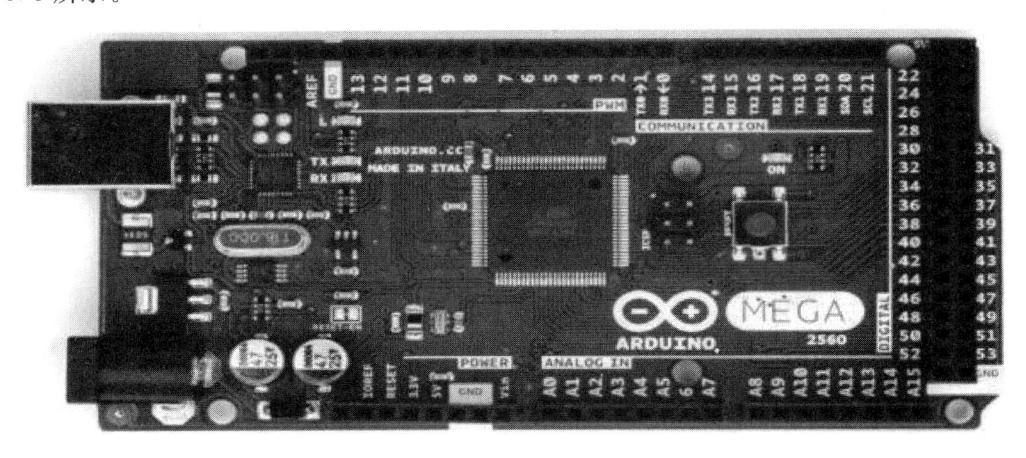

图 5.8　Arduino Mega (2560) 开发板

Arduino Mega 配有 54 路数字输入/输出引脚（其中 15 路可用于 PWM 输出）、16 路模拟输入、4 个 UART（硬件串行端口）、一个 16MHz 晶体振荡器、一个 USB 接口、一个电源插座、一个 ICSP 接头和一个复位按钮。用户只需使用 USB 线将 Mega 连接到电脑，并使用交流-直流适配器或电池提供电力，即可启动 Mega。Mega 与大部分专为 ArduinoDuemilanove 或 Diecimila 设计的屏蔽相兼容。

(9) Arduino Mini。Arduino Mini 最初采用 ATmega168 作为其核心处理器，现已改用 ATmega328，Arduino Mini 的设计宗旨是实现 Mini 在电路板应用或极需空间的项目中的应用。

此款板卡配有 14 路数字输入/输出引脚（其中 6 路用于 PWM 输出）、8 路模拟输入、一个 16MHz 晶体振荡器。用户可通过 USB 串行适配器，另一个 USB，或 RS232 - TTL

图 5.9 Arduino Mini 开发板

串行适配器对 Arduino Mini 进行程序设定。

（10）Arduino LilyPad。Arduino LilyPad 专为可穿戴产品和电子纺织品而设计。它可以缝在织物上，并以相似的方式安装在电源、传感器和带有导电丝的执行机构中，如图 5.10 所示。

图 5.10 Arduino LilyPad 开发板

此款板卡以 ATmega168u（低功耗版 ATmega168）或 ATmega328u 为核心处理器。Lily Pad Arduino 由 Leah Buechley 和 Spark Fun Electronics 设计并开发。建议用户查看 Lily Pad Simple、Lily Pad USB 和 Lily Pad Simple Snap 了解详情。

（11）Arduino Nano。Arduino Nano 是一款基于 ATmega328（Arduino Nano 3.x）或 ATmega168（Arduino Nano 2.x）的开发卡，体积小巧、功能全面且适用于电路板，如图 5.11 所示。

Arduino Nano 的功能与 Arduino Duemilanove 开发板大致相同，但封装不同。Arduino Nano 仅缺少一个直流电源插座，配合 Mini - BUSB 线使用，取代了标准 USB 线。此款板卡由 Gravitech 设计并生产。

（12）Arduino Pro Mini。Arduino Pro Mini 采用 ATmega328 作为核心处理器，配备

图 5.11　Arduino Nano 开发板

14 路数字输入/输出引脚（其中 6 路用于 PWM 输出）、8 路模拟输入、一个板上谐振器、一个复位按钮和若干用于安装引脚接头的小孔，如图 5.12 所示。

图 5.12　Arduino Pro Mini 开发板

另备一个配有 6 个引脚的接头，可连接至 FTDI 电缆或 Sparkfun 分接板，用于为此板卡提供 USB 电源与通信（注：另见 ArduinoPro）。

4. Arduino Uno 的性能

本教材使用的是 Arduino Uno（R3 版本），采用的微处理器是 ATmega328，该版本包括 14 个数字输入输出 IO，6 个模拟输入 IO，16MHz 的晶体，USB 接口，电源接口，烧录头，复位按钮等。

相对于其他版本，R3 版本的不同之处是：①增加 I2C 总线接口：SDA，SCL；②增强的复位线路；③使用 16U2 替代以前的 8U2。

R3 版本的主要特征包括：①微处理器：ATmega328；②操作电压：5V；③输入电压：7～12V；④数字双向 IO：14 个（其中 6 个提供 PWM 输出）；⑤模拟输入脚：6 个；⑥每个 IO 脚的最大输出电流：40mA；⑦提供的 3V3 最带电流：50mA；⑧Flash 大小：32K 字节；⑨ SRAM 大小：2K 字节；⑩ EEPROM 大小：1K 字节；⑪ 时钟频率：16MDigital I/O 数字输入/输出端口 0～13。

Arduino 板子上几个比较特殊的端口说明如下：

(1) VIN 端口。VIN 是 input voltage 的缩写，表示有外部电源时的输入端口。如果不使用 USB 供电时，外接电源可以通过此引脚提供电压（如电池供电，电池正极接 VIN 端口，负极接 GND 端口）。

(2) AREF。Reference voltage for the analog inputs（模拟输入的基准电压），使用 analogReference（）命令调用。

(3) ICSP。ICSP 也有称为 ISP（In System Programmer），就是一种线上即时烧录，目前比较新的芯片都支持这种烧录模式，包括 8051 系列的芯片，也都慢慢采用这种简便的烧录方式。传统的烧录方式，都是将被烧录的芯片，从线路板上拔起，有的焊死在线路板上的芯片，还得先把芯片焊接才能烧录。为了解决这种问题，发明了 ICSP 线上即时烧录方式。只需要准备一条 R232 线（连接烧录器），以及一条连接烧录器与烧录芯片针脚的连接线就可以。电源的+5V，GND，两条负责传输烧录信息的针脚，再加上一个烧录电压针脚，这样就可以烧录了。

【动手操作】

主题一：Arduino 学习的准备工作

1. Arduino 开发环境简介

在 Arduino 的官网可以下载最新的开发环境，地址：https：//www. arduino. cc/en/Main/Software？ setlang=cn。

2. Arduino 开发环境安装

(1) 打开下载好的安装包，本教材使用的开发环境版本为 arduino-1.0.6-windows，双击运行如图 5.13 所示对话框。

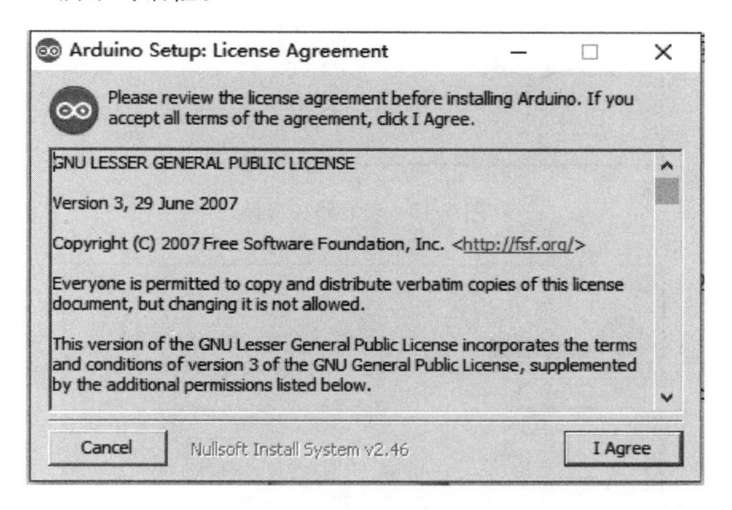

图 5.13　安装对话框

(2) 单击 I Agree（我同意），进入安装选项对话框，如图 5.14 所示。

(3) 单击 Next（下一步），进入安装路径的选择，如图 5.15 所示。

(4) 选择安装路径，单击 Install（安装），进入安装对话框，如图 5.16 所示。

(5) 等待安装完成，单击 Close（关闭），如图 5.17 所示。

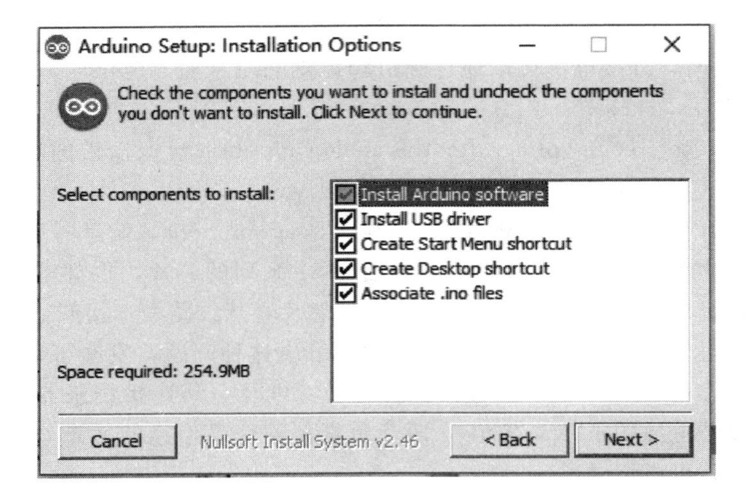

图 5.14　安装选项对话框

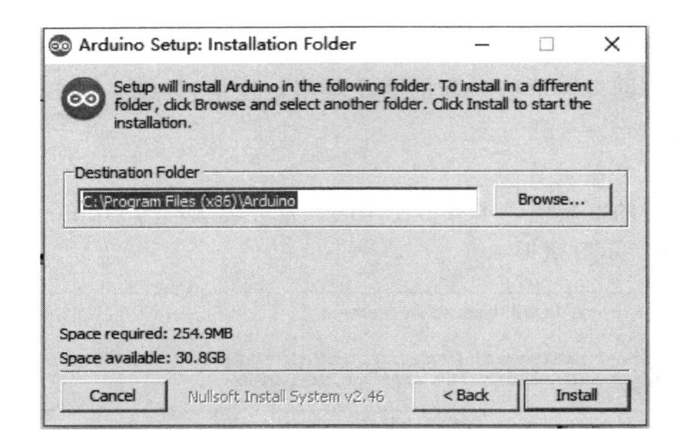

图 5.15　安装路径选择

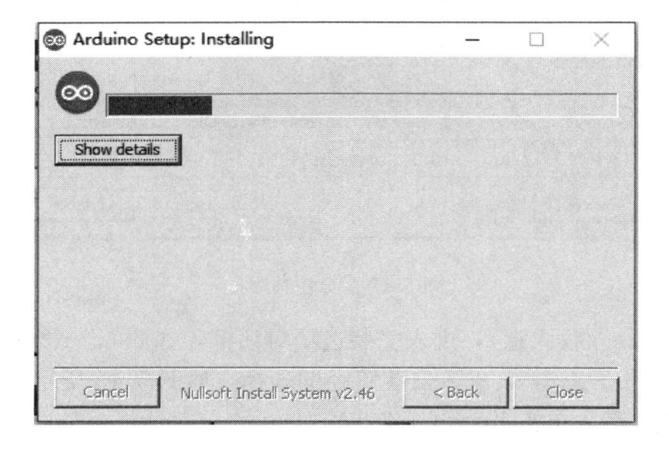

图 5.16　安装路径对话框

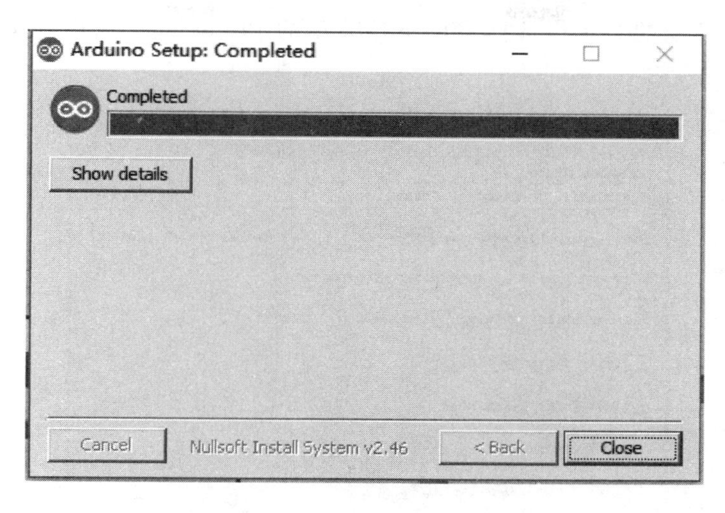

图 5.17　完成安装对话框

在安装完成 Arduino IDE 开发环境之后，要打开设备管理器，查看 Arduino Uno 的端口（若是 Windows 8 以上的系统可以自己安装驱动，若是其他 Windows 系统，则根据板卡的串口下载驱动安装），如图 5.18 所示本机系统自动识别的驱动端口。并在打开 Arduino IDE 之后修改端口号使其保持一致，除此之外还要选择板卡为 Arduino Uno。

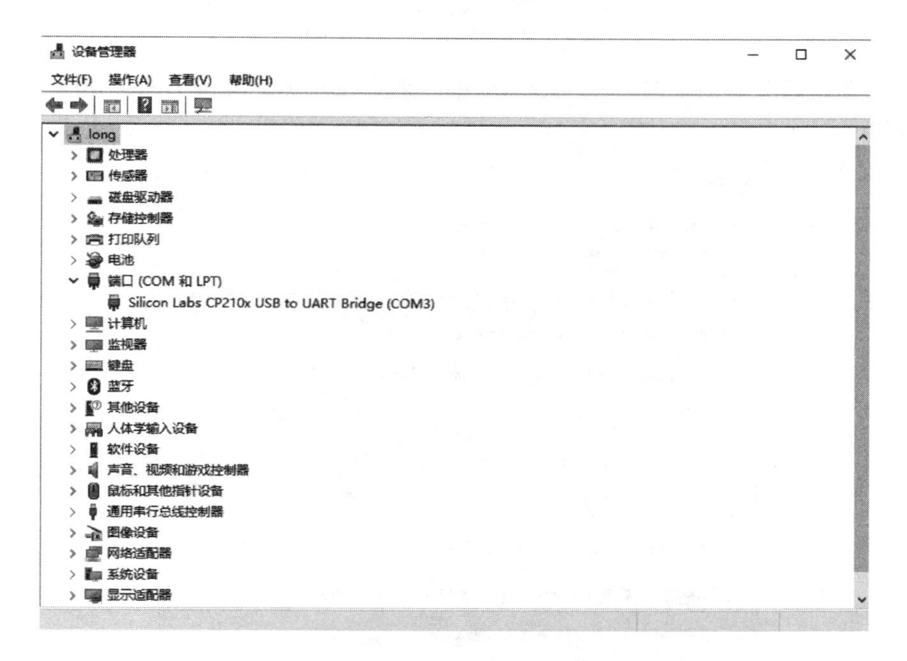

图 5.18　设备管理器界面

3. Arduino IDE 开发环境安装和使用

(1) 打开桌面 Arduino 开发环境快捷方式图标。

(2) 在开发环境的菜单栏选择File下拉菜单的Preferences选项，弹出对话框如图5.19所示。

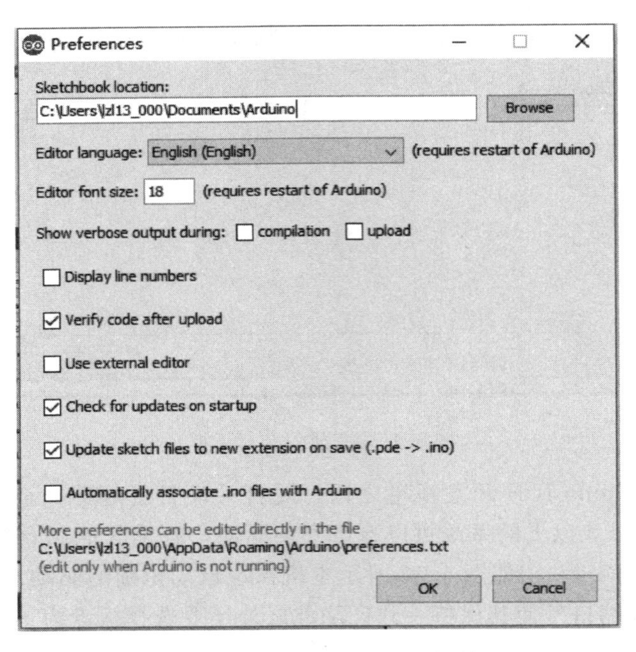

图5.19　Preferences选项对话框

(3) 在弹出的对话框中的Editor language（语言栏）选择简体中文，如图5.20所示，单击OK就可以了。

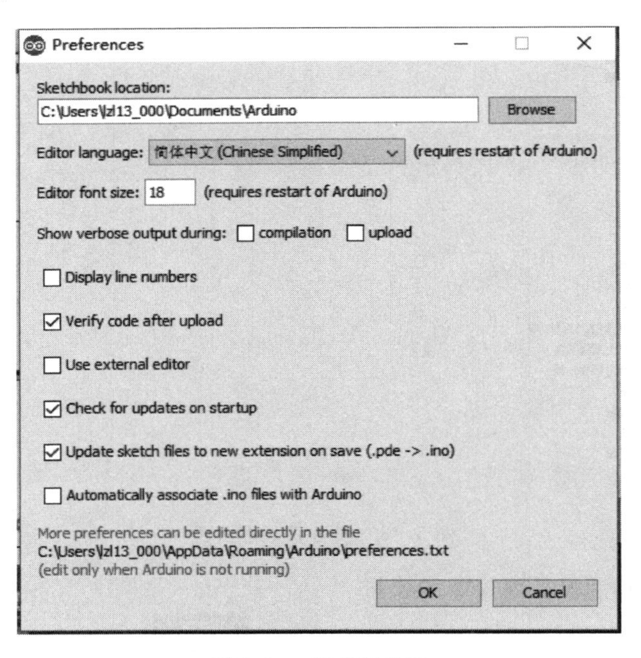

图5.20　语言栏设置

（4）关闭设置好的开发环境，重新打开就变成中文版了，如图 5.21 所示。

图 5.21　Arduino 开发环境对话框

（5）在“工具”菜单栏下面找到“板卡”选项，找到自己的板卡，如图 5.22 所示。

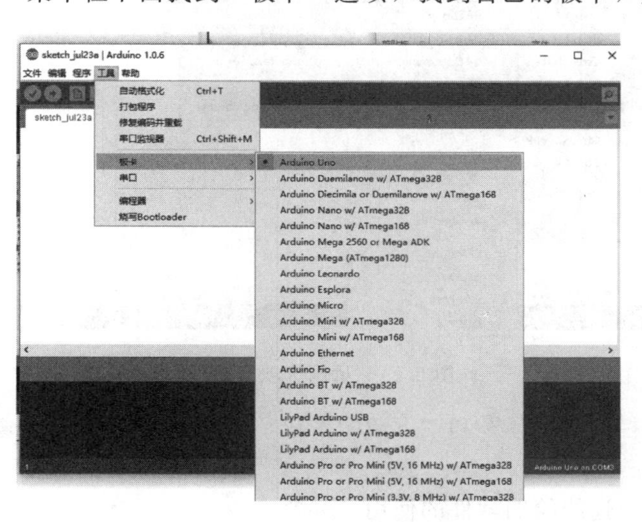

图 5.22　板卡选择对话框

（6）在“工具”菜单栏下面找到“串口”选项，找到自己板卡锁对应的串口，如图 5.23 所示。

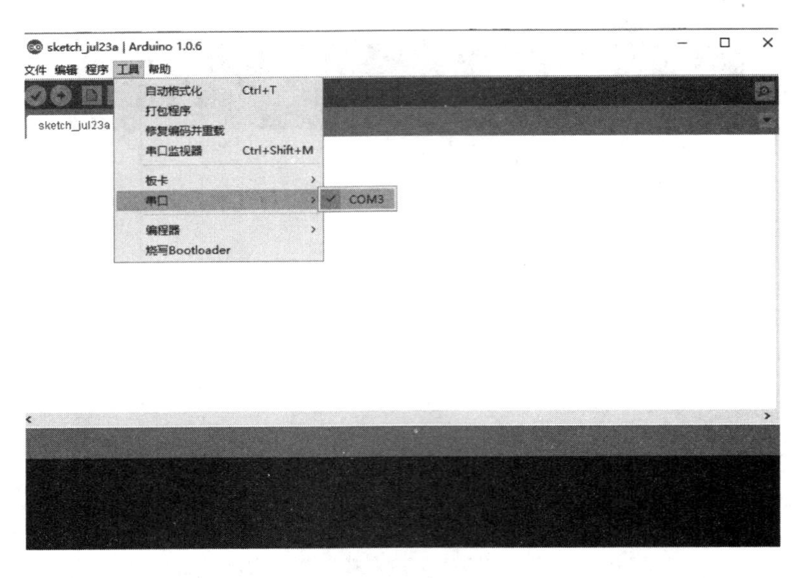

图 5.23　串口选项

（7）打开一个示例测试板子能否正常运行，执行“文件”-“示例”-01. Basics-Blink，如图 5.24 所示。

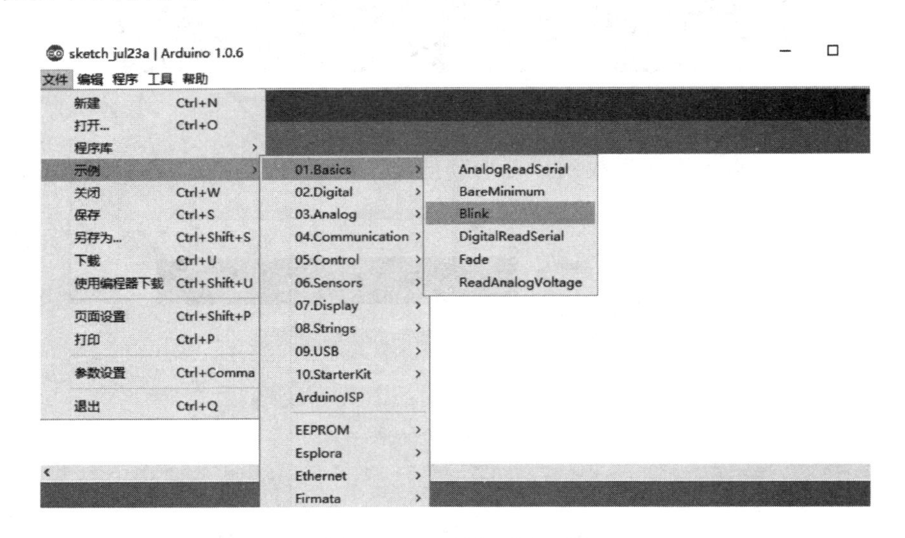

图 5.24　示例选项对话框

（8）单击工具栏的“编译”和“下载”按钮，如图 5.25 所示。观察板子的 LED 是否闪烁。

主题二：面板包连线绘图软件的使用

在写相关实验与任务，做硬件连接介绍时，使用的是面板包连线绘图软件 Fritzing，

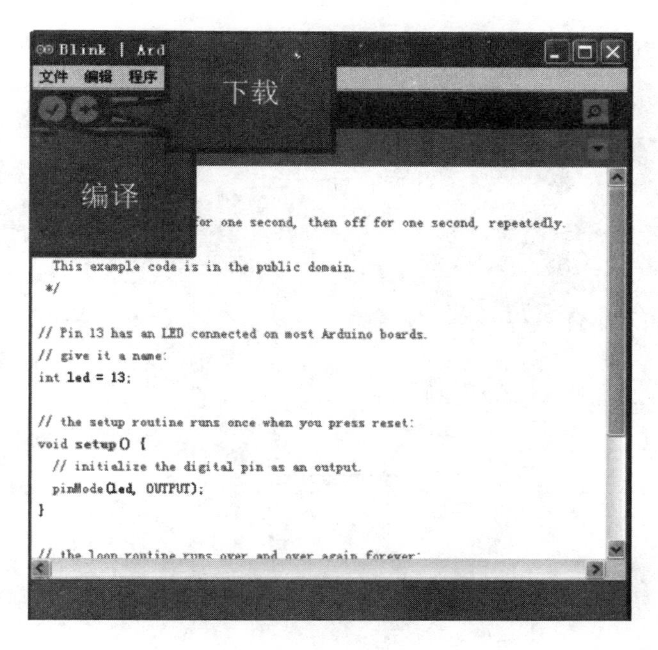

图 5.25　编译环境对话框

这个软件能形象的看到硬件连接的原理图与实物图，该软件在网上可以下载，是绿色版本，免安装。

（1）只要双击打开 Fritzing.exe 一次，系统就会识别这个软件，如图 5.26 所示。

› fritzing.2013.07.27.pc　　搜索"fritzing.20

名称	修改日期	类型	大小
bins	2013/12/25 15:55	文件夹	
help	2013/12/25 15:54	文件夹	
lib	2013/12/25 15:54	文件夹	
parts	2013/12/25 15:53	文件夹	
pdb	2013/12/25 15:53	文件夹	
sketches	2013/12/25 15:53	文件夹	
translations	2013/12/25 15:53	文件夹	
fritzing	2013/7/27 22:26	应用程序	6,668 KB
LICENSE.CC-BY-SA	2011/2/17 17:10	CC-BY-SA 文件	21 KB
LICENSE.GPL2	2008/11/12 21:15	GPL2 文件	19 KB
LICENSE.GPL3	2008/11/12 21:15	GPL3 文件	36 KB
msvcp100.dll	2012/10/4 14:04	应用程序扩展	412 KB
msvcr100.dll	2012/10/4 14:04	应用程序扩展	753 KB
QtCore4.dll	2012/10/22 14:51	应用程序扩展	2,470 KB
QtGui4.dll	2012/10/22 15:04	应用程序扩展	8,172 KB
QtNetwork4.dll	2012/10/22 14:52	应用程序扩展	879 KB
QtSql4.dll	2012/10/22 14:52	应用程序扩展	193 KB
QtSvg4.dll	2012/10/22 15:09	应用程序扩展	277 KB
QtXml4.dll	2012/10/22 14:51	应用程序扩展	348 KB
README	2012/9/15 6:04	文本文档	3 KB

图 5.26　面板包连接线软件

（2）打开示例的界面如图 5.27 所示。

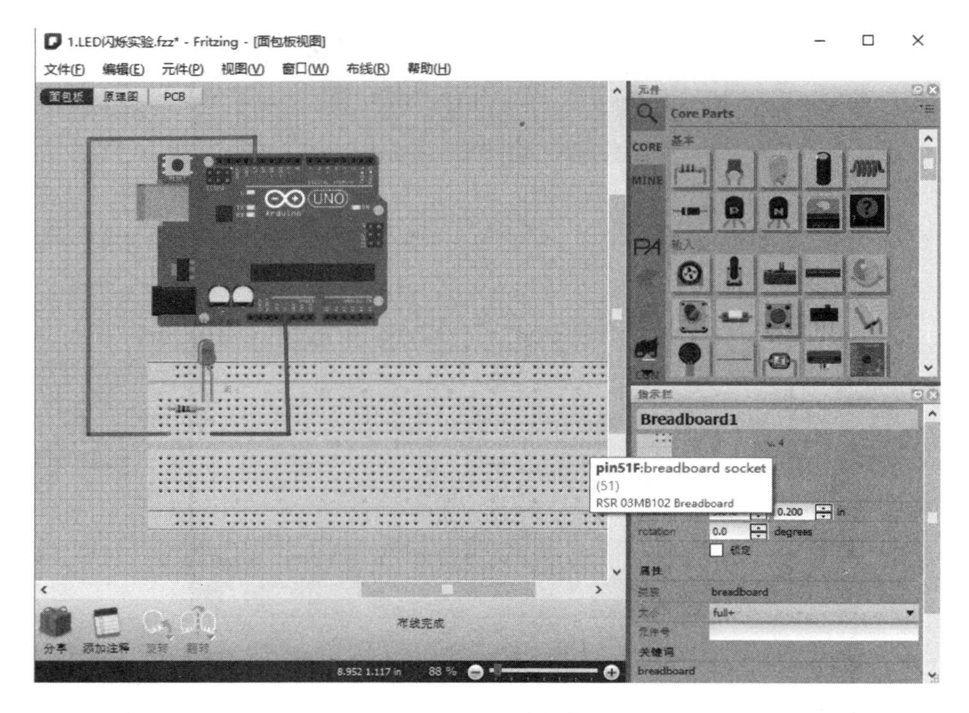

图 5.27　面板连接软件界面

【探究思考】

请同学们上网或者查阅相关的资料，了解一下通过 Arduino 平台可以制作哪些有生活意义、有趣的智能人造物。

【视野拓展】

1. Arduino 语言结构

（1） void setup() 初始化变量，管脚模式，调用库函数等。

（2） void loop() 连续执行函数内的语句。

2. Arduino 语言功能

（1） 数字 I/O。

1） pinMode(pin，mode) 数字 I/O 口输入/输出模式定义函数，pin 表示为 0～13，mode 表示为 INPUT 或 OUTPUT。

2） digitalWrite(pin，value) 数字 I/O 口输出电平定义函数，pin 表示为 0～13，value 表示为 HIGH 或 LOW。比如定义 HIGH 可以驱动 LED。

3） int digitalRead(pin) 数字 I/O 口读输入电平函数，pin 表示为 0～13，value 表示为 HIGH 或 LOW。比如可以读数字传感器。

（2） 模拟 I/O。

1） int analogRead(pin) 模拟 IO 口读函数，pin 表示为 0～5(Arduino Diecimila 为0～5，Arduino nano 为 0～7)。比如可以读模拟传感器（10 位 AD，0～5V 表示为 0～1023)。

2） analogWrite(pin，value) －PWM 数字 IO 口 PWM 输出函数，Arduino 数字 IO 口

标注了 PWM 的 IO 口可使用该函数，pin 表示 3、5、6、9、10、11，value 表示为 0～255。比如可用于电机 PWM 调速或音乐播放。

(3) 扩展 I/O。

1) shiftOut(dataPin, clockPin, bitOrder, value) SPI 外部 I/O 扩展函数，通常使用带 SPI 接口的 74HC595 做 8 个 I/O 扩展，dataPin 为数据口，clockPin 为时钟口，bitOrder 为数据传输方向 (MSBFIRST 高位在前，LSBFIRST 低位在前)，value 表示所要传送的数据 (0～255)，另外还需要一个 I/O 口做 74HC595 的使能控制。

2) unsigned long pulseIn(pin, value) 脉冲长度记录函数，返回时间参数 (us)，pin 表示为 0～13，value 为 HIGH 或 LOW。比如 value 为 HIGH，那么当 pin 输入为高电平时，开始计时，当 pin 输入为低电平时，停止计时，然后返回该时间。

(4) 时间函数。

1) unsigned long millis() 返回时间函数 (单位 ms)，该函数是指当程序运行就开始计时并返回记录的参数，该参数溢出大概需要 50 天时间。

2) delay(ms)　　延时函数 (ms)。

3) delayMicroseconds(us)　　延时函数 (us)。

(5) 数学函数。

1) min(x, y) 求最小值。

2) max(x, y) 求最大值。

3) abs(x) 计算绝对值。

4) constrain(x, a, b) 约束函数，下限 a，上限 b，x 必须在 ab 之间才能返回。

5) map(value, fromLow, fromHigh, toLow, toHigh) 约束函数，value 必须在 fromLow 与 toLow 之间和 fromHigh 与 toHigh 之间。

6) pow(base, exponent) 开方函数，base 的 exponent 次方。

7) sq(x) 平方。

8) sqrt(x) 开根号。

(6) 三角函数。

1) sin(rad)。

2) cos(rad)。

3) tan(rad)。

(7) 随机数函数。

1) randomSeed(seed) 随机数端口定义函数，seed 表示读模拟口 analogRead(pin) 函数。

2) long random(max) 随机数函数，返回数据大于等于 0，小于 max。

3) long random(min, max) 随机数函数，返回数据大于等于 min，小于 max。

(8) 外部中断函数。

1) attachInterrupt(interrupt, mode) 外部中断只能用到数字 I/O 口 2 和 3，interrupt 表示中断口初始 0 或 1，表示一个功能函数，mode：LOW 低电平中断，CHANGE 有变化就中断，RISING 上升沿中断，F ALLING 下降沿中断。

2）detachInterrupt(interrupt) 中断开关，interrupt＝1　开，interrupt＝0　关。

（9）中断使能函数。

1）interrupts() 使能中断。

2）noInterrupts() 禁止中断。

（10）串口收发函数。

1）Serial. begin（speed）串口定义波特率函数，speed 表示波特率，如 9600，19200 等。

2）int Serial. available() 判断缓冲器状态。

3）int Serial. read() 读串口并返回收到参数。

4）Serial. flush() 清空缓冲器。

5）Serial. print(data) 串口输出数据。

6）Serial. println(data) 串口输出数据并带回车符。

（11）Arduino 语言库文件。官方库文件下载地址：http：//arduino. cc/en/Reference/Libraries。

1）EEPROM - EEPROM 读写程序库。

2）Ethernet -以太网控制器程序库。

3）LiquidCrystal - LCD 控制程序库。

4）Servo -舵机控制程序库。

5）SoftwareSerial -任何数字 I/O 口模拟串口程序库。

6）Stepper -步进电机控制程序库。

7）Wire - TWI/I2C 总线程序库。

8）Matrix - LED 矩阵控制程序库。

9）Sprite - LED 矩阵图像处理控制程序库。

【挑战自我】

已经大概了解了 Arduino，请大胆想象，使用 Arduino 可以制作哪些机器人作品？

5.2　闪烁的 LED

【任务导航】

（1）熟悉 Arduino IDE。

（2）搭建电路。

（3）制作一个闪烁的 LED。

【材料阅读】

1. Arduino 与 LED 灯的连接

LED（Light - Emitting Diode，也称为发光二极管）是一种能将电能转化为光能的半导体电子元件。这种电子元件早在 1962 年出现，早期只能发出低光度的红光，之后发展出其他单色光的版本，时至今日能发出的光已遍及可见光、红外线及紫外线，光度也提高到相当的光度。而用途也由初时作为指示灯、显示板等；随着技术的不断进步，发光二极

管已被广泛地应用于显示器、电视机采光装饰和照明。

2. 普通发光二极管的检测

(1) 用万用表检测。利用具有×10kΩ 挡的指针式万用表可以大致判断发光二极管的好坏。正常时，二极管正向电阻阻值为几十至 200kΩ，反向电阻的值为∞。如果正向电阻值为 0 或为∞，反向电阻值很小或为 0，则易损坏。这种检测方法，不能实质地看到发光管的发光情况，因为×10kΩ 挡不能向 LED 提供较大正向电流。

如果有两块指针万用表（最好同型号），可以较好地检查发光二极管的发光情况。用一根导线将其中一块万用表的"+"接线柱与另一块表的"−"接线柱连接。余下的"−"笔接被测发光管的正极（P 区），余下的"+"笔接被测发光管的负极（N 区）。两块万用表均置×10kΩ 挡。正常情况下，接通后就能正常发光。若亮度很低，甚至不发光，可将两块万用表均拨至×1mΩ，若仍很暗，甚至不发光，则说明该发光二极管性能不良或损坏。应注意，不能一开始测量就将两块万用表置于×1mΩ，以免电流过大，损坏发光二极管。

(2) 外接电源测量。用 3V 稳压源或两节串联的干电池及万用表（指针式或数字式皆可），可以较准确测量发光二极管的光、电特性。如果测得 VF 为 1.4～3V，且发光亮度正常，可以说明发光正常。如果测得 VF=0 或 VF≈3V，且不发光，说明发光管已坏。

3. 制作闪烁的 LED

因 LED 可以直接把电能转化为光，具有体积小、耗电量低、高亮度低热量、使用寿命长的特点，是 Arduino 机器人作品中实现光效功能的最佳选择。LED 发光模块具有红、绿、蓝等多种颜色，并且只能显示一种颜色，如图 5.28 和图 5.29 所示。一般来说，LED 接到 Arduino 上，需要串联限流电阻。

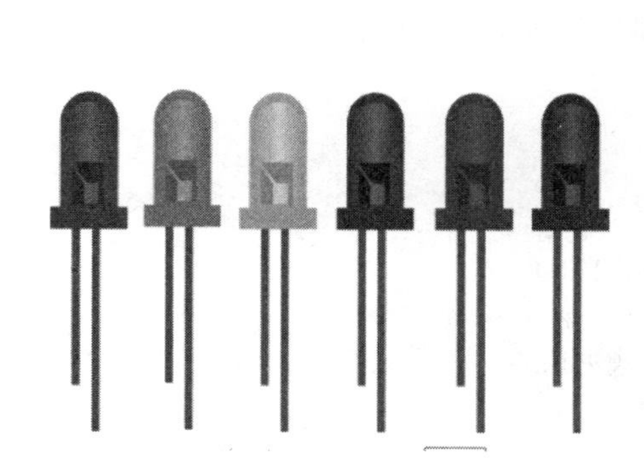

图 5.28 发光二极管

图 5.29 发光二极管模块

【动手操作】

主题：制作闪烁的 LED

器材：Arduino 板子、LED、USB 数据线

1. 硬件搭建

在连接 LED 发光二极管与 Arduino 控制器时，根据开发板自带的 LED 控制电路是在开发板的 13 号引脚，因此，硬件连接电路如图 5.30 所示。

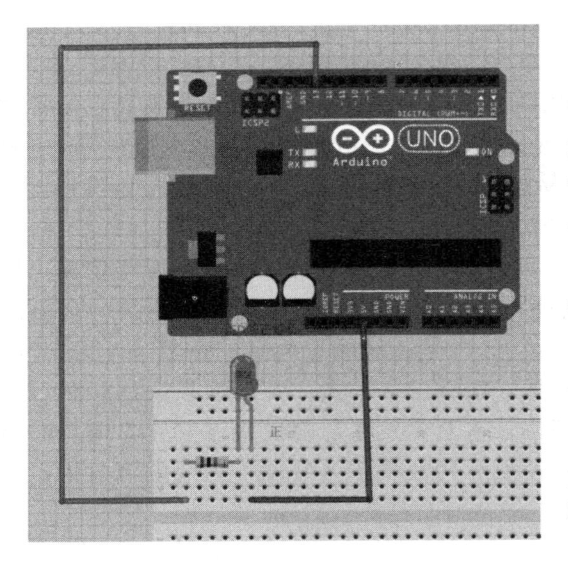

图 5.30　闪烁 LED 硬件连接电路

2. 程序讲解

Arduino 语言是以 setup() 开头，loop() 作为主体的一个程序构架。官方网站是这样描述 setup() 的：用来初始化变量，管脚模式，调用库函数等，此函数只运行一次。loop() 函数是一个循环函数，函数内的语句周而复始的循环执行，功能类似 C 语言中的“main();”。

Arduino 控制 LED 闪烁需用到的程序语句与函数：

pinMode(pin,mode)：数字 I/O 口输入/输出模式定义函数，pin 表示为 0～13，mode 表示为 INPUT 或 OUTPUT。

digitalWrite(pin,value)：数字 I/O 口输出电平定义函数，pin 表示为 0～13，value 表示为 HIGH 或 LOW。比如定义 HIGH 可以驱动 LED。

void setup()：初始化变量，管脚模式，调用库函数等。

void loop()：连续执行函数内的语句。

根据上面的语句编写程序如下：

```
#define led 13                   //定义数字 I/O 13 为 LED 控制端
void setup()                     //初始化部分
{
  pinMode(led,OUTPUT);           //定设定数字 I/O 口的模式，OUTPUT 为输出
}

void loop()                      //主循环
{
  digitalWrite(led,LOW);         //led 引脚输出低电平，点亮 led
  delay(1000);                   //设定延时时间，1000 = 1 秒
  digitalWrite(led,HIGH);        //led 引脚输出高电平，熄灭 led
  delay(1000);                   //延时 1s
}
```

3. 程序下载，观察现象

在下载程序之前，要提醒查看自己的板卡和端口号是否正确，Arduino IDE 编程环境里面的数字针脚号是否与 LED 发光二极管接到 Arduino 控制器上的数字针脚号一致。然后观察板上的 LED 灯是不是间隔 1s 的闪烁。

【探究思考】

已经学会了制作闪烁的 LED，想想日常生活中哪些地方用到了 LED？这些 LED 有何功能？有什么效果？

【视野拓展】

全彩的 LED

前面使用的 LED 发光模块，尽管有红、绿、蓝等多种颜色，但是只能显示一种颜色。其实，还有一种类型的 LED，它可以显示多种颜色，这类 LED 称为全彩 LED。全彩 LED 内置了红（Red）、绿（Green）和蓝（Blue）三种颜色的灯珠，通过控制不同颜色灯珠的亮度，根据三原色的原理调出多种颜色。常见的 LED 大屏幕都是利用这用原理进行调色，呈现出全彩的效果。

图 5.31 8 * 8 LED RGB Matrix

8 * 8 LED RGB Matrix 是由 DFRobot 出品的一个 XY 轴可任意级联的三色全彩 LED 显示矩阵模块，如图 5.31 所示。它可以用于显示图片和文字，支持多图层和各图层的各种平移效果。

【挑战自我】

已经学会了制作闪烁的 LED，想想还能做哪些效果的 LED？跑马灯的效果能否实现？

5.3 按键控制 LED

【任务导航】

（1）认识按钮。

（2）搭建按键与 Arduino 硬件电路。

（3）制作用按键控制 LED 的亮灭。

【材料阅读】

相信大家经过闪烁的 LED 实验后，对 Arduino 的编程以及 Arduino IDE 的开发环境有一定的了解。现在来讲解一下 Arduino 的按键实验，按键是实现人机交互必不可少的东西，我们实验就用来实现按键控制 LED。

图 5.32 按键开关

1. 按键开关

按键开关主要是指轻触式按键开关，也称之为轻触开关。按键开关是一种电子开关，属于电子元器件类，最早出现在日本（称之为敏感型开关），使用时以满足操作力的条件向开关操作方向施压开关功能闭合接通，当撤销压力时开关即断开，其内部结构是靠金属弹片受力变化来实现通断的。

按键开关由嵌件、基座、弹片、按钮、盖板组成，其中防水类轻触开关在弹片上加一层聚酰亚胺薄膜，如图 5.32 所示。

2. 工作原理

(1) 按键检测原理。通过 Arduino 的数字 I/O 口设置位输入状态来监控按键是否按下，如果按键按下的时候因为有上拉电阻的存在，读到的是高电平（HIGH），如果按键按下的时候，因为按键引脚接地，所以读到的是低电平（LOW），由此可以判断按键是否按下。

(2) 按键消抖原理。用手去按下按键是一个机械动作，这个时候就会产生10～15ms的按键抖动，如果 Arduino 在这短暂的时间内去检测按键 I/O 口的电平很可能会检测不到稳定的信号。因此，在检测到按键按下的低电平后要延长 10～15ms，再次检测按键是否按下，从而到达软件消抖的作用。

【动手操作】

主题：按键控制 LED 亮灭

器材：Arduino 板子、LED、按键、USB 数据线

1. 硬件搭建

在制作闪烁的 LED 时，LED 接的是数字 I/O 口 13，在这里把按键接到数字 I/O 口 2，硬件接线图用面板包连接绘图软件绘制，如图 5.33 所示。

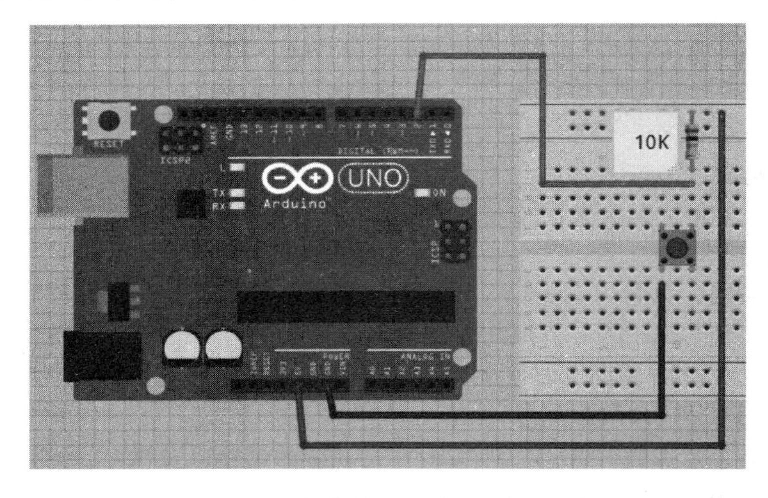

图 5.33　按键控制 LED 亮灭硬件连接图

2. 程序讲解

按键控制 LED 亮灭需用到的程序语句与函数：

pinMode(pin,mode)：数字 I/O 口输入/输出模式定义函数，pin 表示为 0～13，mode 表示为 INPUT 或 OUTPUT。

digitalWrite(pin,value)：数字 I/O 口输出电平定义函数，pin 表示为 0～13，value 表示为 HIGH 或 LOW。比如定义 HIGH 可以驱动 LED。

digitalRead(pin)：数字 I/O 口读输入电平函数，pin 表示为 0～13，value 表示为 HIGH 或 LOW。比如可以读数字传感器。

if……else……语句：条件语句，表示如果真执行 if 语句里面的代码，否则执行 else 下面的代码。

void setup()：初始化变量，管脚模式，调用库函数等。

void loop()：连续执行函数内的语句。

根据上面的语句编写程序如下：

```
#define LED 13        //设定控制 LED 的数字 I/O 脚
#define KEY 2         //设定开关的数字 I/O 脚
int val = 0;          //定义一个变量,存放按键键值,不等于1说明有按键被按下
void setup()          //初始化部分
{
  pinMode(LED,OUTPUT);      //设定数字 I/O 口的模式,OUTPUT 为输出
  pinMode(KEY,INPUT);       //设定数字 I/O 口的模式,INPUT 为输入
}
void loop()     //主循环
{
  val = digitalRead(KEY);        //读数字 I/O 口上的状态
  if(HIGH == val)
    delay(15);                   //消抖延时 15ms
    if(HIGH == val)
      digitalWrite(LED,LOW);     //如果开关断开,LED 灭
    else
      digitalWrite(LED,HIGH);    //如果开关闭合,LED 亮 3、程序下载,观察现象
}
```

在下载程序之前，要查看自己的板卡和端口号是否正确，Arduino IDE 编程环境里面的数字针脚号是否与LED发光二极管及按键接到Arduino控制器上的数字针脚号一致。然后观察按下按键开发板上的LED的变化情况。

【探究思考】

按键除了控制LED亮灭的效果，还可以用按键控制LED实现哪些效果？

【视野拓展】

波 段 开 关

波段开关是电路的一种接插元件，用来转换波段或选接不同电路。可按规格，以刀数、位数和绝缘片层数来分；按结构则分拨动式、旋转式、推键式、琴键式等。

波段开关是一个很古老的名字，实际上应该称为多刀多掷开关，因为它不仅仅能做波段开关，也能做其他的用途。至于需要多少刀（就是多少组触点），看电路的需要。当然至少两组以上，才能称为波段开关。至于需要多少掷（就是多少个挡位），也要根据需要。从2挡到10多挡的都有。如果仅仅作波段开关，最少4组触点，最多6组触点足够。挡位的话，有多少个波段，就需要多少的挡位，至少2挡。“波段开关”的形式也是多样的，常见的是旋转式的，也有推拉式的，还有按键（琴键）式的。体积也是有大有小。

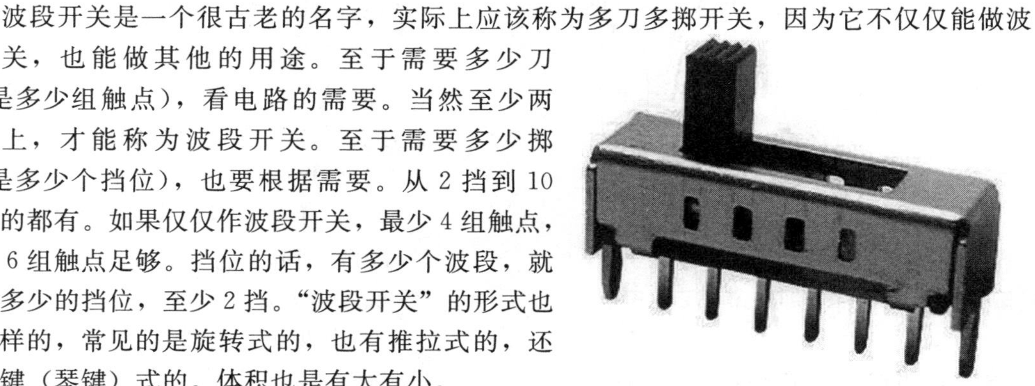

图5.34　双刀三掷开关

图5.34中显示的是双刀三掷开关。

1. 波段开关的分类

按操作方式可分为：旋转式、拨动式及杠杆式，通常应用较多的是旋转式开关。波段开关的各个触片都固定在绝缘基片上。绝缘基片通常由三种材料组成：高频瓷，主要适应于高频和超高频电路中，因为其高频损耗小，但价格高；环氧玻璃布胶板，适用于高频电路和一般电路，其价格适中，在普通收音机和收录机里应用较多；纸质胶板，其高频性能和绝缘性能都不及上面两种，但价格低廉，在普及型收音机、收录机和仪器中应用较多。

2. 波段开关的用途

主要用在收音机、收录机、电视机和各种仪器仪表中，一般为多极多位开关，它的各个触片都固定在绝缘基片上。波段开关在收音机里，作用是改变接入振荡电路的线圈的圈数。收音机的输入电路是一个电感与电容组成的振荡电路，不连续地改变电感量就可以改变振荡电路的固有频率范围，也就是改变接收波段。

按　键　消　抖

按键消抖通常的按键所用开关为机械弹性开关，当机械触点断开、闭合时，由于机械触点的弹性作用，一个按键开关在闭合时不会马上稳定地接通，在断开时也不会一下子断开。因而在闭合及断开的瞬间均伴随有一连串的抖动，为了不产生这种现象而做的措施就是按键消抖。

1. 抖动时间

抖动时间的长短由按键的机械特性决定，一般为 5～10ms。这是一个很重要的时间参数，在很多场合都要用到，如图 5.35 所示。

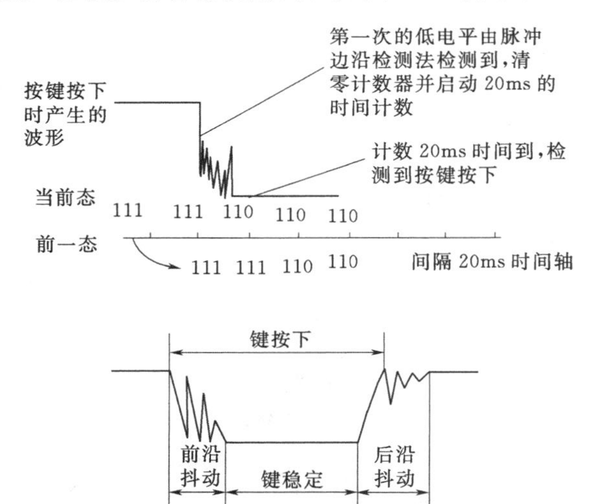

图 5.35　消抖示意图

按键稳定闭合时间的长短则是由操作人员的按键动作决定的，一般为零点几秒至数秒。键抖动会引起一次按键被误读多次。为确保 CPU 对键的一次闭合仅作一次处理，必须去除键抖动。在键闭合稳定时读取键的状态，并且必须判别到键释放稳定后再作处理。

2. 消抖的方法

消抖是为了避免在按键按下或是抬起时电平剧烈抖动带来的影响。按键的消抖，可用硬件或软件两种方法。

(1) 硬件消抖。在键数较少时可用硬件方法消除键抖动。如图 5.36 所示的 RS 触发器为常用的硬件去抖。

图中两个“与非”门构成一个 RS 触发器。当按键未按下时，输出为 0；当键按下时，输出为 1。此时即使用按键的机械性能，使按键因弹性抖动而产生瞬时断开（抖动跳开 B），只要按键不返回原始状态 A，双

稳态电路的状态不改变，输出保持为 0，不会产生抖动的波形。也就是说，即使 B 点的电压波形是抖动的，但经双稳态电路之后，其输出为正规的矩形波。这一点通过分析 RS 触发器的工作过程很容易得到验证。

(2) 软件消抖。如果按键较多，常用软件方法去抖，即检测出键闭合后执行一个延时程序，5～10ms 的延时，让前沿抖动消失后再一次检测键的状态，如果仍保持闭合状态电平，则确认为真正有键按下。当检测到按键释放后，也要给 5～10ms 的延时，待后沿抖动消失后才能转入该键的处理程序。

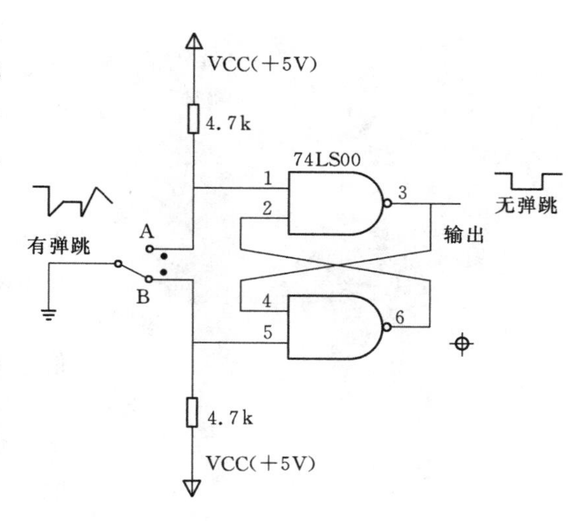

图 5.36 硬件消抖电路原理图

一般来说，软件消抖的方法是不断检测按键值，直到按键值稳定。实现方法：假设未按键时输入 1，按键后输入为 0，抖动时不定。可以做以下检测：检测到按键输入为 0 之后，延时 5～10ms，再次检测，如果按键还为 0，那么就认为有按键输入。延时的5～10ms 恰好避开了抖动期。

【挑战自我】

尝试实现按钮按下 LED 亮，再按下 LED 灭。

5.4 LED 调光控制

【任务导航】

(1) 了解 PWM 波信号。

(2) 搭建按键与 Arduino 硬件电路。

(3) 制作用 PWM 波调节 LED 的亮度。

【材料阅读】

1. LED 调光

目前市场上的 LED 台灯，不仅是作为 LED 的绿色护眼光源产品而进行开发和研究，还是作为我国的照明推广家用型产品。随着时代的变迁、社会的发展，节能和环保这一主题已经是当今社会必要发展的目标，健康与人们的日常生活变得密不可分，科技的进步，也使家电更加智能化和人性化。台灯作为家电中基础的、也是必不可少的，所以，出现了 LED 灯亮度的调节。

2. 电位器

电位器是具有三个引出端、阻值，可按某种变化规律调节的电阻元件，如图 5.37 所示。电位器通常由电阻体和可移动的电刷组成。当电刷沿电阻体移动时，在输出端即获得与位移量成一定关系的电阻值或电压。

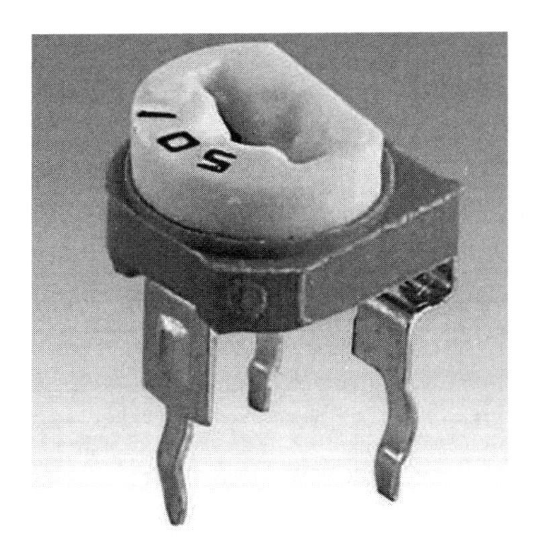

图5.37　电位器外观

电位器既可作三端元件使用又可作二端元件使用。后者可视作一可变电阻器，由于它在电路中的作用是获得与输入电压（外加电压）成一定关系的输出电压，因此称之为电位器。

电位器是可变电阻器的一种。通常是由电阻体与转动或滑动系统组成，即靠一个动触点在电阻体上移动，获得部分电压输出。

电位器的作用：调节电压（含直流电压与信号电压）和电流的大小。

电位器的结构特点：电位器的电阻体有两个固定端，通过手动调节转轴或滑柄，改变动触点在电阻体上的位置，则改变了动触点与任一个固定端之间的电阻值，从而改变了电压与电流的大小。

在本实验中，使用电位器对电压的调整，从而改变PWM信号的变化，控制LED等的亮度调节。

3. PWM信号

现今多数系统皆采用数字控制的方式，由核心微处理器接收回传的感测信息，并针对与目标的差值再调整输出。而数字信号只有0与1两种变化，怎么调整输出值的大小满足需求呢？这时可以将数字信号转化成模拟信号，这就需要PWM了。

脉冲宽度调制（Pulse Width Modulation，PWM）简称脉宽调制，是利用微处理器的数字输出来对模拟电路进行控制的一种非常有效的技术，广泛应用在测量、通信、功率控制与变换的许多领域中，它可以将数字信号转化为模拟信号。

脉冲宽度调制是一种对模拟信号电平进行数字编码的方法，由于计算机不能输出模拟电压，而只能输出0V或5V的数字电压值（0V为0；5V为1），素以通过高分辨率计数器，利用占空比被调制的方法对一个具体模拟信号的电平进行编码。单PWM信号仍然是数字的，因为在给定的任意时刻直流供电是5V（数字值为1）或者是0V（数字值为0），电压或电流源以一种通（ON）、断（OFF）的重复脉冲序列加到模拟负载上，只要带宽满足，任何值都可以使用PWM进行编码。

Arduino控制器上有6个PWM接口分别是数字接口3、5、6、9、10和11。PWM的输出值为0～255，LED发光模块接到这几个针脚上面，就可以控制LED的亮度，不会只有单纯的亮跟灭两种选择。

【动手操作】

主题一：PWM波控制LED调光

器材：Arduino板子、LED、电位器、USB数据线

1. 硬件搭建

在制作闪烁的LED时，LED接的是数字I/O口13，但是在做PWM波调光实验时，LED只能接在PWM信号输出引脚3、5、6、9、10、11，在本实验中，接在5号引脚。

把电位器接在模拟输入（analog）接口 A0～A5，在本实验种接在 A0 接口上。硬件接线图用面包板连接绘图软件绘制，如图 5.38 所示。

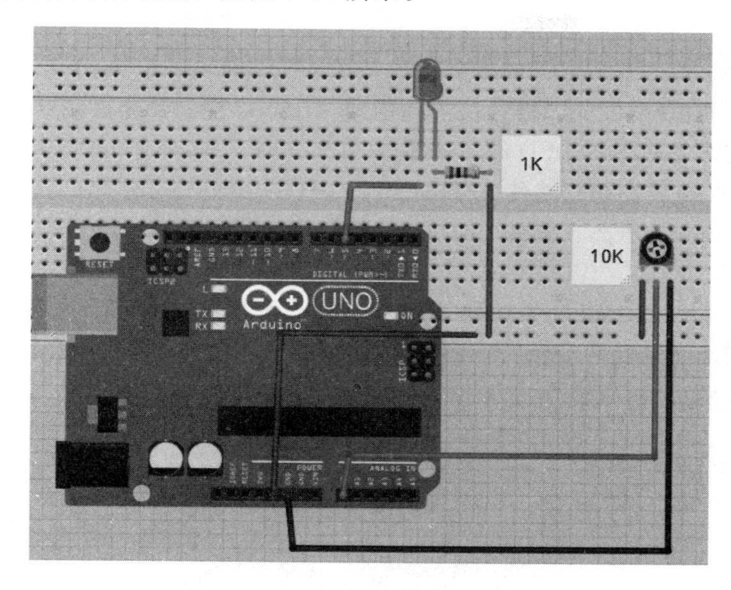

图 5.38　PWM 波控制 LED 调光硬件电路图

2. 程序讲解

LED 调光需用到的程序语句与函数：

pinMode(pin,mode)：数字 I/O 口输入输出模式定义函数，pin 表示为 0～13，mode 表示为 INPUT 或 OUTPUT。

analogRead(pin)：模拟 I/O 口读函数，pin 表示为 0～5（Arduino Diecimila 为 0～5，Arduino nano 为 0～7）。比如可以读模拟传感器（10 位 AD，0～5V 表示为 0～1023）。

analogWrite(pin,value)-PWM：数字 I/O 口 PWM 输出函数，Arduino 数字 I/O 口标注了 PWM 的数字 I/O 口可使用该函数，pin 表示 3，5，6，9，10，11，value 表示为 0～255。比如可用于电机 PWM 调速或音乐播放。

map(value,fromLow,fromHigh,toLow,toHigh)：约束函数，value 必须在 fromLow 与 toLow 之间和 fromHigh 与 toHigh 之间。

void setup()：初始化变量，管脚模式，调用库函数等。

void loop()：连续执行函数内的语句。

根据上面的语句编写程序如下：

```
#define Pot A0
#define LED 5
int val= 0;
void setup()
{
  pinMode(LED,OUTPUT);          //IO 输出
}
void loop()
{
  val= analogRead(Pot);         //读取 AD 值
```

```
  val = map(val,0,1023,0,255);      //把 AD 值 0～1023 缩放为 0～255
  analogWrite(LED,val);  //PWM 调光,输出 PWM,占空比为 PotBuffer/255
}
```

在下载程序之前，查看自己的板卡和端口号是否正确，Arduino IDE 编程环境里面的数字针脚号是否与 LED 发光二极管及按键接到 Arduino 控制器上的数字针脚号一致。然后观察按下按键开发板上的 LED 的变化情况。

主题二：PWM 波控制三基色 LED

器材：Arduino 板子、三基色 LED、电位器、USB 数据线

1. 硬件搭建

RGB（红绿蓝）LED 看起来就像普通的 LED，如图 5.39 所示，但是，和一般 LED 不同的是 RGB LED 封装内，有三个 LED：一个红色，一个绿色的，一个蓝色的。通过控制各个 LED 的亮度，可以混合出几乎任何想要的颜色。

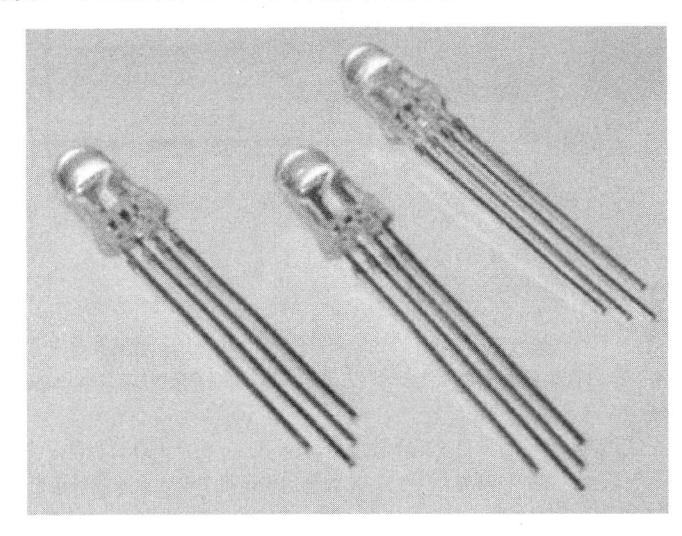

图 5.39　三基色 LED

本实验使用的是共阳 RGB LED 有 4 个引脚，常见的正极是第二管脚，也是最长的那个引线。此管脚将被连接到＋5V。其余的每个 LED 的需要串联 220Ω 的电阻，以防止太大的电流流过烧毁。三个正管脚的 LED（一个红色，一个绿色，一个蓝色）连接到电阻然后连接到 Arduino 的 PWM 输出引脚，这里我们用到了 D9、D10、D11 号管脚。硬件接线图用面包板连接绘图软件绘制，如图 5.40 所示。

2. 程序讲解

这里所用到的程序语句与主题一差不多，就不详细介绍了，编写程序如下：

```
#define r_Pin   11      //红色定义 11 引脚
#define g_Pin   10      //绿色定义 10 引脚
#define b_Pin   9       //蓝色定义 9 引脚
void setup()
{
```

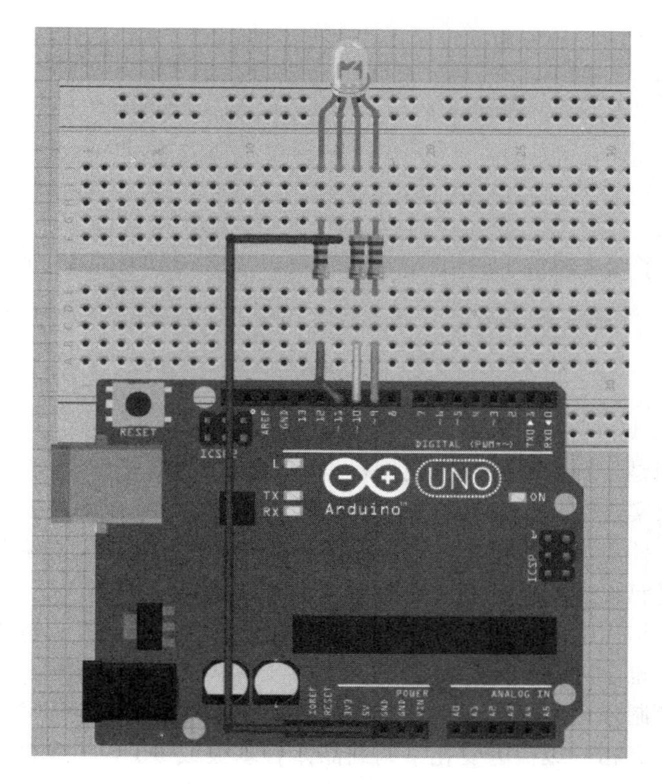

图 5.40 PWM 波控制三基色 LED 硬件电路连接图

```
  pinMode(r_Pin,OUTPUT);
  pinMode(g_Pin,OUTPUT);
  pinMode(b_Pin,OUTPUT);
}
void setColor(int red,int green,int blue)//设置颜色函数
{
  analogWrite(r_Pin,255 - red);
  analogWrite(g_Pin,255 - green);
  analogWrite(b_Pin,255 - blue);
}
void loop()
{
  setColor(255,0,0);  //红色
  delay(1000);
  setColor(0,255,0);  //绿色
  delay(1000);
  setColor(0,0,255);  //蓝色
  delay(1000);
  setColor(255,255,0);  //黄色
  delay(1000);
```

```
  setColor(80,0,80); //紫色
  delay(1000);
  setColor(0,255,255); //浅绿色
  delay(1000);
}
```

【探究思考】

PWM 信号除了用来调节 LED 灯亮度，还可以用来调节电机速度吗？

【视野拓展】

PWM

1. 脉冲宽度调制

脉冲宽度调制是一种模拟控制方式，根据相应载荷的变化来调制晶体管基极或 MOS 管栅极的偏置，来实现晶体管或 MOS 管导通时间的改变，从而实现开关稳压电源输出的改变。这种方式能使电源的输出电压在工作条件变化时保持恒定，是利用微处理器的数字信号对模拟电路进行控制的一种非常有效的技术。

PWM 控制技术以其控制简单、灵活和动态响应好的优点而成为电力电子技术最广泛应用的控制方式，也是人们研究的热点。由于当今科学技术的发展已经没有了学科之间的界限，结合现代控制理论思想或实现无谐振波开关技术将会成为 PWM 控制技术发展的主要方向之一。其根据相应载荷的变化来调制晶体管基极或 MOS 管栅极的偏置，来实现晶体管或 MOS 管导通时间的改变，从而实现开关稳压电源输出的改变。这种方式能使电源的输出电压在工作条件变化时保持恒定，是利用微处理器的数字信号对模拟电路进行控制的一种非常有效的技术。

2. 背景介绍

随着电子技术的发展，出现了多种 PWM 技术，其中包括：相电压控制 PWM、脉宽 PWM 法、随机 PWM、SPWM 法、线电压控制 PWM 等，而在镍氢电池智能充电器中采用的脉宽 PWM 法，是把每一脉冲宽度均相等的脉冲列作为 PWM 波形，通过改变脉冲列的周期可以调频，改变脉冲的宽度或占空比可以调压，采用适当控制方法即可使电压与频率协调变化。可以通过调整 PWM 的周期、PWM 的占空比而达到控制充电电流的目的。

模拟信号的值可以连续变化，其时间和幅度的分辨率都没有限制。9V 电池就是一种模拟器件，因为它的输出电压并不精确地等于 9V，而是随时间发生变化，并可取任何实数值。与此类似，从电池吸收的电流也不限定在一组可能的取值范围之内。模拟信号与数字信号的区别在于后者的取值通常只能属于预先确定的可能取值集合之内，例如在{0V，5V}这一集合中取值。

模拟电压和电流可直接用来进行控制，如对汽车收音机的音量进行控制。在简单的模拟收音机中，音量旋钮被连接到一个可变电阻。拧动旋钮时，电阻值变大或变小；流经这个电阻的电流也随之增加或减少，从而改变了驱动扬声器的电流值，使音量相应变大或变小。与收音机一样，模拟电路的输出与输入成线性比例。

尽管模拟控制看起来可能直观而简单，但它并不总是非常经济或可行的。其中一点就

是，模拟电路容易随时间漂移，因而难以调节。能够解决这个问题的精密模拟电路可能非常庞大、笨重（如老式的家庭立体声设备）和昂贵。模拟电路还有可能严重发热，其功耗相对于工作元件两端电压与电流的乘积成正比。模拟电路还可能对噪声很敏感，任何扰动或噪声都肯定会改变电流值的大小。

通过以数字方式控制模拟电路，可以大幅度降低系统的成本和功耗。此外，许多微控制器和 DSP 已经在芯片上包含了 PWM 控制器，这使数字控制的实现变得更加容易了。

3. 基本原理

控制方式就是对逆变电路开关器件的通断进行控制，使输出端得到一系列幅值相等的脉冲，用这些脉冲来代替正弦波或所需要的波形。也就是在输出波形的半个周期中产生多个脉冲，使各脉冲的等值电压为正弦波形，所获得的输出平滑且低次谐波少。按一定的规则对各脉冲的宽度进行调制，既可改变逆变电路输出电压的大小，也可改变输出频率。

4. 具体过程

脉冲宽度调制是一种对模拟信号电平进行数字编码的方法。通过高分辨率计数器的使用，方波的占空比被调制用来对一个具体模拟信号的电平进行编码。PWM 信号仍然是数字的，因为在给定的任何时刻，满幅值的直流供电要么完全有（ON），要么完全无（OFF）。电压或电流源是以一种通（ON）或断（OFF）的重复脉冲序列被加到模拟负载上去的。通的时候即是直流供电被加到负载上的时候，断的时候即是供电被断开的时候。只要带宽足够，任何模拟值都可以使用 PWM 进行编码。

多数负载（无论是电感性负载还是电容性负载）需要的调制频率高于 10Hz，通常调制频率为 1～200kHz。

许多微控制器内部都包含有 PWM 控制器。例如，Microchip 公司的 PIC16C67 内含两个 PWM 控制器，每一个都可以选择接通时间和周期。占空比是接通时间与周期之比；调制频率为周期的倒数。执行 PWM 操作之前，这种微处理器要求在软件中完成以下工作：

（1）设置提供调制方波的片上定时器/计数器的周期。

（2）在 PWM 控制寄存器中设置接通时间。

（3）设置 PWM 输出的方向，这个输出是一个通用数字 I/O 管脚。

（4）启动定时器。

（5）使能 PWM 控制器。

如今几乎所有单片机都有 PWM 模块功能，若没有（如早期的 8051），也可以利用定时器及 GPIO 口来实现。一般的 PWM 模块控制流程为（使用过 TI 的 2000 系列，AVR 的 Mega 系列，TI 的 LM 系列）：

（1）使能相关的模块（PWM 模块以及对应管脚的 GPIO 模块）。

（2）配置 PWM 模块的功能，具体有：

1）设置 PWM 定时器周期，该参数决定 PWM 波形的频率。

2）设置 PWM 定时器比较值，该参数决定 PWM 波形的占空比。

3）设置死区（deadband），为避免桥臂的直通需要设置死区，一般较高档的单片机都有该功能。

4）设置故障处理情况，一般为故障是封锁输出，防止过流损坏功率管，故障一般有比较器或ADC或GPIO检测。

5）设定同步功能，该功能在多桥臂，即多PWM模块协调工作时尤为重要。

（3）设置相应的中断，编写ISR，一般用于电压电流采样，计算下一个周期的占空比，更改占空比，这部分也会有PI控制的功能。

（4）使能PWM波形发生。

【挑战自我】

请同学们尝试用PWM信号来做一个呼吸灯。

5.5　数码管显示

【任务导航】

（1）认识数码管。

（2）搭建数码管与Arduino硬件电路。

（3）制作用数码管显示数字0～9。

【材料阅读】

1. 数码管

数码管（LED Segment Displays）由多个发光二极管封装在一起组成8字形的器件，引线已在内部连接完成，只需引出它们的各个笔画，公共电极。数码管实际上是由七个发光管组成8字形构成的，加上小数点就是8个。这些段分别由字母a、b、c、d、e、f、g、dp来表示。

数码管也称LED数码管，不同行业人士对数码管的称呼不一样，其实都是同样的产品。数码管按段数可分为七段数码管和八段数码管，八段数码管比七段数码管多一个发光二极管单元，也就是多一个小数点（DP）这个小数点可以更精确的表示数码管想要显示的内容；按能显示多少个（8）可分为1位、2位、3位、4位、5位、6位、7位等数码管，如图5.41所示。

图5.41　数码管

常用的LED显示器有LED状态显示器（俗称发光二极管）、LED七段显示器（俗称数码管）和LED十六段显示器。发光二极管可显示两种状态，用于系统状态显示；数码管用于数字显示，十六段显示器用于字符显示。

2. 数码管的工作原理

共阳极数码管的8个发光二极管的阳极（二极管正端）连接在一起。通常，公共阳极接高电平（一般接电源），其他管脚接段驱动电路输出端。当某段驱动电路的输出端为低电平时，则该端所连接的字段导通并点亮。根据发光字段的不同组合可显示出各种数字或

字符。此时，要求段驱动电路能吸收额定的段导通电流，还需根据外接电源及额定段导通电流来确定相应的限流电阻。

共阴极数码管的 8 个发光二极管的阴极（二极管负端）连接在一起。通常，公共阴极接低电平（一般接地），其他管脚接段驱动电路输出端。当某段驱动电路的输出端为高电平时，则该端所连接的字段导通并点亮，根据发光字段的不同组合可显示出各种数字或字符。此时，要求段驱动电路能提供额定的段导通电流，还需根据外接电源及额定段导通电流来确定相应的限流电阻。

在本实验中，使用的是一位共阴数码管。

3. 一位共阴数码管

（1）共阴数码管的引脚如图 5.42 所示。

（2）数码管显示原理：如果想点亮 a 段的 LED，只需给 a 提供高电平，COM 口接低电平；因数码管的 LED 电流小，建议在连接电路时，串联一个电阻，用着分压限流。

（3）共阴数码管显示码值见表 5.1。

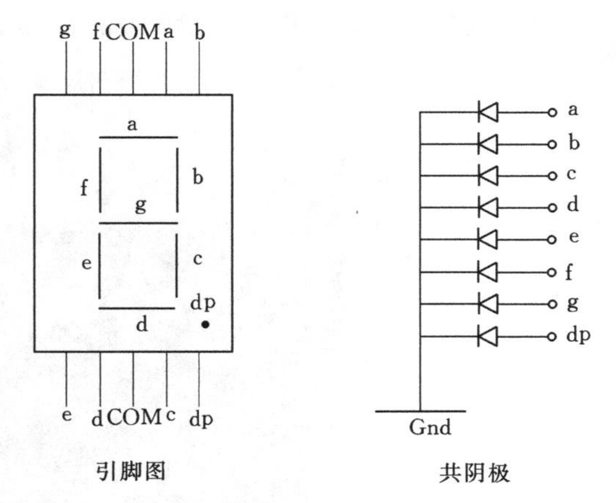

图 5.42 数码管引脚示意图

表 5.1 共阴数码管显示码值

字符	DP	G	F	E	D	C	B	A	共阴 16 进制 CC
0	1	1	0	0	0	0	0	0	3FH
1	1	1	1	1	1	0	0	1	06H
2	1	0	1	0	0	1	0	0	5BH
3	1	0	1	1	0	0	0	0	4FH
4	1	0	0	1	1	0	0	1	66H
5	1	0	0	1	0	0	1	0	6DH
6	1	0	0	0	0	0	1	0	7DH
7	1	1	1	1	1	0	0	0	07H
8	1	0	0	0	0	0	0	0	7FH
9	1	0	0	1	0	0	0	0	6FH
A	1	0	0	0	1	0	0	0	77H
B	1	0	0	0	0	0	1	1	7CH
C	1	1	0	0	0	1	1	0	39H
D	1	0	1	0	0	0	0	1	5EH
E	1	0	0	0	0	1	1	0	79H
F	1	0	0	0	1	1	1	0	71H
不显示	1	1	1	1	1	1	1	1	00H

【动手操作】

主题：数码管显示0～9

器材：Arduino板子、数码管、USB数据线

1. 硬件搭建

硬件接线图用面包板连接绘图软件绘制，如图5.43所示。

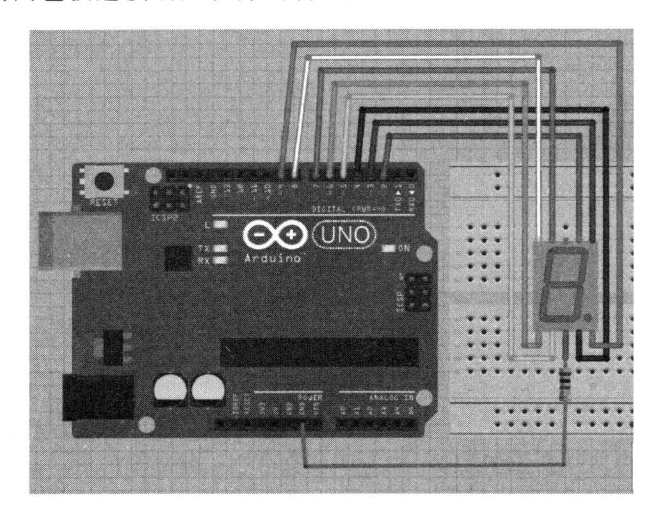

图5.43 数码管显示硬件连接图

2. 程序讲解

一位共阴数码管显示需用到的程序语句与函数如下：

pinMode(pin,mode)：数字I/O口输入输出模式定义函数，pin表示为0～13，mode表示为INPUT或OUTPUT。

digitalWrite(pin,value)：数字I/O口输出电平定义函数，pin表示为0～13，value表示为HIGH或LOW。比如定义HIGH可以驱动LED。

for语句：for循环是编程语言中一种开界的循环语句，而循环语句由循环体及循环的终止条件两部分组成，for循环其在各种编程语言中的实现与表达有所出入，但基本为以C语言和pascal语言代表的两种形式。

C语言中的for循环如下：

(1)语句最简形式为。

for(;;);

(2)一般形式为。

for(单次表达式;条件表达式;末尾循环体)

{

中间循环体;

}

其中，表示式皆可以省略，但分号不可省略，因为"；"可以代表一个空语句，省略了之后语句减少，即为语句格式发生变化，则编译器不能识别而无法进行编译。

void setup()：初始化变量，管脚模式，调用库函数等。

void loop()：连续执行函数内的语句。

根据上面的语句编写程序如下：

```
#include<Arduino.h>
#define SEG_a 2            //IO 命名
#define SEG_b 3
#define SEG_c 4
#define SEG_d 5
#define SEG_e 6
#define SEG_f 7
#define SEG_g 8
#define SEG_h 9
//数码管 0-9 数字码值
unsigned char table[10][8] =
{
    {0, 0, 1, 1, 1, 1, 1, 1},    //0
    {0, 0, 0, 0, 0, 1, 1, 0},    //1
    {0, 1, 0, 1, 1, 0, 1, 1},    //2
    {0, 1, 0, 0, 1, 1, 1, 1},    //3
    {0, 1, 1, 0, 0, 1, 1, 0},    //4
    {0, 1, 1, 0, 1, 1, 0, 1},    //5
    {0, 1, 1, 1, 1, 1, 0, 1},    //6
    {0, 0, 0, 0, 0, 1, 1, 1},    //7
    {0, 1, 1, 1, 1, 1, 1, 1},    //8
    {0, 1, 1, 0, 1, 1, 1, 1}     //9
};
void setup()
{
    pinMode(SEG_a,OUTPUT);             //设置引脚为输出
    pinMode(SEG_b,OUTPUT);
    pinMode(SEG_c,OUTPUT);
    pinMode(SEG_d,OUTPUT);
    pinMode(SEG_e,OUTPUT);
    pinMode(SEG_f,OUTPUT);
    pinMode(SEG_g,OUTPUT);
    pinMode(SEG_h,OUTPUT);
}
void loop()
{
    unsigned char i;
    for(i = 0;i < 10;i++)              //循环显示 0~9
    {
        digitalWrite(SEG_a,table[i][7]);    //设置 a 引脚的电平
        digitalWrite(SEG_b,table[i][6]);
        digitalWrite(SEG_c,table[i][5]);
        digitalWrite(SEG_d,table[i][4]);
        digitalWrite(SEG_e,table[i][3]);
```

```
        digitalWrite(SEG_f,table[i][2]);
        digitalWrite(SEG_g,table[i][1]);
        digitalWrite(SEG_h,table[i][0]);
        delay(1000);                    //延迟 1s
    }
}
```

在下载程序之前，要查看板卡和端口号是否正确，Arduino IDE 编程环境里面的数字针脚号是否与数码管接到 Arduino 控制器上的数字针脚号一致。然后观察数码管的显示状态。

【探究思考】

用 Arduino 板子控制多位数码管怎么样实现的。

【视野拓展】

LED 数码管

1. 简介

当数码管特定的段加上电压后，这些特定的段就会发亮，以形成眼睛看到的字样，如图 5.44 所示。如：显示一个“2”字，那么应当是 a 亮 b 亮 g 亮 e 亮 d 亮 f 不亮 c 不亮 dp 不亮。LED 数码管有一般亮和超亮等不同之分，也有 0.5 寸、1 寸等不同的尺寸。小尺寸数码管的显示笔画常用一个发光二极管组成，而大尺寸的数码管由两个或多个发光二极管组成，一般情况下，单个发光二极管的管压降为 1.8V 左右，电流不超过 30mA。发光二极管的阳极连接到一起连接到电源正极的称为共阳数码管，发光二极管的阴极连接到一起连接到电源负极的称为共阴数码管。常用 LED 数码管显示的数字和字符是 0、1、2、3、4、5、6、7、8、9、A、B、C、D、E、F。

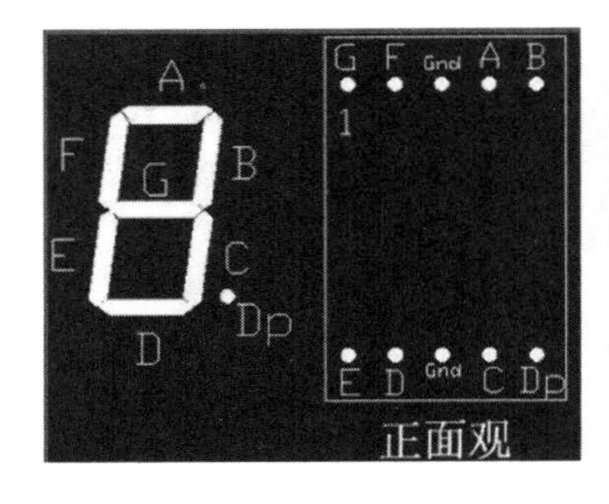

图 5.44　数码管的视觉

2. 特点

(1) LED 数码管以发光二极管作为发光单元，颜色有单红、黄、蓝、绿、白、黄绿等效果。单色，分段全彩管可用大楼、道路、河堤轮廓亮化，LED 数码管可均匀排布形成大面积显示区域，可显示图案及文字，并可播放不同格式的视频文件。通过电脑下 flash、动画、文字等文件，或使用动画设计软件设计个性化动画，播放各种动感变色的图文效果。

（2）可放在PCB电路板上按红绿蓝顺序呈直线排列，以专用驱动芯片控制，构成变化无穷的色彩和图形。外壳采用阻燃PC塑料制作，强度高、抗冲击、抗老化、防紫外线、防尘和防潮。LED数码管具有功耗小、无热量、耐冲击、长寿命等优点，配合控制器，即可实现流水、渐变、跳变、追逐等效果。如果应用于工程中，连接电脑同步控制器，还可显示图案、动画视频等效果，LED数码全彩灯管可以组成一个模拟LED显示屏，模拟显示屏可以提供各种全彩效果及动态显示图像字符，可以采用脱机控制或计算机连接实行同步控制；可以显示各式各样的全彩动态效果。控制系统采用专用灯光编程软件编辑，数码管控制花样更改方便，只需将编辑生成的花样格式文件复制进CF卡即可，数码管控制器可以单独控制，也可多台联机控制，数码管安装编排方式任意，适合各种复杂工程需求。数码管、控制器以及电源等以标准公母插头连接，方便快捷，并具有独特的外形设计，全新的户外防水结构。

3. 结构原理

LED数码管常用段数一般为7段，有的另加一个小数点，还有一种是类似于3位“+1”型。位数有半位、1、2、3、4、5、6、8、10位等，LED数码管根据LED的接法不同分为共阴和共阳两类，了解LED的这些特性，对编程是很重要的，因为不同类型的数码管，除了它们的硬件电路有差异外，编程方法也是不同的。图5.45是共阴和共阳极数码管的内部电路，它们的发光原理是一样的，只是它们的电源极性不同而已。颜色有红、绿、蓝、黄等几种。LED数码管广泛用于仪表、时钟、车站和家电等场合。选用时要注意产品尺寸颜色、功耗、亮度和波长等。下面将介绍常用LED数码管内部引脚图片，如图5.45所示。

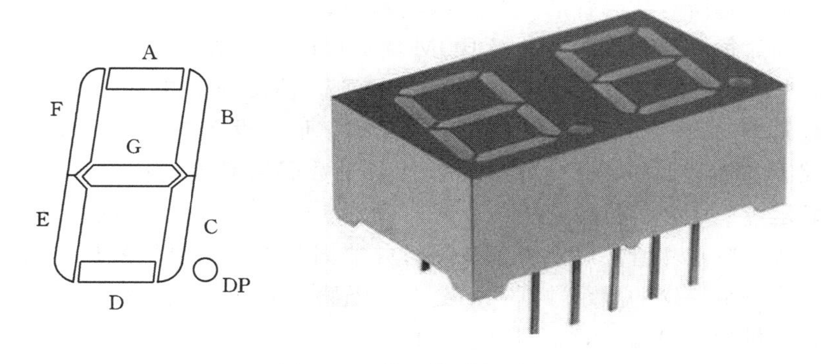

图5.45　数码管内部引脚

图5.45这是一个7段两位带小数点10引脚的LED数码管图，引脚定义每一笔画都是对应一个字母表示DP是小数点。透过分时轮流控制各个LED数码管的COM端，就使各个数码管轮流受控显示，这就是动态驱动。

4. 分类

（1）按控制方式分为内控方式（内部有单片机，通电自动变色）和外控方式（需要外接控制器才能变色）。

（2）按变化方式分为固定色彩、七彩、全彩；固定色彩是用来勾轮廓的，全彩可以勾轮廓也可以组成管屏显示文字、视频等。

(3) 按尺寸分有D50、D30，长度基本上超过1m的需要根据实际进行定制。

(4) 按内部可控性分有1m 6段的，有1m 8段的和1m 12段、1m 16段、1m 32段的。也就是1m的管子内有几段可以独立受控；1m段数越多，做视频的效果越好。如果密度低，或者做些追逐效果，做1m 6段也就可以了。

(5) 按LED数量分有1m 96颗灯，有1m 144颗灯；灯越多效果越好。一般做全彩的都是用1m 144颗灯。

(6) 按供电分为高压供电（直接220V供电）和低压供电（12V供电，220V电源需要加开关电源转换）；一般选择低压供电的，比较可靠稳定，高压供电的容易烧毁。

(7) 按像素点分有1m 16段灯管，就是1m的灯管有16个像素点。一般有6段数码管、8段数码管、12段数码管、16段数码管、32段数码管等，16段的比较多。如6段数码管一般使用在轮廓项目上。

5. 驱动方式

LED数码管要正常显示，就要用驱动电路来驱动数码管的各个段码，从而显示出要的数字，因此根据LED数码管的驱动方式的不同，可以分为静态式和动态式两类。

(1) 静态显示。静态驱动也称直流驱动。静态驱动是指每个数码管的每一个段码都由一个单片机的I/O端口进行驱动，或者使用如BCD码二-十进制译码器译码进行驱动。静态驱动的优点是编程简单，显示亮度高，缺点是占用I/O端口多，如驱动5个数码管静态显示则需要5×8=40根I/O端口来驱动，要知道一个89S51单片机可用的I/O端口才32个，实际应用时必须增加译码驱动器进行驱动，增加了硬件电路的复杂性。

(2) 动态显示。LED数码管动态显示接口是单片机中应用最为广泛的一种显示方式之一，动态驱动是将所有数码管的8个显示笔画A、B、C、D、E、F、G、DP的同名端连在一起，另外为每个数码管的公共极COM增加位选通控制电路，位选通由各自独立的I/O线控制，当单片机输出字形码时，单片机对位选通COM端电路的控制，所以只要将需要显示的数码管的选通控制打开，该位就显示出字形，没有选通的数码管就不会亮。通过分时轮流控制各个数码管的COM端，就使各个数码管轮流受控显示，这就是动态驱动。在轮流显示过程中，每位数码管的点亮时间为1～2ms，由于人的视觉暂留现象及发光二极管的余辉效应，尽管实际上各位数码管并非同时点亮，但只要扫描的速度足够快，给人的印象就是一组稳定的显示数据，不会有闪烁感，动态显示的效果和静态显示是一样的，能够节省大量的I/O端口，而且功耗更低。

6. 引脚测量

找公共共阴和公共共阳，首先，找个电源（3～5V）和不同规格的电阻，VCC串接1个电阻后和GND接在任意2个脚上，组合有很多，但总有一个LED会发光的，然后用GND不动，VCC（串电阻）逐个碰剩下的脚，如果有多个LED（一般是8个），那它就共阴的了。相反用VCC不动，GND逐个碰剩下的脚，如果有多个LED（一般是8个），那它就共阳的。也可以直接用数位万用表，红表笔是电源的正极，黑表笔是电源的负极。

【挑战自我】

请同学们尝试实现按钮按下LED亮，再按下LED灭。

5.6 直流电机的控制

【任务导航】

(1) 认识直流电机。

(2) 了解直流电机的驱动模块 L298N 模块。

(3) 搭建直流电机与 Arduino 硬件电路。

(4) 制作用 Arduino 驱动直流点击。

【材料阅读】

1. 直流电机

直流电机是指能将直流电能转换成机械能或将机械能转换成直流电能的旋转电机。它是能实现直流电能和机械能互相转换的电机。当它作电动机运行时是直流电动机，将电能转换为机械能；当作发电机运行时是直流发电机，将机械能转换为电能。

直流电机是智能小车及机器人制作必不可少的组成部分，它主要作用是为系统提供必需的驱动力，用以实现其各种运动。目前直流电机主要分为普通电机和带动齿轮传动机构的直流减速电机，如图 5.46 和图 5.47 所示。

图 5.46 直流电机

图 5.47 直流减速电机

2. 直流电机驱动模块 L298N

Arduino 控制器并不能直接驱动直流电机转动，需要配合一个电机驱动器，这里使用的是 2A 大电流电机驱动模块 L298N，电路连接非常简单。

L298N 内部的组成其就是 H 桥驱动电路，所以工作原理与 H 桥相同，在使用时重点要了解其引脚的功能和主要的性能参数。L298N 的引脚图如图 5.48 所示。

L298N 是 ST 公司生产的一种高电压、大电流的电机驱动芯片。该芯片采用 15 脚封装。主要特点是：工作电压高，最高工作电压可达 46V，输出电流大，瞬间峰值可达 3A，持续工作电流为 2A；额定功率为 25W。内含两个 H 桥的高电压大电流全桥式驱动器，可以用来驱动直流电机和步进电机、继电器线圈等感性负载；采用标准逻辑电平信号控制；具有两个可用控制端，在不受输入信号影响的情况下允许或禁止器件工作有一个逻辑电源输入端，使内部逻辑电路部分在低电压下工作；可以外接检测电阻，将变化量反馈给控制

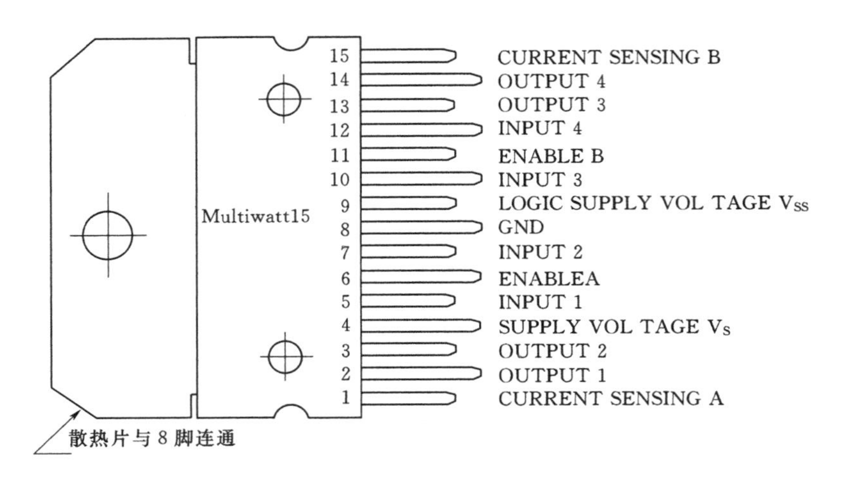

图5.48　L298N的引脚图

电路。使用L298N芯片驱动电机，该芯片可以驱动一台两相步进电机和一台四相步进电机，也可以两台直流电机。L298N模块的驱动电路图，如图5.49所示。

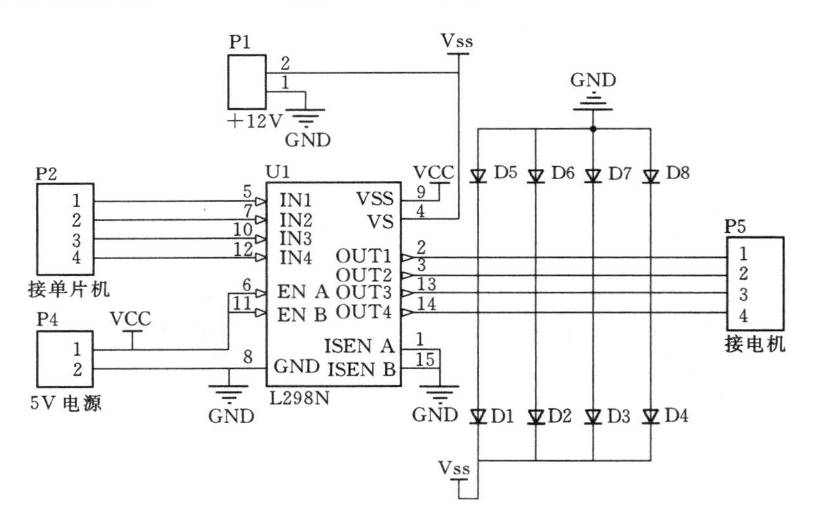

图5.49　L298N模块的驱动电路图

对于以上电路图有以下几点说明：

（1）电路图中有两个电流：一路为L298工作需要的5V电源VCC；另一路为驱动电机用的电池电源VSS。

（2）1脚和15脚有的电路在中间串接了大功率的电阻，可以不加。

（3）8个续流二极管是为了消除电机转动时的尖峰电压保护电机而设计，简化电路可以不加。

（4）6脚和11脚为两路电机通道的使能开关，高电平使能所以可以直接接高电平，也可以交由单片机控制。

（5）由于工作时L298的功率较大，可以适当加装散热片。

L298 模块的外形图如图 5.50 所示。

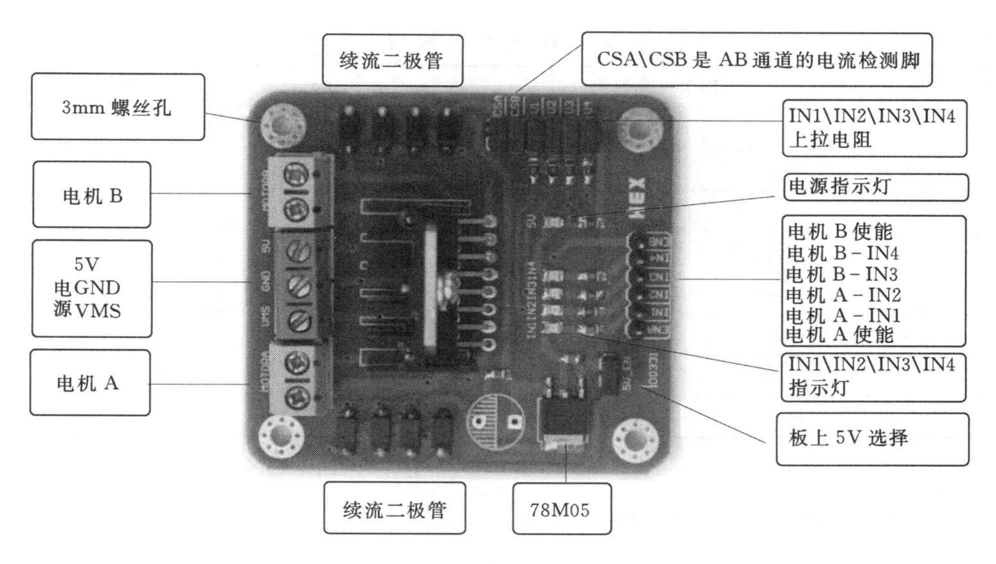

图 5.50　L298N 模块的外形图

【动手操作】

主题：Arduino 驱动直流电机

器材：Arduino 板子、小型直流电机、L298N 模块、USB 数据线

1. 硬件搭建

硬件连接图用面包板连接绘图软件绘制，如图 5.51 所示。

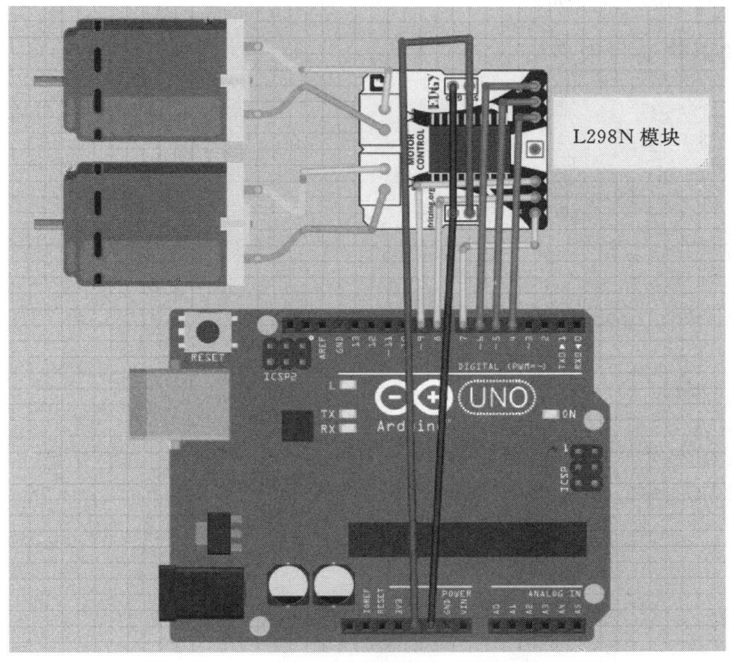

图 5.51　Arduino 驱动直流电机硬件连接图

实物连线对应说明，见表5.2。

表5.2　　实物连线对应说明

Arduino板子I/O口	L298N模块I/O口	直流电机1	直流电机2
4	IN4	电机A	电机B
5	IN3		
6	ENB		
7	IN2		
8	IN1		
9	ENA		
VCC	5V		
GND	GND		

2. 程序讲解

直流点击调速需用到的程序语句与函数：

pinMode(pin,mode)：数字I/O口输入输出模式定义函数，pin表示为0～13，mode表示为INPUT或OUTPUT。

digitalWrite(pin,value)：数字I/O口输出电平定义函数，pin表示为0～13，value表示为HIGH或LOW。比如定义HIGH可以驱动LED。

analogWrite(pin,value)-PWM：数字I/O口PWM输出函数，Arduino数字I/O口标注了PWM的I/O口可使用该函数，pin表示3、5、6、9、10、11，value表示为0～255。比如可用于电机PWM调速或音乐播放。

for语句：for循环是编程语言中一种开界的循环语句，而循环语句由循环体及循环的终止条件两部分组成。

void setup()：初始化变量，管脚模式，调用库函数等。

void loop()：连续执行函数内的语句。

根据上面的语句编写程序如下：

```
#define  ENA  9          //电机A的使能端
#define  IN1  8
#define  IN2  7
#define  ENB  6          //电机B的使能端
#define  IN3  5
#define  IN4  4
void setup()             //初始化部分
{
  pinMode(IN1,OUTPUT);
  pinMode(IN2,OUTPUT);
  pinMode(IN3,OUTPUT);
  pinMode(IN4,OUTPUT);
}
void loop()              //主循环
{
  int value;
  for(value = 0;value <= 255;value+=5)
```

```
    {
      digitalWrite(IN1,HIGH);      //IN1(IN3)和 IN2(IN4)必须相反,才能使电机转动
      digitalWrite(IN2,LOW);       //改变电平方向,电机反转
      digitalWrite(IN3,HIGH);      //电平相同,电机停止
      digitalWrite(IN4,LOW);
      analogWrite(ENA,value);      //PWM 调速
      analogWrite(ENB,value);      //PWM 调速
      delay(30);
    }
  }
```

在下载程序之前，要查看板卡和端口号是否正确，Arduino IDE 编程环境里面的数字针脚号是否与 L298N 电机模块及电机接到 Arduino 控制器上的数字针脚号一致。然后观察直流电机的变化情况。

【探究思考】

做了直流电机的调速控制，想想能不能用按键来控制直流电机的调速、启动及停止。

【视野拓展】

H 桥直流电机驱动

1. H 桥

H 桥是一个典型的直流电机控制电路，因为它的电路形状酷似字母 H，故得名“H 桥”。4 个三极管组成 H 的 4 条垂直腿，而电机就是 H 中的横杠（注意：图 5.52 中只是简略示意图，而不是完整的电路图，其中三极管的驱动电路没有画出来）。

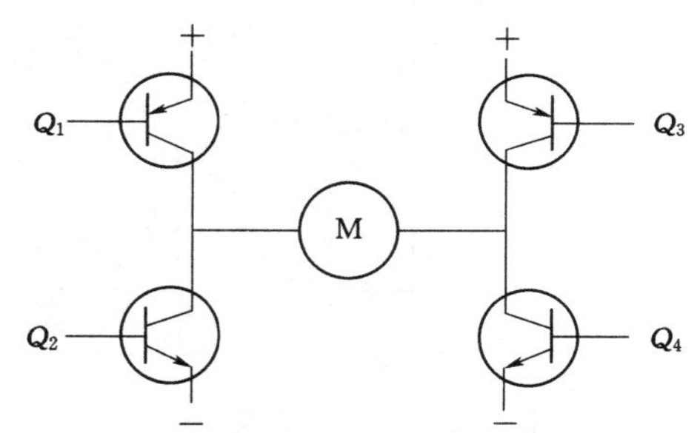

图 5.52　H 桥简略示意图

2. 控制方式

H 桥的控制主要分为近似方波控制和脉冲宽度调制（PWM）和级联多电平控制。

（1）近似方波控制。即 quasi - square - wave - control，输出波形比正负交替方波多了一个零电平（3 - level），谐波大为减少。优点是开关频率较低，缺点是谐波成分高，需要滤波器的成本大。

（2）脉冲宽度调制。即 Pulse width modulation，分为单极性和双极性 PWM。随着开关频率的升高，输出电压电流波形趋于正弦，谐波成分减小，但是高开关频率带来一系列问题：开关损耗大，电机绝缘压力大，发热等。

（3）多电平。即 multi - level inverter，采用级联 H 桥的方式，使得在同等开关频率下谐波失真降到最小，甚至不需要用滤波器，获得良好的近似正弦输出波形。

3. 应用于直流电机

由两个三极管，一个可以对正极导通实现上拉，另一个可以对负极导通实现下拉。

由两套这样的电路，在同一个电路中，同时一个上拉，另一个下拉，或相反，两者总

是保持相反的输出，这样可以在单电源的情况下使负载的极性倒过来。

（1）驱动电路。图 5.52 中所示为一个典型的直流电机控制电路。电路得名于“H 桥驱动电路”是因为它的形状酷似字母 H。4 个三极管组成 H 的 4 条垂直腿，而电机就是 H 中的横杠（注意：图 5.52 及随后的两个图都只是示意图，而不是完整的电路图，其中三极管的驱动电路没有画出来）。

如图 5.52 所示，H 桥式电机驱动电路包括 4 个三极管和一个电机。要使电机运转，必须导通对角线上的一对三极管。根据不同三极管对的导通情况，电流可能会从左至右或从右至左流过电机，从而控制电机的转向。

要使电机运转，必须使对角线上的一对三极管导通。例如，如图 5.53 所示，当 Q_1 管和 Q_4 管导通时，电流就从电源正极经 Q_1 从左至右穿过电机，然后再经 Q_4 回到电源负极。按图中电流箭头所示，该流向的电流将驱动电机顺时针转动。当三极管 Q_1 和 Q_4 导通时，电流将从左至右流过电机，从而驱动电机按特定方向转动（电机周围的箭头指示为顺时针方向）。

图 5.54 所示为另一对三极管 Q_2 和 Q_3 导通的情况，电流将从右至左流过电机。当三极管 Q_2 和 Q_3 导通时，电流将从右至左流过电机，从而驱动电机沿另一方向转动（电机周围的箭头表示为逆时针方向）。

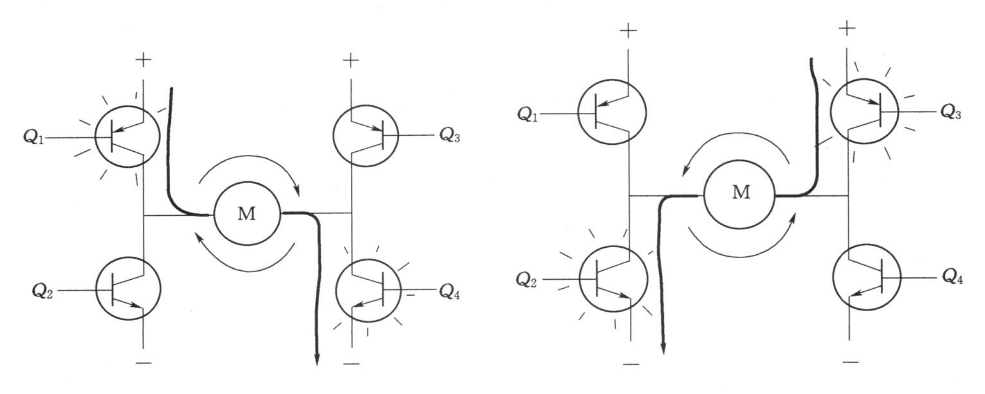

图 5.53　H 桥驱动单击顺时针转动　　图 5.54　H 桥驱动单击逆时针转动

（2）使能控制和方向逻辑。驱动电机时，保证 H 桥上两个同侧的三极管不会同时导通非常重要。如果三极管 Q_1 和 Q_2 同时导通，那么电流就会从正极穿过两个三极管直接回到负极。此时，电路中除了三极管外没有其他任何负载，因此电路上的电流就可能达到最大值（该电流仅受电源性能限制），甚至烧坏三极管。基于上述原因，在实际驱动电路中通常要用硬件电路方便地控制三极管的开关。

图 5.55 所示就是基于这种考虑的改进电路，它在基本 H 桥电路的基础上增加了 4 个与门和 2 个非门。4 个与门同一个“使能”导通信号相接，这样，用这一个信号就能控制整个电路的开关。而 2 个非门通过提供一种方向输入，可以保证任何时候在 H 桥的同侧腿上都只有一个三极管能导通。

采用以上方法，电机的运转就只需要用三个信号控制：两个方向信号和一个使能信号。如果 DIR－L 信号为 0，DIR－R 信号为 1，并且使能信号是 1，那么三极管 Q_1 和 Q_4

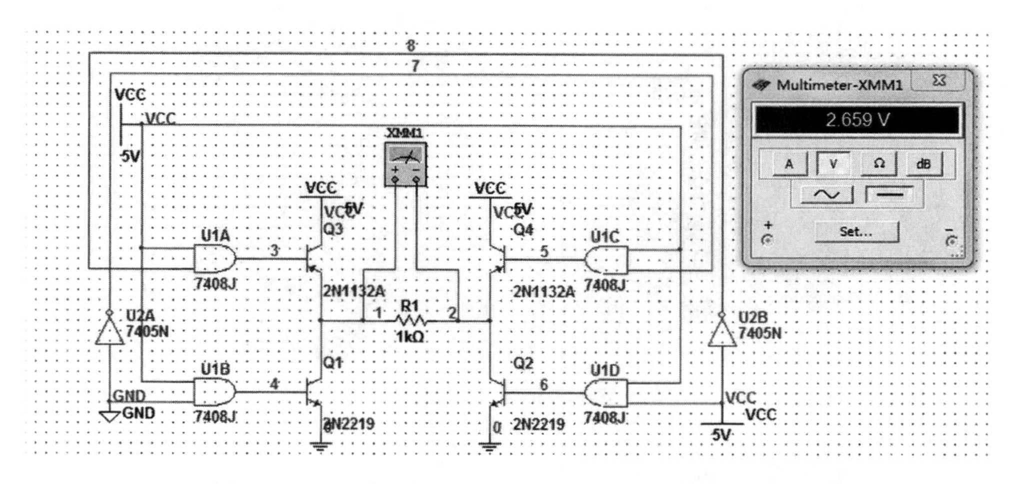

图 5.55　具有使能控制和方向逻辑的 H 桥电路

导通，电流从左至右流经电机；如果 DIR－L 信号变为 1，而 DIR－R 信号变为 0，那么 Q_2 和 Q_3 将导通，电流则反向流过电机。

实际使用的时候，用分立元件制作 H 桥是很麻烦的。有很多封装好的 H 桥集成电路，接上电源、电机和控制信号就可以使用了，在额定的电压和电流内使用非常方便可靠。比如常用的 L293D、L298N、TA7257P、SN754410 等。

【挑战自我】

请同学们尝试实现用按键来控制直流电机的调速、启动及停止。

5.7　步进电机的控制

【任务导航】

(1) 认识步进电机。

(2) 步进电机驱动模块 ULN2003。

(3) 搭建步进电机与 Arduino 硬件电路。

(4) 制作用 Arduino 控制步进电机。

【材料阅读】

1. 步进电机

步进电机是将电脉冲信号转变为角位移或线位移的开环控制电机，是现代数字程序控制系统中的主要执行元件，应用极为广泛。在非超载的情况下，电机的转速、停止的位置只取决于脉冲信号的频率和脉冲数，而不受负载变化的影响。步进驱动器接收到一个脉冲信号，它就驱动步进电机按设定的方向转动一个固定的角度，称为“步距角”，它的旋转是以固定的角度一步一步运行的。可以通过控制脉冲个数来控制角位移量，从而达到准确定位的目的；同时可以通过控制脉冲频率来控制电机转动的速度和加速度，从而达到调速的目的。一般会用 Arduino 驱动的小型步进电机有以下两种如图 5.56 所示。

步进电机内部实际上产生了一个可以旋转的磁场，如图 5.57 所示，当旋转磁场依次

图 5.56　步进电机

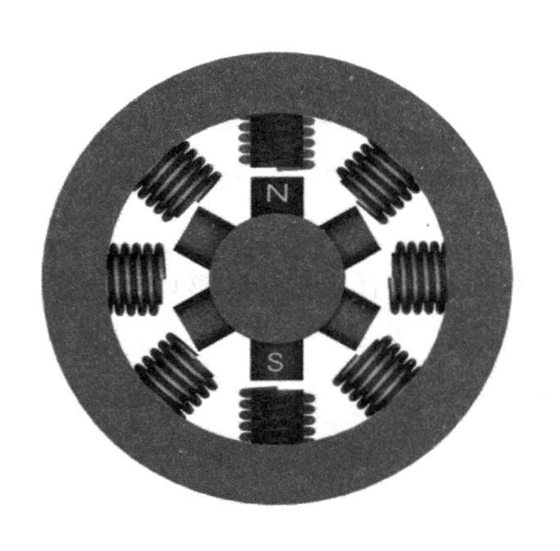

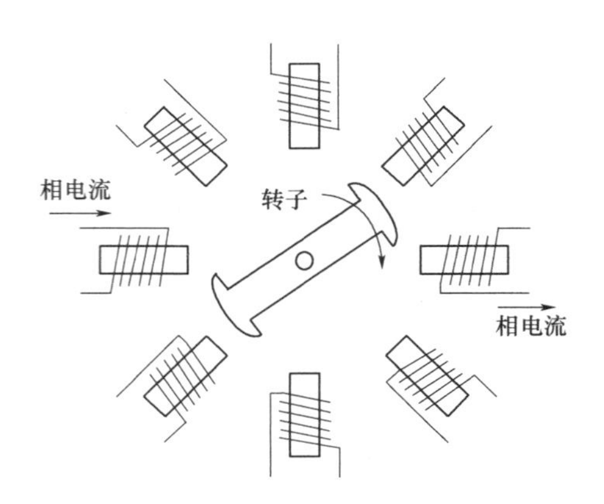

图 5.57　步进电机旋转磁场

切换时，转子就会随之转动相应的角度。当磁场旋转过快或者转子上所带负载的转动惯量太大时，转子无法跟上步伐，就会造成失步。

从步进电机的矩频特性图 5.58 上可知，步进电机以越快的速度运行，所能输出的转矩越小，否则将会造成失步。每种不同规格的步进电机都有类似的矩频特性曲线。

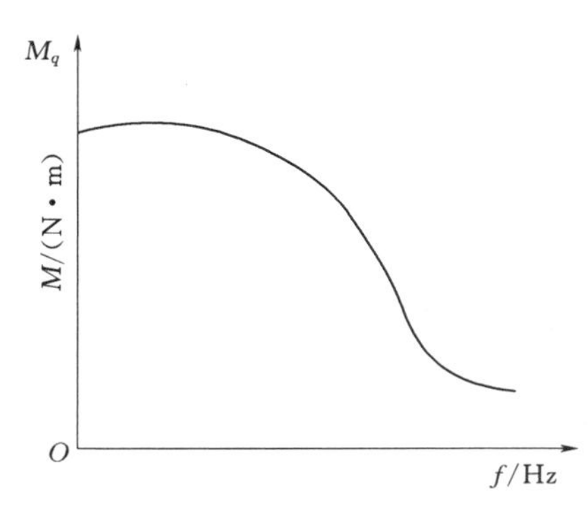

图 5.58　矩频特性图

步进电机的磁极数量规格和接线规格很多，为简化问题，这里就先只以四相步进电机为例进行讨论。所谓四相，就是说电机内部有 4 对磁极，此外还有一个公共端（COM）接电源，ABCD 是四线的接头。而四相电机可以向外引出 6 条接线（2 条 COM 共同接入 Vcc），即 GND 和 ABCD，也可以引出 5 条线，所以有六线四相制和五线四相制，如图 5.59 所示。

以下述最简单的一相励磁方式（表 5.3）来驱动步进电机这种方式，电机在每个瞬间只有一个线圈导通，消耗电力小，但在切换瞬间没有任何的电磁作用转子上，容易造成振动，也容易因为惯性而失步。

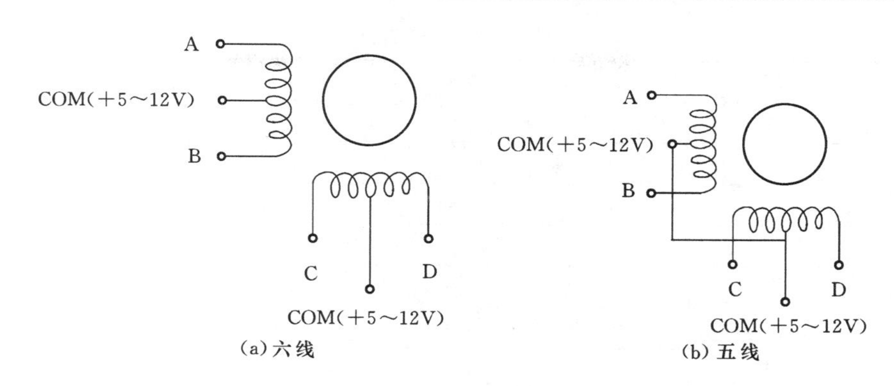

图 5.59 四相电机

表 5.3 一相励磁方式

步序	绕组 A	绕组 B	绕组 C	绕组 D
1	1	0	0	0
2	0	1	0	0
3	0	0	1	0
4	0	0	0	1

二相励磁方式见表 5.4。这种方式输出的转矩较大且振动较少，切换过程中至少有一个线圈通电作用于转子，使得输出的转矩较大，振动较小，也比一相励磁较为平稳，不易失步。

表 5.4 二相励磁方式

步序	绕组 A	绕组 B	绕组 C	绕组 D
1	1	0	0	1
2	1	1	0	0
3	0	1	1	0
4	0	0	1	1

步进角是步进电机每前进一个步序所转过的角度。在不超载也不失步的情况下，给电机加上一个脉冲信号，它就转过一个步距角。这一简单的线性关系，使得步进电机速度和位置的控制变得十分简单。

综合上述两种驱动信号，下面提出一相励磁和二相励磁交替进行的方式，每传送一个励磁信号，步进电机前进半个步距角。其特点是分辨率高，运转更加平滑。一-二相励磁方式，见表 5.5。

三种驱动方式的时序波形图如图 5.60 所示。

2. 步进电机驱动模块 ULN2003

不可以直接将 Arduino 的端口和 ABCD 分别相连，因为 Arduino 的数字 I/O 口最大只能通过约 40mA 的电流。因此，想到了使用晶体管进行放大，常用的方法有三种：

(1) 直接利用晶体管来驱动，这需要对电机和晶体管的详细参数有一定了解，才能选

表 5.5　　一-二相励磁方式

步序	绕组 A	绕组 B	绕组 C	绕组 D
1	1	0	0	0
2	1	1	0	0
3	0	1	0	0
4	0	1	1	0
5	0	0	1	0
6	0	0	1	1
7	0	0	0	1
8	1	0	0	1

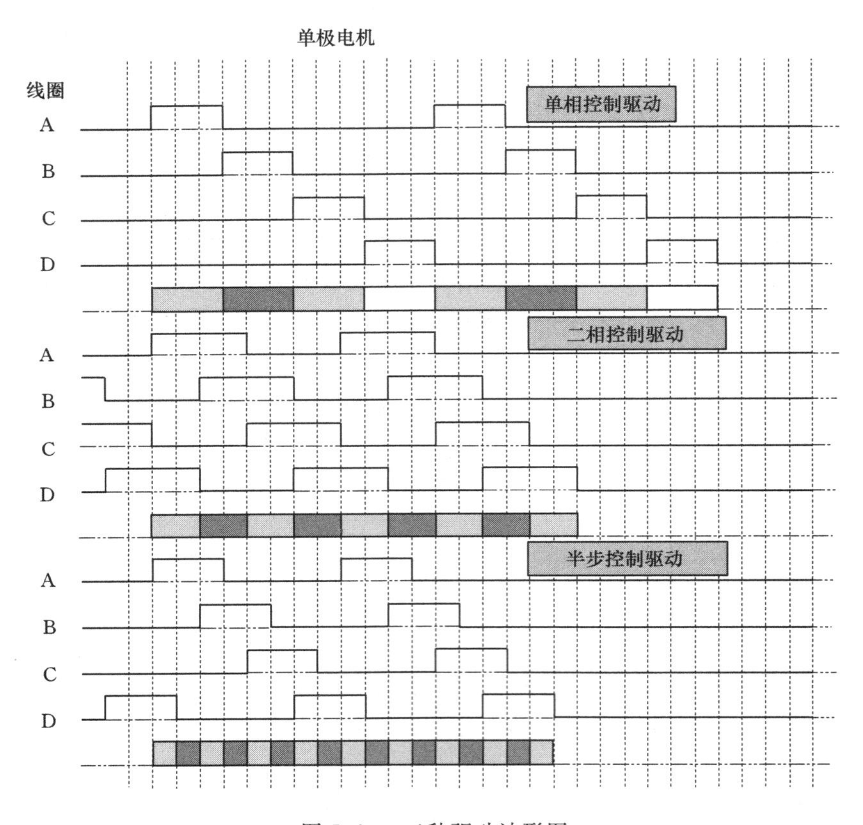

图 5.60　三种驱动波形图

择恰当的参数去匹配他们。此外，还必须使用二极管来处理当电机内部线圈产生感应电动势逆向流入晶体管而对晶体管造成损害。

(2) 使用诸如 ULN2003 和 ULN2803 这样的激励器，它实际是内部集成好了放大功能的集成电路芯片，此外也无需额外添加二极管，因为它已经内置了。

(3) 使用光耦，在驱动芯片或者晶体管的前端再加入光耦合器，以加强隔离步进电机的反电动势，以免损害 Arduino；例如，使用 L298N 这样的 H 桥的方式来驱动步进电机。

以 ULN2003 为例，现有的驱动板可以用来驱动步进电机，只需要选择 Arduino 的四个输出端口用杜邦线分别连接驱动板的 IN1、IN2、IN3、IN4，再用外置电源连接驱动板的+5～12V 接口，并把电源和 Arduino 的地（GND）与驱动板的（一）共线即可，如图 5.61 所示。

图 5.61 实物图

ULN2003 是高耐压、大电流复合晶体管 IC - ULN2003，ULN2003 是高耐压、大电流复合晶体管阵列，由七个硅 NPN 复合晶体管组成。

ULN2003 是大电流驱动阵列，多用于单片机、智能仪表、PLC、数字量输出卡等控制电路中。可直接驱动步进电机等负载。输入 5VTTL 电平，输出可达 500mA/50V。

ULN2003 是高耐压、大电流达林顿系列，由七个硅 NPN 达林顿管组成，芯片引脚图如图 5.62 所示。该电路的特点如下：ULN2003 的每一对达林顿都串联一个 2.7K 的基极电阻，在 5V 的工作电压下它能与 TTL 和 CMOS 电路直接相连，可以直接处理原先需要标准逻辑缓冲器来处理的数据。

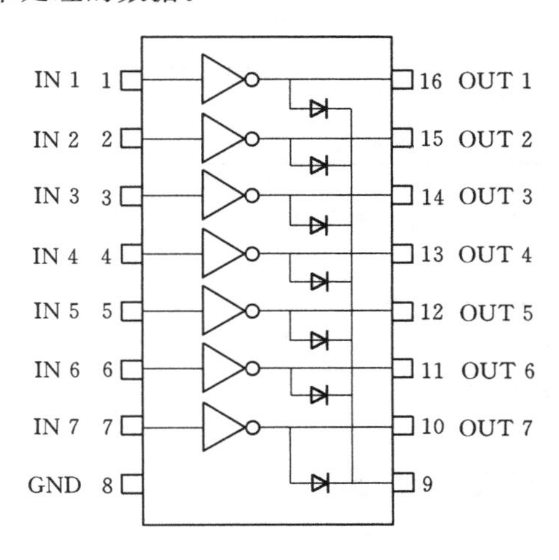

图 5.62 ULN2003 芯片引脚图

ULN2003 是高压大电流达林顿晶体管阵列系列产品，具有电流增益高、工作电压高、温度范围宽、带负载能力强等特点，适应于各类要求高速大功率驱动的系统。

【动手操作】

主题一：制作 ULN2003 驱动步进电机运转

器材：Arduino 板子、ULN2003 模块、步进电机、USB 数据线

1. 硬件搭建

图 5.63 所示就是本次实验使用的步进电机。

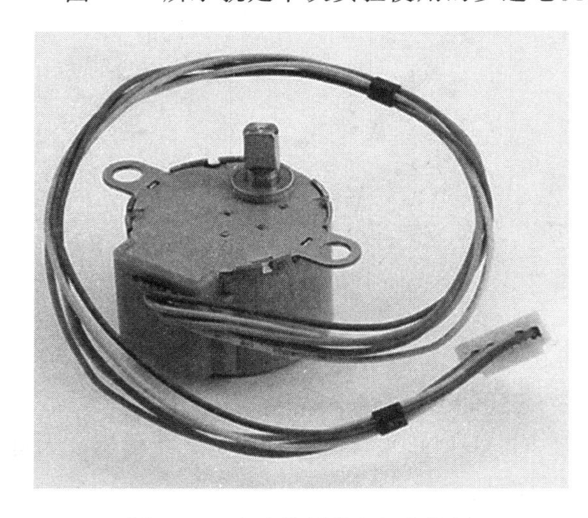

图 5.63　实验使用的电机实物图

使用步进电机前一定要仔细查看说明书，确认是四相还是两相，各个线怎样连接，本次实验使用的步进电机是四相的，不同颜色的线定义见表 5.6。

图 5.64 所示是电机的端口结构图，1、3 为一组，2、4 为一组，5 是共用的 VCC。

因本次使用的步进电机功率很小，所以可以直接使用一个 ULN2003 芯片进行驱动，如果是大功率的步进电机，是需要对应的驱动板的。根据上面的硬件，用面包板连接绘图软件绘制，如图 5.65 所示。

2. 程序讲解

步进电机转到需用到的程序语句与函数：

表 5.6　　驱动方式（4-1-2 相驱动）

导线颜色	1	2	3	4	5	6	7	8
1 蓝						—	—	—
2 粉				—	—	—		
3 黄	—	—	—					
4 橙	—	—						—
5 红	+	+	+	+	+	+	+	+

pinMode(pin,mode)：数字 I/O 口输入输出模式定义函数，pin 表示为 0～13，mode 表示为 INPUT 或 OUTPUT。

digitalWrite(pin,value)：数字 I/O 口输出电平定义函数，pin 表示为 0～13，value 表示为 HIGH 或 LOW。比如定义 HIGH 可以驱动 LED。

void setup()：初始化变量，管脚模式，调用库函数等。

void loop()：连续执行函数内的语句。

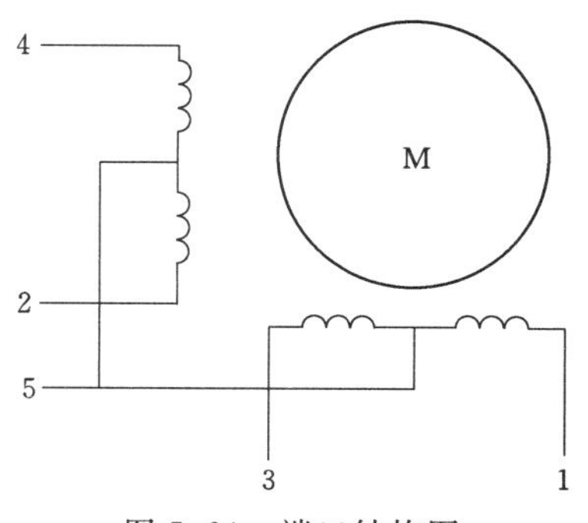

图 5.64　端口结构图

根据上面的语句及硬件接线图编写程序如下：

```
#include<Arduino.h>
#define A1 8                         //引脚命名
```

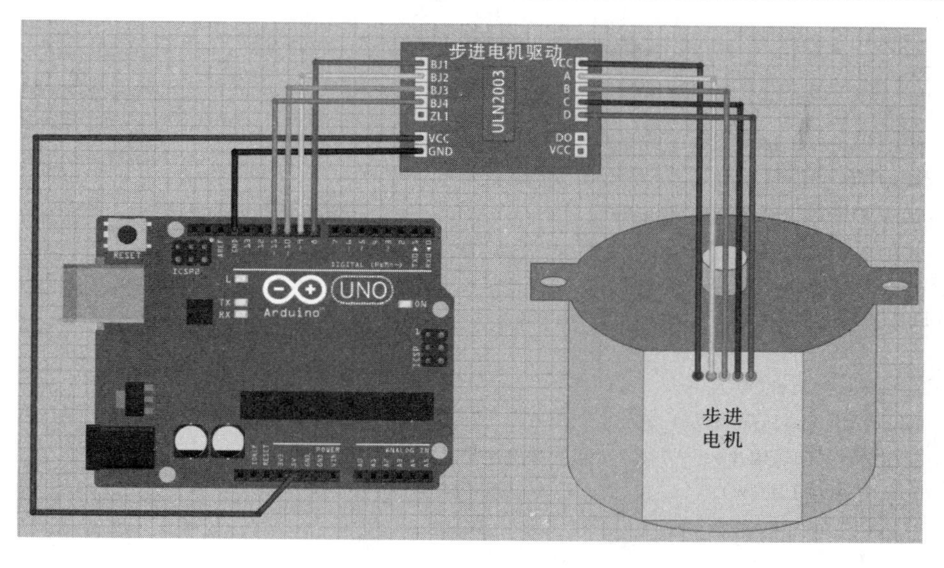

图 5.65 硬件连接图

```
#define B1 9
#define C1 10
#define D1 11
void setup()
{
    pinMode(A1,OUTPUT);          //设置引脚为输出引脚
    pinMode(B1,OUTPUT);
    pinMode(C1,OUTPUT);
    pinMode(D1,OUTPUT);
}
void loop()
{
    Phase_A();                   //设置 A 相位
    delay(10);                   //改变延时可改变旋转速度
    Phase_B();                   //设置 B 相位
    delay(10);
    Phase_C();                   //设置 C 相位
    delay(10);
    Phase_D();                   //设置 D 相位
    delay(10);
}
void Phase_A()
{
    digitalWrite(A1,HIGH);       //A1 引脚高电平
    digitalWrite(B1,LOW);
    digitalWrite(C1,LOW);
    digitalWrite(D1,LOW);
```

```
}
void Phase_B()
{
    digitalWrite(A1,LOW);
    digitalWrite(B1,HIGH);          //B1 引脚高电平
    digitalWrite(C1,LOW);
    digitalWrite(D1,LOW);
}
void Phase_C()
{
    digitalWrite(A1,LOW);
    digitalWrite(B1,LOW);
    digitalWrite(C1,HIGH);          //C1 引脚高电平
    digitalWrite(D1,LOW);
}
void Phase_D()
{
    digitalWrite(A1,LOW);
    digitalWrite(B1,LOW);
    digitalWrite(C1,LOW);
    digitalWrite(D1,HIGH);          //D1 引脚高电平
}
```

在下载程序之前，要查看板卡和端口号是否正确，Arduino 板卡及各模块接线是否一致。然后下载程序观察步进电机的变化。

主题二：电位器调节步进电机转角

器材：Arduino 板子、ULN2003 模块、步进电机、电位器、USB 数据线

1. 硬件搭建

根据主题一硬件电路图添加一个电位器，如图 5.66 所示。

2. 程序讲解

电位器调节步进电机转角到需用到的程序语句与函数如下：

<Stepper.h>：使用 arduino IDE 自带的 Stepper.h 库文件，控制步进电机函数。

stepper.setSpeed()：设置电机每分钟的转速步数。

analogRead()：获取传感器读数。

void setup()：初始化变量，管脚模式，调用库函数等。

void loop()：连续执行函数内的语句。

根据上面的语句及硬件接线图编写程序如下：

```
#include <Stepper.h>//使用 arduino IDE 自带的 Stepper.h 库文件
#define STEPS 100////这里设置步进电机旋转一圈是多少步
Stepper stepper(STEPS,8,9,10,11);//设置步进电机的步数和引脚
int previous = 0;//定义变量用来存储历史读数
int val;
```

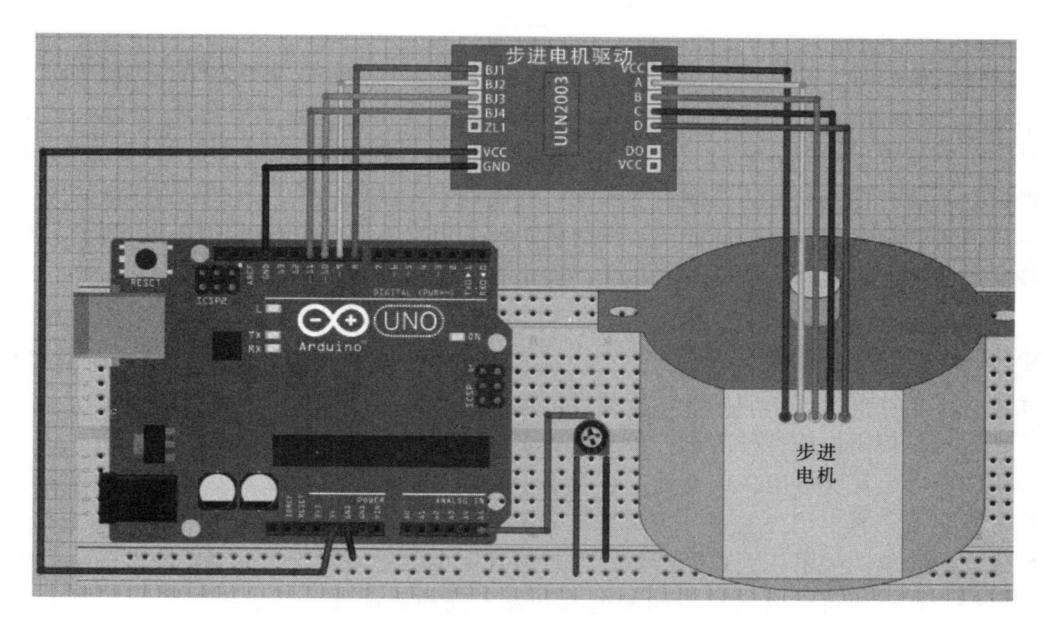

图 5.66 硬件电路连接图

```
void setup()
{
    stepper.setSpeed(80);//设置电机每分钟的转速为 80 步
}
void loop()
{
  val = analogRead(5);//获取 A5 引脚的模拟量
  stepper.step(val - previous);//移动步数为当前读数减去历史读数
  previous = val;//保存历史读数
}
```

下载程序，调节电位器，观察步进电机转角的变化情况。

【探究思考】

步进电机可以用 ULN2003 驱动外，L298N 可以驱动吗？

【视野拓展】

步 进 电 机

1. 步进电机概述

步进电机又称为脉冲电机，基于最基本的电磁铁原理，它是一种可以自由回转的电磁铁，其动作原理是依靠气隙磁导的变化来产生电磁转矩。其原始模型是起源于 1830—1860 年。1870 年前后开始以控制为目的的尝试，应用于氢弧灯的电极输送机构中。这被认为是最初的步进电机。20 世纪初，在电话自动交换机中广泛使用了步进电机。20 世纪 50 年代后期晶体管的发明也逐渐应用在步进电机上，对于数字化的控制变得更为容易。到了 80 年代后，由于廉价的微型计算机以多功能的姿态出现，步进电机的控制方式更加

灵活多样。

步进电机相对于其他控制用途电机的最大区别是，它接收数字控制信号电脉冲信号并转化成与之相对应的角位移或直线位移，它本身就是一个完成数字模式转化的执行元件。而且它可开环位置控制，输入一个脉冲信号就得到一个规定的位置增量，这样的所谓增量位置控制系统与传统的直流控制系统相比，其成本明显减低，几乎不必进行系统调整。步进电机的角位移量与输入的脉冲个数严格成正比，而且在时间上与脉冲同步。因而只要控制脉冲的数量、频率和电机绕组的相序，即可获得所需的转角、速度和方向。

我国的步进电机在20世纪70年代初开始起步，70年代中期至80年代中期为成品发展阶段，新品种和高性能电机不断开发，目前，随着科学技术的发展，特别是永磁材料、半导体技术、计算机技术的发展，使步进电机在众多领域得到了广泛应用。

作为一种控制用的特种电机，步进电机无法直接接到直流或交流电源上工作，必须使用专用的驱动电源步进电机驱动器。在微电子技术，特别计算机技术发展以前，控制器脉冲信号发生器完全由硬件实现，控制系统采用单独的元件或者集成电路组成控制回路，不仅调试安装复杂，要消耗大量元器件，而且一旦定型之后，要改变控制方案就一定要重新设计电路。这就使得需要针对不同的电机开发不同的驱动器，开发难度和开发成本都很高，控制难度较大，限制了步进电机的推广。

由于步进电机是一个把电脉冲转换成离散的机械运动的装置，具有很好的数据控制特性，因此，计算机成为步进电机的理想驱动源，随着微电子和计算机技术的发展，软硬件结合的控制方式成为了主流，即通过程序产生控制脉冲，驱动硬件电路。单片机通过软件来控制步进电机，更好地挖掘出了电机的潜力。因此，用单片机控制步进电机已经成为了一种必然的趋势，也符合数字化的时代趋势。

2. 主要分类

步进电机从其结构形式上可分为反应式步进电机（Variable Reluctance，VR）、永磁式步进电机（Permanent Magnet，PM）、混合式步进电机（Hybrid Stepping，HS）、单相步进电机、平面步进电机等多种类型，在我国所采用的步进电机中以反应式步进电机为主。步进电机的运行性能与控制方式有密切的关系，步进电机控制系统从其控制方式来看，可以分为以下三类：开环控制系统、闭环控制系统和半闭环控制系统。半闭环控制系统在实际应用中一般归类于开环或闭环系统中。

(1) 反应式。定子上有绕组，转子由软磁材料组成。结构简单、成本低、步距角小，可达1.2°，但动态性能差、效率低、发热大，可靠性难保证。

(2) 永磁式。永磁式步进电机的转子用永磁材料制成，转子的极数与定子的极数相同。其特点是动态性能好、输出力矩大，但这种电机精度差，步矩角大（一般为7.5°或15°）。

(3) 混合式。混合式步进电机综合了反应式和永磁式的优点，其定子上有多相绕组，转子上采用永磁材料，转子和定子上均有多个小齿以提高步矩精度。其特点是输出力矩大、动态性能好，步距角小，但结构复杂、成本相对较高。

按定子上绕组来分，共有二相、三相和五相等系列。最受欢迎的是两相混合式步进电机，约占97%以上的市场份额，其原因是性价比高，配上细分驱动器后效果良好。该种

电机的基本步距角为1.8°/步，配上半步驱动器后，步距角减少为0.9°，配上细分驱动器后其步距角可细分达256倍（0.007°/微步）。由于摩擦力和制造精度等原因，实际控制精度略低。同一步进电机可配不同细分的驱动器以改变精度和效果。

3. 选择方法

判断需多大力矩：静扭矩是选择步进电机的主要参数之一。负载大时，需采用大力矩电机。力矩指标大时，电机外形也大。

判断电机运转速度：转速要求高时，应选相电流较大、电感较小的电机，以增加功率输入。且在选择驱动器时采用较高供电电压。

选择电机的安装规格：如57、86、110等，主要与力矩要求有关。确定定位精度和振动方面的要求情况：判断是否需细分，需多少细分。根据电机的电流、细分和供电电压选择驱动器。

4. 基本原理

（1）工作原理。通常电机的转子为永磁体，当电流流过定子绕组时，定子绕组产生一矢量磁场。该磁场会带动转子旋转一角度，使得转子的一对磁场方向与定子的磁场方向一致。当定子的矢量磁场旋转一个角度。转子也随着该磁场转一个角度。每输入一个电脉冲，电动机转动一个角度前进一步。它输出的角位移与输入的脉冲数成正比、转速与脉冲频率成正比。改变绕组通电的顺序，电机就会反转。所以可用控制脉冲数量、频率及电动机各相绕组的通电顺序来控制步进电机的转动。

（2）发热原理。通常见到的各类电机，内部都是有铁芯和绕组线圈的。绕组有电阻，通电会产生损耗，损耗大小与电阻和电流的平方成正比，这就是我们常说的铜损，如果电流不是标准的直流或正弦波，还会产生谐波损耗；铁芯有磁滞涡流效应，在交变磁场中也会产生损耗，其大小与材料、电流、频率、电压有关，这叫铁损。铜损和铁损都会以发热的形式表现出来，从而影响电机的效率。步进电机一般追求定位精度和力矩输出，效率比较低，电流一般比较大，且谐波成分高，电流交变的频率也随转速而变化，因而步进电机普遍存在发热情况，且情况比一般交流电机严重。

5. 主要构造

步进电机也称为步进器，它利用电磁学原理，将电能转换为机械能，人们早在20世纪20年代就开始使用这种电机。随着嵌入式系统（例如打印机、磁盘驱动器、玩具、雨刷、振动寻呼机、机械手臂和录像机等）的日益流行，步进电机的使用也开始暴增。不论在工业、军事、医疗、汽车还是娱乐业中，只要需要把某件物体从一个位置移动到另一个位置，步进电机就一定能派上用场。步进电机有许多种形状和尺寸，但不论形状和尺寸如何，它们都可以归为两类：可变磁阻步进电机和永磁步进电机。

步进电机是由一组缠绕在电机固定部件定子齿槽上的线圈驱动的。通常情况下，一根绕成圈状的金属丝称为螺线管，而在电机中，绕在齿上的金属丝则称为绕组、线圈或相。

（1）步进电机加减速过程控制技术。正因为步进电机的广泛应用，对步进电机的控制的研究也越来越多，在启动或加速时如果步进脉冲变化太快，转子由于惯性而跟随不上电信号的变化，产生堵转或失步在停止或减速时由于同样原因则可能产生超步。为防止堵转、失步和超步，提高工作频率，要对步进电机进行升降速控制。

步进电机的转速取决于脉冲频率、转子齿数和拍数。其角速度与脉冲频率成正比，而且在时间上与脉冲同步。因而在转子齿数和运行拍数一定的情况下，只要控制脉冲频率即可获得所需速度。由于步进电机是借助它的同步力矩而启动的，为了不发生失步，启动频率是不高的。特别是随着功率的增加，转子直径增大，惯量增大，启动频率和最高运行频率可能相差十倍之多。

步进电机的起动频率特性使步进电机启动时不能直接达到运行频率，而要有一个启动过程，即从一个低的转速逐渐升速到运行转速。停止时运行频率不能立即降为零，而要有一个高速逐渐降速到零的过程。

步进电机的输出力矩随着脉冲频率的上升而下降，启动频率越高，启动力矩就越小，带动负载的能力越差，启动时会造成失步，而在停止时又会发生过冲。要使步进电机快速地达到所要求的速度又不失步或过冲，其关键在于使加速过程中，加速度所要求的力矩既能充分利用各个运行频率下步进电机所提供的力矩，又不能超过这个力矩。因此，步进电机的运行一般要经过加速、匀速、减速三个阶段，要求加减速过程时间尽量的短，恒速时间尽量长。特别是在要求快速响应的工作中，从起点到终点运行的时间要求最短，这就必须要求加速、减速的过程最短，而恒速时的速度最高。

国内外的科技工作者对步进电机的速度控制技术进行了大量的研究，建立了多种加减速控制数学模型，如指数模型、线性模型等，并在此基础上设计开发了多种控制电路，改善了步进电机的运动特性，推广了步进电机的应用范围指数加减速考虑了步进电机固有的矩频特性，既能保证步进电机在运动中不失步，又充分发挥了电机的固有特性，缩短了升降速时间，但因电机负载的变化，很难实现因线性加减速仅考虑电机在负载能力范围的角速度与脉冲成正比这一关系，不因电源电压、负载环境的波动而变化的特性，这种升速方法的加速度是恒定的，其缺点是未充分考虑步进电机输出力矩随速度变化的特性，步进电机在高速时会发生失步。

（2）步进电机的细分驱动控制。步进电机由于受到自身制造工艺的限制，如步距角的大小由转子齿数和运行拍数决定，但转子齿数和运行拍数是有限的，因此步进电机的步距角一般较大并且是固定的，步进的分辨率低、缺乏灵活性、在低频运行时振动，噪声比其他微电机都高，使物理装置容易疲劳或损坏。这些缺点使步进电机只能应用在一些要求较低的场合，对要求较高的场合，只能采取闭环控制，增加了系统的复杂性，这些缺点严重限制了步进电机作为优良的开环控制组件的有效利用。细分驱动技术在一定程度上有效地克服了这些缺点。

步进电机细分驱动技术是 20 世纪 70 年代中期发展起来的一种可以显著改善步进电机综合使用性能的驱动技术。1975 年美国学者 T. R. Fredrik sen 首次在美国增量运动控制系统及器件年会上提出步进电机步距角细分的控制方法。在其后的二十多年里，步进电机细分驱动得到了很大的发展。逐步发展到 20 世纪 90 年代完全成熟的。我国对细分驱动技术的研究，起步时间与国外相差无几。

在 90 年代中期得到了较大的发展，主要应用在工业、航天、机器人、精密测量等领域，如跟踪卫星用光电经纬仪、军用仪器、通信和雷达等设备，细分驱动技术的广泛应用，使得电机的相数不受步距角的限制，为产品设计带来了方便。目前在步进电机的细分

驱动技术上，采用斩波恒流驱动、仪脉冲宽度调制驱动、电流矢量恒幅均匀旋转驱动，大大提高步进电机运行运转精度，使步进电机在中、小功率应用领域向高速且精密化的方向发展。

最初，对步进电机相电流的控制是由硬件来实现的，通常采用两种方法。采用多路功率开关电流供电，在绕组上进行电流叠加，这种方法使功率管损耗少，但由于路数多，所以器件多，体积大。

先对脉冲信号叠加，再经功率管线性放大，获得阶梯形电流，优点是所用器件少，但功率管功耗大，系统功率低，如果管子工作在非线性区会引起失真是由于本身不可克服的缺点，因此目前已很少采用这两类方法。

6. 指标术语

(1) 静态指标术语。

1) 相数：产生不同对极 N、S 磁场的激磁线圈对数，常用 m 表示。

2) 拍数：完成一个磁场周期性变化所需脉冲数或导电状态用 n 表示，或指电机转过一个齿距角所需脉冲数，以四相电机为例，有四相四拍运行方式即 AB－BC－CD－DA－AB，四相八拍运行方式即 A－AB－B－BC－C－CD－D－DA－A。

3) 步距角：对应一个脉冲信号，电机转子转过的角位移用 θ 表示，$\theta=360°/$(转子齿数＊运行拍数)，以常规二相、四相，转子齿为 50 齿电机为例，四拍运行时步距角为 $\theta=360°/(50*4)=1.8°$（俗称整步），八拍运行时步距角为 $\theta=360°/(50*8)=0.9°$（俗称半步）。

4) 定位转矩：电机在不通电状态下，电机转子自身的锁定力矩（由磁场齿形的谐波以及机械误差造成的）。

5) 静转矩：电机在额定静态电压作用下，电机不作旋转运动时，电机转轴的锁定力矩。此力矩是衡量电机体积的标准，与驱动电压及驱动电源等无关。虽然静转矩与电磁激磁安匝数成正比，与定齿转子间的气隙有关，但过分采用减小气隙，增加激磁安匝来提高静力矩是不可取的，这样会造成电机的发热及机械噪声。

(2) 动态指标术语。

1) 步距角精度：步进电机每转过一个步距角的实际值与理论值的误差。用百分比表示：误差/步距角＊100%。不同运行拍数其值不同，四拍运行时应在 5%之内，八拍运行时应在 15%以内。

2) 失步：电机运转时运转的步数，不等于理论上的步数，称之为失步。

3) 失调角：转子齿轴线偏移定子齿轴线的角度，电机运转必存在失调角，由失调角产生的误差，采用细分驱动是不能解决的。

4) 最大空载起动频率：电机在某种驱动形式、电压及额定电流下，在不加负载的情况下，能够直接起动的最大频率。

5) 最大空载的运行频率：电机在某种驱动形式，电压及额定电流下，电机不带负载的最高转速频率。

6) 运行矩频特性：电机在某种测试条件下测得运行中输出力矩与频率关系的曲线称为运行矩频特性，这是电机诸多动态曲线中最重要的，也是电机选择的根本依据。其他特

性还有惯频特性、起动频率特性等。电机一旦选定，电机的静力矩确定，而动态力矩却不然，电机的动态力矩取决于电机运行时的平均电流（而非静态电流），平均电流越大，电机输出力矩越大，即电机的频率特性越硬。要使平均电流大，尽可能提高驱动电压，采用小电感大电流的电机。

7）电机的共振点：步进电机均有固定的共振区域，二相、四相感应子式的共振区一般在 180～250pps（步距角 1.8°）或在 400pps 左右（步距角为 0.9°），电机驱动电压越高，电机电流越大，负载越轻，电机体积越小，则共振区向上偏移，反之亦然，为使电机输出电矩大，不失步和整个系统的噪声降低，一般工作点均应偏移共振区较多。

8）电机正反转控制：当电机绕组通电时序为 AB－BC－CD－DA 或（）时为正转，通电时序为 DA－CD－BC－AB 或（）时为反转。

7．特点特性

（1）主要特点。

1）一般步进电机的精度为步进角的 3%～5%，且不累积。

2）步进电机外表允许的最高温度。步进电机温度过高首先会使电机的磁性材料退磁从而导致力矩下降乃至于失步，因此电机外表允许的最高温度应取决于不同电机磁性材料的退磁点；一般来讲，磁性材料的退磁点都在 130℃以上，有的甚至高达 200℃以上，所以步进电机外表温度在 80～90℃完全正常。

3）步进电机的力矩会随转速的升高而下降。当步进电机转动时，电机各相绕组的电感将形成一个反向电动势；频率越高，反向电动势越大。在它的作用下，电机随频率（或速度）的增大而相电流减小，从而导致力矩下降。

4）步进电机低速时可以正常运转，但若高于一定速度就无法启动，并伴有啸叫声。步进电机有一个技术参数：空载启动频率，即步进电机在空载情况下能够正常启动的脉冲频率，如果脉冲频率高于该值，电机不能正常启动，可能发生失步或堵转。在有负载的情况下，启动频率应更低。如果要使电机达到高速转动，脉冲频率应该有加速过程，即启动频率较低，然后按一定加速度升到所希望的高频（电机转速从低速升到高速）。

步进电动机以其显著的特点，在数字化制造时代发挥着重大的用途。伴随着不同的数字化技术的发展以及步进电机本身技术的提高，步进电机将会在更多的领域得到应用。

（2）主要特性。

1）步进电机必须加驱动才可以运转，驱动信号必须为脉冲信号，没有脉冲的时候，步进电机静止，如果加入适当的脉冲信号，就会以一定的角度（称为步角）转动。转动的速度和脉冲的频率成正比。

2）三相步进电机的步进角度为 7.5°，一圈 360°，需要 48 个脉冲完成。

3）步进电机具有瞬间启动和急速停止的优越特性。

4）改变脉冲的顺序，可以方便的改变转动的方向。

因此，打印机、绘图仪、机器人等设备都以步进电机为动力核心。

8．步进电机控制策略

（1）PID 控制。PID 控制作为一种简单而实用的控制方法，在步进电机驱动中获得了广泛的应用。它根据给定值 $r(t)$ 与实际输出值 $c(t)$ 构成控制偏差 $e(t)$，将偏差的比例、

积分和微分通过线性组合构成控制量，对被控对象进行控制。文献将集成位置传感器用于二相混合式步进电机中，以位置检测器和矢量控制为基础，设计出了一个可自动调节的PI速度控制器，此控制器在变工况的条件下能提供令人满意的瞬态特性。文献根据步进电机的数学模型，设计了步进电机的PID控制系统，采用PID控制算法得到控制量，从而控制电机向指定位置运动。最后，通过仿真验证了该控制具有较好的动态响应特性。采用PID控制器具有结构简单、鲁棒性强、可靠性高等优点，但是它无法有效应对系统中的不确定信息。

目前，PID控制更多的是与其他控制策略相结合，形成带有智能的新型复合控制。这种智能复合型控制具有自学习、自适应、自组织的能力，能够自动辨识被控过程参数，自动整定控制参数，适应被控过程参数的变化，同时又具有常规PID控制器的特点。

（2）自适应控制。自适应控制是在20世纪50年代发展起来的自动控制领域的一个分支。它是随着控制对象的复杂化，当动态特性不可知或发生不可预测的变化时，为得到高性能的控制器而产生的。其主要优点是容易实现和自适应速度快，能有效地克服电机模型参数的缓慢变化所引起的影响，是输出信号跟踪参考信号。根据步进电机的线性或近似线性模型推导出了全局稳定的自适应控制算法，这些控制算法都严重依赖于电机模型参数。将闭环反馈控制与自适应控制结合来检测转子的位置和速度，通过反馈和自适应处理，按照优化的升降运行曲线，自动地发出驱动的脉冲串，提高了电机的拖动力矩特性，同时使电机获得更精确的位置控制和较高较平稳的转速。

目前，很多学者将自适应控制与其他控制方法相结合，以解决单纯自适应控制的不足。文献设计的鲁棒自适应低速伺服控制器，确保了转动脉矩的最大化补偿及伺服系统低速高精度的跟踪控制性能。文献实现的自适应模糊PID控制器可以根据输入误差和误差变化率的变化，通过模糊推理在线调整PID参数，实现对步进电机的自适应控制，从而有效地提高系统的响应时间、计算精度和抗干扰性。

（3）矢量控制。矢量控制是现代电机高性能控制的理论基础，可以改善电机的转矩控制性能。它通过磁场定向将定子电流分为励磁分量和转矩分量分别加以控制，从而获得良好的解耦特性，因此，矢量控制既需要控制定子电流的幅值，又需要控制电流的相位。由于步进电机不仅存在主电磁转矩，还有由于双凸结构产生的磁阻转矩，且内部磁场结构复杂，非线性较一般电机严重得多，所以它的矢量控制也较为复杂。系统中使用传感器检测电机的绕组电流和转自位置，用PWM方式控制电机绕组电流。推导出基于磁网络的二相混合式步进电机模型，给出了其矢量控制位置伺服系统的结构，采用神经网络模型参考自适应控制策略对系统中的不确定因素进行实时补偿，通过最大转矩/电流矢量控制实现电机的高效控制。

（4）智能控制的应用。智能控制不依赖或不完全依赖控制对象的数学模型，只按实际效果进行控制，在控制中有能力考虑系统的不确定性和精确性，突破了传统控制必须基于数学模型的框架。目前，智能控制在步进电机系统中应用较为成熟的是模糊控制、神经网络控制和智能控制的集成。

1）模糊控制。模糊控制就是在被控制对象的模糊模型的基础上，运用模糊控制器的近似推理等手段，实现系统控制的方法。作为一种直接模拟人类思维结果的控制方式，模糊控制已广泛应用于工业控制领域。与常规控制相比，模糊控制无须精确的数学模型，具有较强的鲁棒性、自适应性，因此适用于非线性、时变、时滞系统的控制。

2）神经网络控制。神经网络是利用大量的神经元按一定的拓扑结构和学习调整的方法。它可以充分逼近任意复杂的非线性系统，能够学习和自适应未知或不确定的系统，具有很强的鲁棒性和容错性，因而在步进电机系统中得到了广泛的应用。

9. 测速方法

步进电机是将脉冲信号转换为角位移或线位移。

（1）过载性好。其转速不受负载大小的影响，不像普通电机，当负载加大时就会出现速度下降的情况，步进电机使用时对速度和位置都有严格要求。

（2）控制方便。步进电机是以“步”为单位旋转的，数字特征比较明显。

（3）整机结构简单。传统的机械速度和位置控制结构比较复杂，调整困难，使用步进电机后，使得整机的结构变得简单和紧凑。测速电机是将转速转换成电压，并传递到输入端作为反馈信号。测速电机为一种辅助型电机，在普通直流电机的尾端安装测速电机，通过测速电机所产生的电压反馈给直流电源来达到控制直流电机转速的目的。

10. 优势及缺陷

（1）优点。

1）电机旋转的角度正比于脉冲数。

2）电机停转的时候具有最大的转矩（当绕组激磁时）。

3）由于每步的精度在 3%～5%，而且不会将一步的误差积累到下一步因而有较好的位置精度和运动的重复性。

4）优秀的起停和反转响应。

5）由于没有电刷，可靠性较高，因此电机的寿命仅仅取决于轴承的寿命。

6）电机的响应仅由数字输入脉冲确定，因而可以采用开环控制，这使得电机的结构可以比较简单而且控制成本。

7）仅仅将负载直接连接到电机的转轴上也可以极低速的同步旋转。

8）由于速度正比于脉冲频率，因而有比较宽的转速范围。

（2）缺陷。

1）如果控制不当容易产生共振。

2）难以运转到较高的转速。

3）难以获得较大的转矩。

4）在体积重量方面没有优势，能源利用率低。

5）超过负载时会破坏同步，高速工作时会发出振动和噪声。

11. 驱动方法

步进电机不能直接接到工频交流或直流电源上工作，而必须使用专用的步进电动机驱动器，它由脉冲发生控制单元、功率驱动单元、保护单元等组成。驱动单元与步进电动机直接耦合，也可理解成步进电动机微机控制器的功率接口。

12. 驱动要求

（1）能够提供较快的电流上升和下降速度，使电流波形尽量接近矩形。具有供截止期

间释放电流流通的回路，以降低绕组两端的反电动势，加快电流衰减。

（2）具有较高韵功率及效率。步进电机驱动器，它是把控制系统发出的脉冲信号转化为步进电机的角位移，或者说：控制系统每发一个脉冲信号，通过驱动器就使步进电机旋转一个步距角。也就是说步进电机的转速与脉冲信号的频率成正比。所以控制步进脉冲信号的频率，就可以对电机精确调速；控制步进脉冲的个数，就可以对电机精确定位。步进电机驱动器有很多，应以实际的功率要求合理地选择驱动器。

13. 电机选择

步进电机有步距角（涉及相数）、静转矩及电流三大要素组成。一旦三大要素确定，步进电机的型号便确定下来了。

（1）步距角的选择。电机的步距角取决于负载精度的要求，将负载的最小分辨率（当量）换算到电机轴上，每个当量电机应走多少角度（包括减速）。电机的步距角应等于或小于此角度。市场上步进电机的步距角一般有 0.36°/0.72°（五相电机）、0.9°/1.8°（二相、四相电机）、1.5°/3°（三相电机）等。

（2）静力矩的选择。步进电机的动态力矩一下子很难确定，往往先确定电机的静力矩。静力矩选择的依据是电机工作的负载，而负载可分为惯性负载和摩擦负载两种。单一的惯性负载和单一的摩擦负载是不存在的。直接起动时（一般由低速）时两种负载均要考虑，加速起动时主要考虑惯性负载，恒速运行进只要考虑摩擦负载。一般情况下，静力矩应为摩擦负载的2～3 倍好，静力矩一旦选定，电机的机座及长度便能确定下来（几何尺寸）。

（3）电流的选择。静力矩一样的电机，由于电流参数不同，其运行特性差别很大，可依据矩频特性曲线图，判断电机的电流。

14. 注意事项

（1）步进电机应用于低速场合——每分钟转速不超过 1000 转，（0.9°时 6666pps），最好在 1000～3000pps（0.9°）间使用，可通过减速装置使其在此间工作，此时电机工作效率高，噪声低。

（2）步进电机最好不使用整步状态，整步状态时振动大。

（3）由于历史原因，只有标称为 12V 电压的电机使用 12V 外，其他电机的电压值不是驱动电压伏值，可根据驱动器选择驱动电压（建议：57BYG 采用直流 24～36V，86BYG 采用直流 50V，110BYG 采用高于直流 80V），当然 12V 的电压除 12V 恒压驱动外也可以采用其他驱动电源，不过要考虑温升。

（4）转动惯量大的负载应选择大机座号电机。

（5）电机在较高速或大惯量负载时，一般不在工作速度启动，而采用逐渐升频提速，一电机不失步，二可以减少噪声同时可以提高停止的定位精度。

（6）高精度时，应通过机械减速、提高电机速度或采用高细分数的驱动器来解决，也可以采用五相电机，不过其整个系统的价格较贵，生产厂家少，其被淘汰的说法是外行话。

（7）电机不应在振动区内工作，如若必须可通过改变电压、电流或加一些阻尼的解决。

（8）电机在 600pps（0.9°）以下工作，应采用小电流、大电感、低电压来驱动。

（9）应遵循先选电机后选驱动的原则。

【挑战自我】

尝试用 L298N 驱动步进电机、调速、控制等。

5.8　舵机的控制

【任务导航】

（1）认识舵机。

（2）搭建舵机与 Arduino 硬件电路。

（3）制作用按键控制 LED 的亮灭。

【材料阅读】

舵机，又称伺服马达，是一种具有闭环控制系统的机电结构。舵机主要是由外壳、电路板、无核心马达、齿轮与位置检测器所构成。其工作原理是由控制器发出脉冲宽度调制信号给舵机，经电路板上的 IC 处理后计算出转动方向，再驱动无核心马达转动，透过减速齿轮将动力传至摆臂，同时由位置检测器（电位器）返回位置信号，判断是否已经到达设定位置，一般舵机只能旋转 180°。

舵机有 3 根线，棕色为地，红色为电源正，橙色为信号线，如图 5.67 所示；但不同牌子的舵机，线的颜色可能不同。

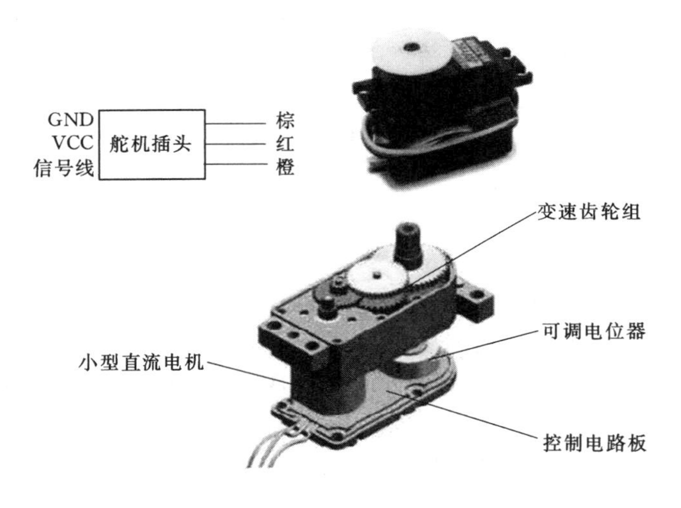

图 5.67　舵机线的颜色示意图

控制信号由接收机的通道进入信号调制芯片，获得直流偏置电压。它内部有一个基准电路，产生周期为 20ms，宽度为 1.5ms 的基准信号，将获得的直流偏置电压与电位器的电压比较，获得电压差输出。最后，电压差的正负输出到电机驱动芯片决定电机的正反转。当电机转速一定时，通过级联减速齿轮带动电位器旋转，使得电压差为 0，电机停止转动，如图 5.68 所示。

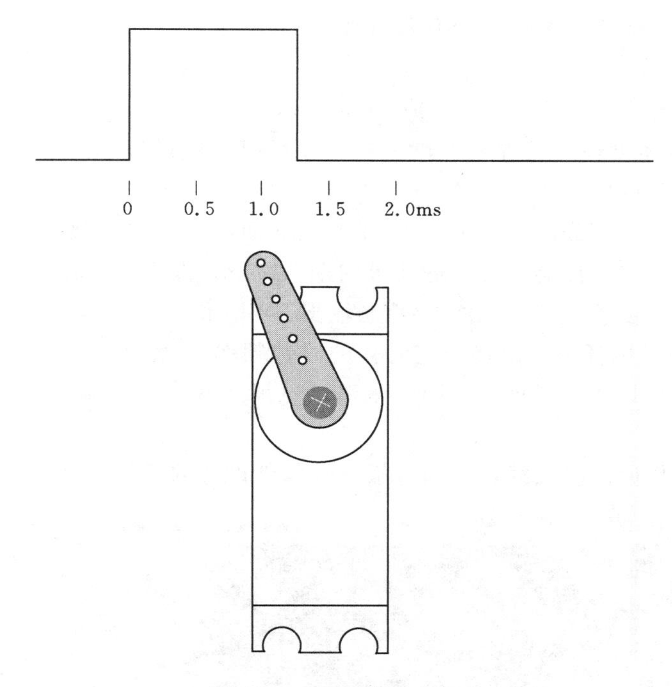

图 5.68 舵机转动时序图

舵机的控制一般需要一个 20ms 左右的时基脉冲，该脉冲的高电平部分一般为0.5～2.5ms 范围内的角度控制脉冲部分，总间隔为 2ms。以 180°角度伺服为例，对应的控制关系是这样的：0.5ms 为 0°；1.0ms 为 45°；1.5ms 为 90°；2.0ms 为 135°；2.5ms 为 180°；

舵机的追随特性：假设现在舵机稳定在 A 点，这时候 CPU 发出一个 PWM 信号，舵机全速由 A 点转向 B 点，在这个过程中需要一段时间，舵机才能运动到 B 点，如图 5.69 所示。

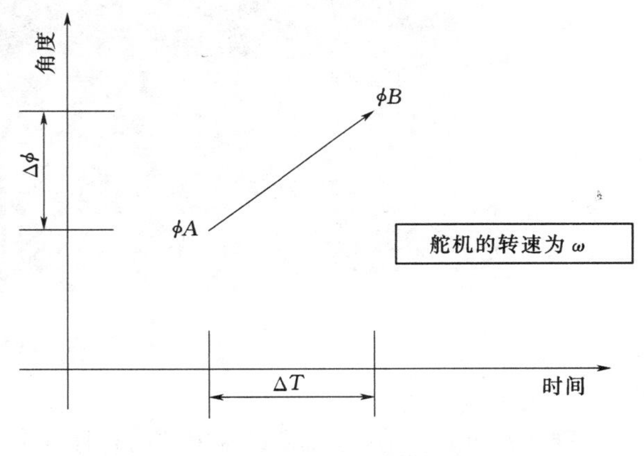

图 5.69 舵机追随特性图

持时间为 T_w：

当 $T_w \geqslant \Delta T$ 时，舵机能够到达目标，并有剩余时间；

当 $T_w \leqslant \Delta T$ 时，舵机不能到达目标；

理论上：当 $T_w = \Delta T$ 时，系统最连贯，而且舵机运动的最快。

实际过程中 ω 不尽相同，连贯运动时的极限 ΔT 比较难以计算出来。

假如舵机 1DIV＝8μs，当 PWM 信号以最小变化量即（1DIV＝8μs）依次变化时，舵机的分辨率最高，但是速度会减慢。

【动手操作】

主题：Arduino 控制舵机

器材：Arduino 板子、舵机、USB 数据线

1. 硬件搭建

小型舵机的工作电压一般为 4.8V 或 6V，转速也不是很快，一般为 0.22/60°或 0.18/60°，所以假如更改角度控制脉冲的宽度太快时，舵机可能反应不过来。如果需要更快速的反应，就需要更高的转速了。

机上有三根线，分别为 VCC、GND、信号线。而不需要另外接驱动模块，直接用单片机的管脚控制就行了。控制信号一般要求周期为 20ms 的 PWM 信号。如果要更为精确地控制舵机（转动角度差≤1°），则需要控制输出 PWM 信号的占空比，例如我可以把 0～180 分为 1024 份（可以任取，决定与定时器的时钟频率），范围为 0.5～2.5ms 则可以得到 0.09°/μs，因此可以由 PWM=0.5+N∗0.09（N 是角度）控制舵机转动 0～180°间的任意角度。

根据舵机的工作原理和接线，用面包板连线软件设计的硬件电路，如图 5.70 所示。

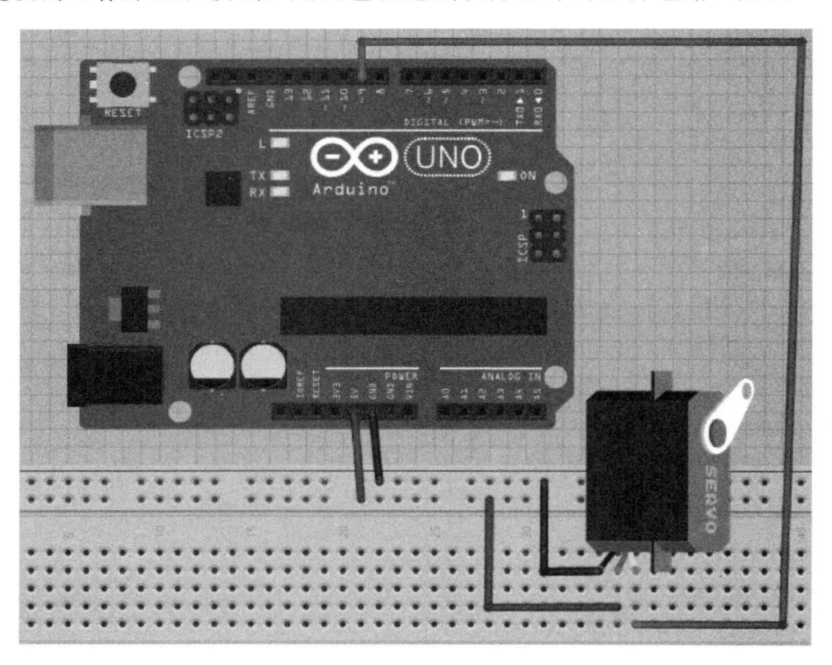

图 5.70　硬件连接图

2. 程序讲解

按键 Arduino 控制舵机转到需用到的程序语句与函数：

#include 〈Servo. h〉：载入 Servo. h 库文件。先具体分析一下 Arduino 自带的 Servo 函数及其语句，来介绍一下舵机函数的几个常用语句。

attach(接口)——设定舵机的接口，只有数字 9 或 10 接口可利用。

write(角度)——用于设定舵机旋转角度的语句，可设定的角度范围是 0°～180°。

read()——用于读取舵机角度的语句，可理解为读取最后一条 write()命令中的值。

attached()——判断舵机参数是否已发送到舵机所在接口。

detach()——使舵机与其接口分离，该接口(数字 9 或 10 接口)可继续被用作 PWM 接口。

注意：以上语句的书写格式均为“舵机变量名．具体语句()”例如：myservo. attach(9)。仍然将舵机接在数字 9 接口上即可。

Servo myservo：建立一个舵机对象，名称为 myservo。

myservo. attach(9)：将引脚 9 上的舵机与舵机对象连接起来。

myservo. write(pos)：//写角度到舵机代码位置。

for 语句：for 循环是编程语言中一种开界的循环语句，而循环语句由循环体及循环的终止条件两部分组成。

void setup()：初始化变量，管脚模式，调用库函数等。

void loop()：连续执行函数内的语句。

根据上面的语句编写程序如下：

```
#include<Servo.h>                //载入 Servo.h 库文件
Servo myservo;                   //建立一个舵机对象，名称为 myservo
int pos = 0;                     //定义一个变量 pos，并赋值为 0
void setup()
{
  myservo.attach(9);             //将引脚 9 上的舵机与舵机对象连接起来
}
void loop()
{
  for(pos = 0;pos <= 180;pos ++)//角度从 0 自加 1 到 180
  {
    myservo.write(pos);          //写角度到舵机代码位置
    delay(15);
  }
  for(pos = 180;pos>=0;pos--) //角度从 180 自减 1 到 0
  {
    myservo.write(pos);          //写角度到舵机代码位置
    delay(15);
  }
}
```

在下载程序之前，要查看板卡和端口号是否正确，然后下载程序观察实验效果，舵机会自动从－90°转动到 90°，再从 90°转动到－90°。注意当 Arduino UNO 控制器连接到电脑供电时，舵机会自动归回中间位置

【探究思考】

学习了 Arduino 的简单程序直接控制舵机，这里让大家思考怎么通过旋转角度电位器来控制舵机，当电位器旋转了一定的角度时，让舵机可以同时旋转相应的角度？

【视野拓展】

舵　　机

舵机是一种位置（角度）伺服的驱动器，适用于那些需要角度不断变化并可以保持的控制系统。舵机是船舶上的一种大甲板机械。如图 5.71 所示为舵机实物。

舵机的大小由外舾装按照船级社的规范决定，选型时主要考虑扭矩大小。如何审慎地

图 5.71　舵机实物

选择经济且合乎需求的舵机，也是一门不可轻忽的学问。

1. 概述

舵机是一种位置（角度）伺服的驱动器，适用于那些需要角度不断变化并可以保持的控制系统。目前，在高档遥控玩具，如飞机、潜艇模型，遥控机器人中已经得到了普遍应用。

舵机是船舶上的一种大甲板机械。舵机的大小由外舾装按照船级社的规范决定，选型时主要考虑扭矩大小。

在航天方面，舵机应用广泛。导弹姿态变换的俯仰、偏航、滚转运动都是靠舵机相互配合完成的。舵机在许多工程上都有应用，不仅限于船舶。

2. 类型

船用舵机目前多用电液式，即液压设备由电动设备进行遥控操作。有两种类型：一种是往复柱塞式舵机，其原理是通过高低压油的转换而做功产生直线运动，并通过舵柄转换成旋转运动，另一种是转叶式舵机，其原理是高低压油直接作用于转子，体积小而高效，但成本较高。

3. 差别

往复柱塞式舵机以上舵承来承重舵系，下舵承来定位，舵柄的压入量仅几毫米；而转叶式舵机不需要上舵承，由舵机直接承重，但是在舵机平台需要考虑水密性，舵柄的压入量需几十毫米。往复柱塞式舵机对尺寸的要求较大。往复柱塞式舵机可以向一舷偏转不到 40°，转叶式舵机可达 70°。液压系统作用是高、低压转换，将压力损失转化为机械运动。包括：①高压泵组（提供压力油）；②控制、操作设备；③执行机构（油马达，油缸柱塞等）。

4. 遥控模型

舵机是遥控航空、航天模型控制动作，改变方向的重要组成，不同类型的遥控模型所需的舵机种类也不同。如何审慎地选择经济且合乎需求的舵机，也是一门不可轻忽的学问。

舵机主要适用于那些需要角度不断变化并可以保持的控制系统，比如人形机器人的手臂和腿，车模和航模的方向控制。舵机的控制信号实际上是一个脉冲宽度调制信号，该信号可由 FP－GA 器件、模拟电路或单片机产生。

5. 构造

舵机主要是由舵机电路板、角度传感器、混合齿轮、轴承、直流电机等元件所构成，如图 5.72 所示。其工作原理是由接收机发出讯号给舵机，经由电路板上的 IC 驱动无核心马达开始转动，透过减速齿轮将动力传至摆臂，同时由位置检测器送回讯号，判断是否已经到达定位。位置检测器其实就是可变电阻，当舵机转动时电阻值也会随之改变，借由检

测电阻值便可知转动的角度。一般的伺服马达是将细铜线缠绕在三极转子上，当电流流经线圈时便会产生磁场，与转子外围的磁铁产生排斥作用，进而产生转动的作用力。依据物理学原理，物体的转动惯量与质量成正比，因此要转动质量越大的物体，所需的作用力也越大。舵机为求转速快、耗电小，于是将细铜线缠绕成极薄的中空圆柱体，形成一个重量极轻的无极中空转子，并将磁铁置于圆柱体内，这就是空心杯马达。

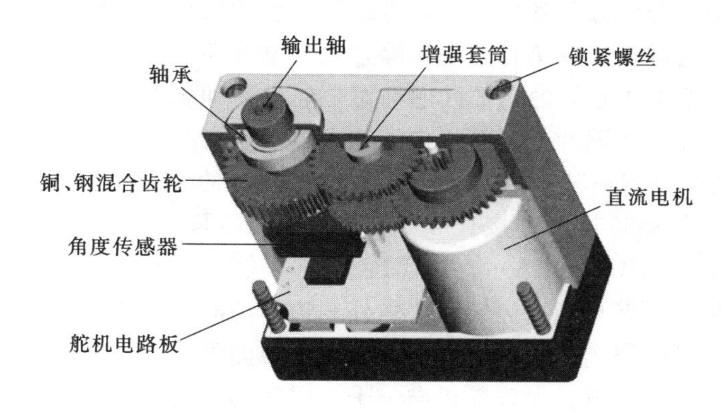

图 5.72　舵机构造图

为了适合不同的工作环境，有防水及防尘设计的舵机；并且因应不同的负载需求，舵机的齿轮有塑胶及金属之分，金属齿轮的舵机一般皆为大扭力及高速型，具有齿轮不会因负载过大而崩牙的优点。较高级的舵机会装置滚珠轴承，使得转动时能更轻快精准。滚珠轴承有一颗及二颗的区别，当然是二颗的比较好。目前新推出的 FET 舵机，主要是采用 FET 场效电晶体。FET 具有内阻低的优点，因此电流损耗比一般电晶体少。

6. 规格

厂商所提供的舵机规格资料，都会包含外形尺寸（mm）、扭力（kg/cm）、速度（秒/60°）、测试电压（V）及重量（g）等基本资料。扭力的单位是 kg/cm，意思是在摆臂长度 1 公分处，能吊起几公斤重的物体。这就是力臂的观念，因此摆臂长度越长，则扭力越小。速度的单位是 s/60°，意思是舵机转动 60°所需要的时间。

电压会直接影响舵机的性能，例如 Futaba S－9001 在 4.8V 时扭力为 3.9kg/cm、速度为 0.22s/60°，在 6.0V 时扭力为 5.2kg/cm、速度为 0.18s/60°。若无特别注明，JR 的舵机都是以 4.8V 为测试电压，Futaba 则是以 6.0V 作为测试电压。速度快、扭力大的舵机，除了价格贵，还会伴随着高耗电的特点。因此使用高级的舵机时，务必搭配高品质、高容量的锂电池，能提供稳定且充裕的电流，才可发挥舵机应有的性能。

7. 故障修理

舵机故障诊断对于提高飞行安全十分关键，而故障的漏检和虚警则直接关系到飞行器的安全和飞行品质。近年来，国内外较为深入地研究了对过程建模的故障检测方法，主要包括参数估计法、状态观测法以及等价空间法等。

舵机一般故障判断：

（1）炸机后舵机电机狂转、舵盘摇臂不受控制、摇臂打滑可以断定：齿轮扫齿了，需更换齿轮。

(2) 炸机后舵机一致性锐减，现象是炸坏的舵机反应迟钝，发热严重，但是可以随着控的指令运行，但是舵量很小很慢基本断定：舵机电机过流了，拆下电机后发现电机空载电流很大（大于 150MA），失去完好的性能（完好电机空载电流不大于 60～90MA），换舵机电机。

(3) 炸机后舵机打舵后无任何反应基本确定舵机电子回路断路、接触不良或舵机的电机、电路板的驱动部分烧毁导致的，先检查线路，包括插头，电机引线和舵机引线是否有断路现象，如果没有的话，就进行逐一排除，先将电机卸下测试空载电流，如果空载电流小于 90MA，则说明电机是好的，那问题绝对是舵机驱动烧坏了，9～13 克微型舵机电路板上面就有 2 个或 4 个小贴片三极管，换掉就可以了，有 2 个三极管的那肯定是用 Y2 或 IY 直接代换，也就是 SS8550，如果是有 4 个三极管的 H 桥电路，则直接用 2 个 Y1（SS8050）和 2 个（SS8550）直接代换，65MG 的 UYR 用 Y 1（SS8050 IC＝1.5A）；UXR 用 Y2（SS8550，IC＝1.5A）直接代换。

(4) 舵机故障是摇臂只能一边转动，另外一边不动的话判断：舵机电机是好的，主要检查驱动部分，有可能烧了一边的驱动三极管，更换即可。

(5) 维修好舵机后通电，发现舵机向一个方向转动后就卡住不动了，舵机吱吱地响说明舵机电机的正负极或电位器的端线接错了，电机的两个接线倒个方向就可以了。

(6) 崭新的舵机买回来后，通电发现舵机狂抖，但用一下控的摇臂后，舵机一切正常说明舵机在出厂的时候装配不当或齿轮精度不够，这个故障一般发生在金属舵机上面，如果不想退货或者更换的话，自行解决的方法：卸下舵机后盖，将舵机电机与舵机减速齿轮分离后，在齿轮之间挤点牙膏，上好舵机齿轮顶盖，上好减速箱螺丝后，安上舵机摇臂，用手反复旋转摇臂碾磨金属舵机齿轮，直至齿轮运转顺滑、齿轮摩擦噪声减小后，将舵机齿轮卸下汽油清洗后，装齿轮上硅油组装好舵机，即可解决舵机故障。

(7) 有一种故障舵机表现很古怪：摇动控的遥感，舵机有正常的反应，但是固定控的遥感某一位置后，故障舵机摇臂还在慢慢的运行，或者摇臂动作拖泥带水，并来回动作，经过多次维修后发现问题所在：应该紧密卡在舵机末级齿轮中电位器的金属转柄，与舵机摇臂大齿轮（末级）结合不紧，甚至发生打滑现象，导致舵机无法正确寻找控发出的位置指令，反馈不准，不停寻找导致的，解决了电位器与摇臂齿轮的紧密结合后，故障可以排除。按照改方法检修后故障仍旧存在的话，也有可能是舵机电机的问题或电位器的问题，需要综合分析逐一排查。

(8) 故障舵机不停的抖舵，排除无线电干扰，动控摇臂仍旧抖动的话就是电位器老化，直接报废掉。

(9) 数码斜盘舵机装机过后发现舵机运行不正常，快慢不一，退回厂家，后来换回 3 个后还是一致性差，最后才知道是什么原因，有些数码舵机对 BEC 要求，加装 5V3A 外置 BEC 后，故障排除，与舵机质量无关。

【挑战自我】

请同学们通过旋转角度电位器来控制舵机，当电位器旋转了一定的角度时，让舵机可以同时旋转相应的角度。

5.9 LCD1602 字符液晶显示

【任务导航】

(1) 认识 LCD1602 字符液晶。

(2) 搭建 Arduino 与 LCD1602 字符液晶硬件电路。

(3) 制作用 LCD1602 字符液晶显示字符。

【材料阅读】

LCD1602 液晶在应用中非常广泛，最初的 LCD1602 液晶使用的是 HD44780 控制器，现在各个厂家的 1602 模块基本上都是采用了与之兼容的 IC，所以特性上基本都是一致的。

(1) LCD1602 主要技术参数。

显示容量为 16×2 个字符。

芯片工作电压为 4.5～5.5V。

工作电流为 2.0mA(5.0V)。

模块最佳工作电压为 5.0V。

字符尺寸为 2.95×4.35($W \times H$)mm。

(2) LCD1602 液晶接口引脚定义，见表 5.7。

表 5.7　　LCD1602 液晶接口引脚

编号	符号	引脚说明	编号	符号	引脚说明
1	VSS	电源地	9	D2	Date I/O
2	VDD	电源正极	10	D3	Date I/O
3	VL	液晶显示偏压信号	11	D4	Date I/O
4	RS	数据/命令选择端 (V/L)	12	D5	Date I/O
5	R/W	读/写选择端 (H/L)	13	D6	Date I/O
6	E	使能信号	14	D7	Date I/O
7	D0	Date I/O	15	BLA	背光源正极
8	D1	Date I/O	16	BLK	背光源负极

(3) 接口说明。

1) 两组电源：一组是模块的电源；另一组是背光板的电源　一般均使用 5V 供电。本次试验背光使用 3.3V 供电也可以工作。

2) VL 是调节对比度的引脚，串联不大于 5kΩ 的电位器进行调节。本次实验使用 1kΩ 的电阻来设定对比度。其连接分高电位与低电位接法，本次使用低电位接法，串联 1kΩ 电阻后接 GND。

注意：不同液晶的对比度电阻是不同的，最好是接一个电位器进行测试，本次实验使用的 1kΩ 电阻在其他液晶上不一定正确。

3) RS 是很多液晶上都有的引脚，是命令/数据选择引脚，该脚电平为高时表示将进行数据操作；为低时表示进行命令操作。

4）RW 也是很多液晶上都有的引脚，是读写选择端，该脚电平为高是表示要对液晶进行读操作；为低时表示要进行写操作。

5）E 同样很多液晶模块有此引脚，通常在总线上信号稳定后给一正脉冲通知把数据读走，在此脚为高电平的时候总线不允许变化。

6）D0～D7 8 位双向并行总线，用来传送命令和数据。

7）BLA 是背光源正极，BLK 是背光源负极。

（4）LCD1602 液晶的基本操作分以下四种，见表 5.8。

表 5.8　LCD1602 液晶的基本操作

读状态	输入	RS=L，R/W=H，E=H	输出	D0～D7=状态字
写指令	输入	RS=L，R/W=L，D0～D7=指令码，E=高脉冲	输出	无
读数据	输入	RS=H，R/W=H，E=H	输出	D0～D7=数据
写数据	输入	RS=H，R/W=L，D0～D7=数据，E=高脉冲	输出	无

（5）LCD1602 液晶实物图如图 5.73 所示。

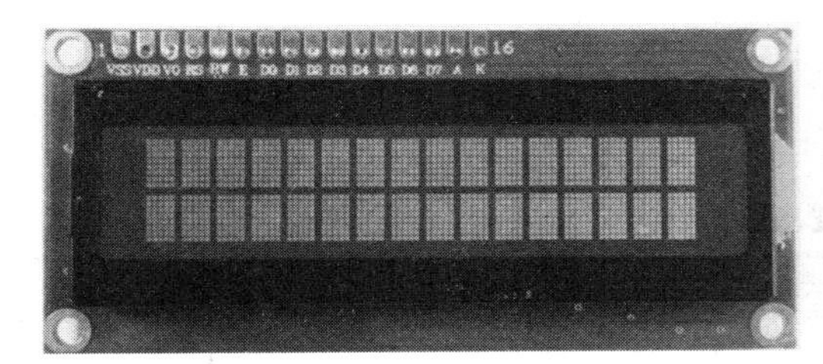

图 5.73　LCD1602 液晶实物图

【动手操作】

主题一：Arduino 控制 LCD1602 字符液晶显示字符（并口）

器材：Arduino 板子、LCD1602 字符液晶、USB 数据线

1. 硬件搭建

根据上述材料阅读及相关资料，用面包板连线软件设计的硬件电路如图 5.74 所示。

LCD1602 字符液晶是最常用的一种，很具有代表性，LCD1602 液晶分 4 总线和 8 总线两种驱动方式（关于该液晶的详细资料，大家可以自己搜索，这里就不做详细说明了）。本实验采用的是 8 线并口接线方法。

需要注意的是，液晶根据不同的颜色不同的型号，对比度（VEE）调节电压也不同，一般都需要接个电位器进行调节，本实验直接使用了一个固定的电阻，阻值 10K。

2. 程序讲解

用单片机驱动 1602 液晶，使用并口操作很容易就驱动起来了，但使用 Arduino 板驱动 1602 液晶，还真有点费劲，因为他只能位操作。根据官方网站提供的例程，很容易看出他们使用的是最常用的 8 总线驱动方式，然而巧妙的使用 for 循环语句完成了位操作的赋值。来看看官方的工程代码：

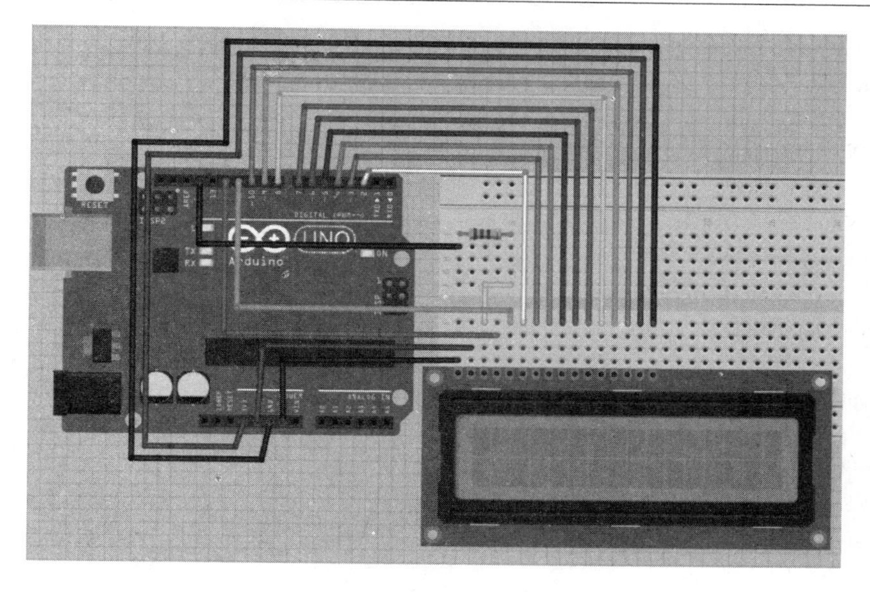

图 5.74　硬件连接图

```
int DI = 12;
int RW = 11;
int DB[] = {3,4,5,6,7,8,9,10};  //使用数组来定义总线需要的管脚
int Enable = 2;
void LcdCommandWrite(int value)  //定义所有引脚
{
  int i = 0;
  for(i=DB[0];i <= DI;i++)     //总线赋值
  {
    digitalWrite(i,value & 01);   //因为 1602 液晶信号识别是 D7 - D0(不是 D0 - D7),这里是用来反转信号。
    value >>= 1;
    }
  digitalWrite(Enable,LOW);
  delayMicroseconds(1);         //延时 1ms
  digitalWrite(Enable,HIGH);
  delayMicroseconds(1);         //延时 1ms
  digitalWrite(Enable,LOW);
  delayMicroseconds(1);         ///延时 1ms
}
void LcdDataWrite(int value)     //定义所有引脚
{
  int i = 0;
  digitalWrite(DI,HIGH);
  digitalWrite(RW,LOW);
  for(i=DB[0];i <= DB[7];i++)
  {
```

```
      digitalWrite(i,value & 01);
      value >>= 1;
      }
   digitalWrite(Enable,LOW);
   delayMicroseconds(1);
   digitalWrite(Enable,HIGH);
   delayMicroseconds(1);
   digitalWrite(Enable,LOW);
   delayMicroseconds(1);
}
void setup(void)
{
   int i = 0;
   for(i=Enable;i <= DI;i++)
   {
      pinMode(i,OUTPUT);
      }
   delay(100);                        //短暂的停顿后初始化 LCD,用于 LCD 控制需要
   LcdCommandWrite(0x38);             //设置为 8 - bit 接口,2 行显示,5x7 文字大小
   delay(20);
   LcdCommandWrite(0x06);             //设置输入方式设定,自动增量,没有显示移位
   delay(20);
   LcdCommandWrite(0x0E);             //显示设置:开启显示屏,光标显示,无闪烁
   delay(20);
   LcdCommandWrite(0x01);             //屏幕清空,光标位置归零
   delay(100);
   LcdCommandWrite(0x80);             //显示设置:开启显示屏,光标显示,无闪烁
   delay(20);
}
void loop(void)
{
   LcdCommandWrite(0x02);             //屏幕清空,光标位置归零
   delay(10);
   LcdDataWrite('Y');                 //写入欢迎信息
   LcdDataWrite('o');
   LcdDataWrite('u');
   LcdDataWrite(' ');
   LcdDataWrite('a');
   LcdDataWrite('r');
   LcdDataWrite('e');
   LcdDataWrite(' ');
   LcdDataWrite('w');
   LcdDataWrite('e');
   LcdDataWrite('l');
```

```
    LcdDataWrite('c');
    LcdDataWrite('o');
    LcdDataWrite('m');
    LcdDataWrite('e');
    delay(500);
}
```

在下载程序后，观察 LCD1602 字符液晶显示的字符是不是"You are welcome"。

主题二：Arduino 控制 LCD1602 字符液晶显示字符（串口）

器材：Arduino 板子、LCD1602 字符液晶、USB 数据线

1. 硬件搭建

在正常使用下，8 位接法基本把 arduino 的数字端口占满了，如果想要多接几个传感器就没有端口了，这种情况下怎么处理呢，可以使用 4 位接法。本实验采用 LCD1602 字符液晶的 4 线驱动方法。

根据上述材料阅读及相关资料，用面包板连线软件设计的硬件电路如图 5.75 所示。

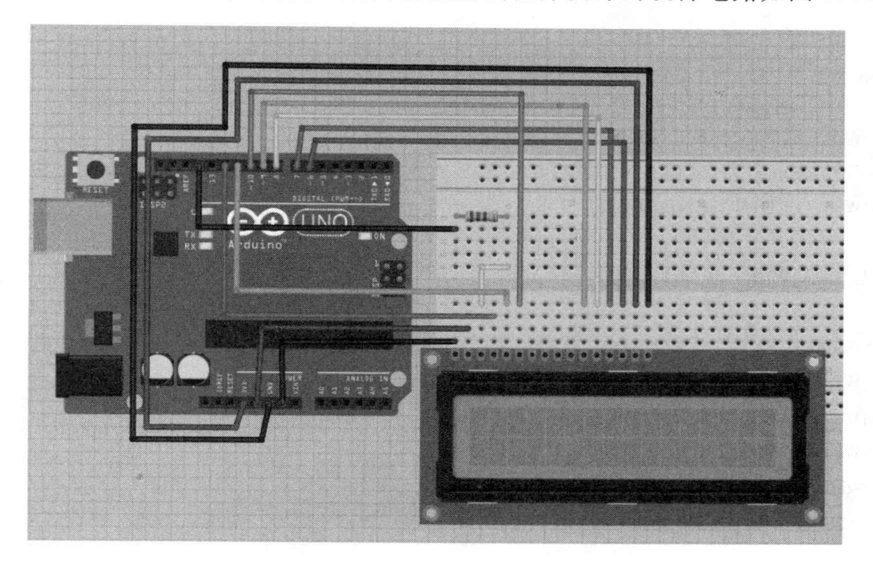

图 5.75 硬件连接图

2. 程序讲解

（1）根据材料编写的 4 线驱动 LCD1602 程序。

```
#define LCD1602_RS  12
#define LCD1602_RW  11
#define LCD1602_EN  10
int tab[] = { 6,7,8,9};
char str1[]="you ara welcome";
char str2[]="lcd1602 - 4bit";
void LCD_Command_Write(int command)
{
```

```
    int i,temp;
    digitalWrite(LCD1602_RS,LOW);
    digitalWrite(LCD1602_RW,LOW);
    digitalWrite(LCD1602_EN,LOW);
    temp=command & 0xf0;
    for(i=tab[0];i <= 9;i++)
    {
      digitalWrite(i,temp & 0x80);
      temp <<= 1;
    }
    digitalWrite(LCD1602_EN,HIGH);
    delayMicroseconds(1);
    digitalWrite(LCD1602_EN,LOW);
    temp=(command & 0x0f)<<4;
    for(i=tab[0];i <= 9;i++)
    {
      digitalWrite(i,temp & 0x80);
      temp <<= 1;
    }
    digitalWrite(LCD1602_EN,HIGH);
    delayMicroseconds(1);
    digitalWrite(LCD1602_EN,LOW);
}
void LCD_Data_Write(int dat)
{
    int i=0,temp;
    digitalWrite(LCD1602_RS,HIGH);
    digitalWrite(LCD1602_RW,LOW);
    digitalWrite(LCD1602_EN,LOW);
    temp=dat & 0xf0;
    for(i=tab[0];i <= 9;i++)
    {
      digitalWrite(i,temp & 0x80);
      temp <<= 1;
    }
    digitalWrite(LCD1602_EN,HIGH);
    delayMicroseconds(1);
    digitalWrite(LCD1602_EN,LOW);
    temp=(dat & 0x0f)<<4;
    for(i=tab[0];i <= 9;i++)
    {
      digitalWrite(i,temp & 0x80);
      temp <<= 1;
    }
```

```
    digitalWrite(LCD1602_EN,HIGH);
    delayMicroseconds(1);
    digitalWrite(LCD1602_EN,LOW);
  }
  void LCD_SET_XY(int x,int y)  //设置坐标
  {
    int address;
    if(y ==0)
      address = 0x80 + x;
    else
      address = 0xC0 + x;
    LCD_Command_Write(address);
  }
  void LCD_Write_Char(int x,int y,int dat)  //写字符
  {
    LCD_SET_XY(x,y);
    LCD_Data_Write(dat);
  }
  void LCD_Write_String(int X,int Y,char * s)  //写字符串
  {
    LCD_SET_XY(X,Y);    //设置地址
    while( * s)
    {
      LCD_Data_Write( * s);
        s ++;
      }
    }
void setup(void)
{
  int i = 0;
  for(i=6;i <= 12;i++)
  {
    pinMode(i,OUTPUT);
  }
  delay(100);
  LCD_Command_Write(0x28);//4 线 2 行 5x7
  delay(50);
  LCD_Command_Write(0x06);
  delay(50);
  LCD_Command_Write(0x0c);
  delay(50);
  LCD_Command_Write(0x80);
  delay(50);
  LCD_Command_Write(0x01);
```

```
  delay(50);
}
void loop(void)
{
  LCD_Command_Write(0x02);       //光标返回首地址
  delay(50);
  LCD_Write_String(0,0,str1);    //第 1 行,第 0 个地址起
  delay(50);
  LCD_Write_String(1,1,str2);    //第 2 行,第 2 个地址起
  while(1);
}
```

(2) 使用 Arduino 库里面的 LCD1602 文件编写的程序，直接调用，很简单程序如下。

```
注意:若使用 4 线驱动 LCD1602 的话,RW(液晶 5 号引脚)需要接地。
#include <LiquidCrystal.h>
LiquidCrystal lcd(12,11,9,8,7,6);  //构造一个 LiquidCrystal 的类成员。
                                   //使用数字 IO ,
void setup()
{
  lcd.begin(16,2);                 //初始化 LCD1602
  lcd.print("Welcome to use!");    //液晶显示 Welcome to use!
  delay(1000);                     //延时 1000ms
  lcd.clear();                     //液晶清屏
}
void loop()
{
  lcd.setCursor(0,1);              //设置液晶开始显示的指针位置
  //(注释:从 0 开始数起,line 0 是显示第一行,line 1 是第二行。)
  lcd.print("you are welcome !");  //液晶显示 you are welcome !
  while(1);
}
```

【探究思考】

学会了 LCD1602 液晶显示字符，想想它能显示温度、时间之类吗?

【视野拓展】

LCD1602 字符液晶

LCD1602 是一种工业字符型液晶，能够同时显示 16×02 即 32 个字符。LCD1602 液晶显示原理 LCD1602 液晶显示的原理是利用液晶的物理特性，通过电压对其显示区域进行控制，有电就有显示，这样即可以显示出图形。

1. 简介

1602 液晶也称为 1602 字符型液晶，它是一种专门用来显示字母、数字、符号等的点阵型液晶模块。它由若干个 5×7 或者 5×11 等点阵字符位组成，每个点阵字符位都可以

显示一个字符，每位之间有一个点距的间隔，每行之间也有间隔，起到了字符间距和行间距的作用，正因为如此所以它不能很好地显示图形（用自定义 CGRAM，显示效果也不好）。

1602LCD 是指显示的内容为 16×2，即可以显示两行，每行 16 个字符液晶模块（显示字符和数字）。

字符液晶大多数是基于 HD44780 液晶芯片的，控制原理是完全相同的，因此基于 HD44780 写的控制程序可以很方便地应用于大部分的字符型液晶。

2. 管脚功能

1602 采用标准的 16 脚接口，如图 5.76 所示，其中：

第 1 引脚：GND 为电源地。

第 2 引脚：VCC 接 5V 电源正极。

第 3 引脚：VL 为液晶显示器对比度调整端，接正电源时对比度最弱，接地电源时对比度最高（对比度过高时会产生“鬼影”，使用时可以通过一个 10K 的电位器调整对比度）。

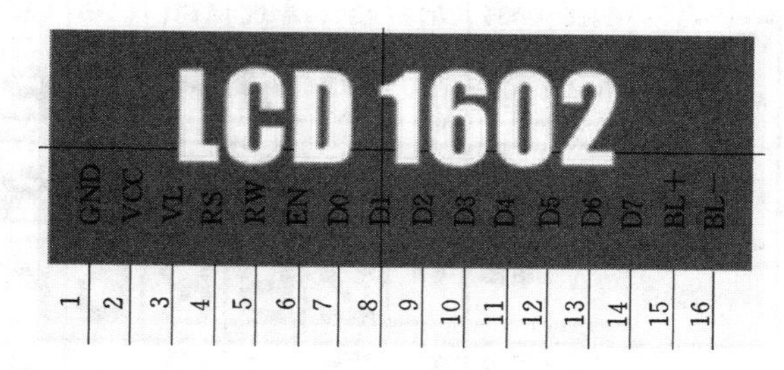

图 5.76 LCD1602 液晶引脚图

第 4 引脚：RS 为寄存器选择，高电平 1 时选择数据寄存器、低电平 0 时选择指令寄存器。

第 5 引脚：RW 为读写信号线，高电平（1）时进行读操作，

第 6 引脚：EN 端为使能（enable）端，高电平（1）时读取信息，负跳变时执行指令。

第 7～14 引脚：D0～D7 为 8 位双向数据端。第 15～16 脚：空脚或背灯电源。第 15 引脚背光正极，第 16 引脚背光负极。

特性：3.3V 或 5V 工作电压，对比度可调，内含复位电路，提供各种控制命令，如：清屏、字符闪烁、光标闪烁、显示移位等多种功能，有 80 字节显示数据存储器 DDRAM，内建有 192 个 5×7 点阵的字形的字符发生器 CGROM，8 个可由用户自定义的 5×7 的字符发生器 CGRAM。

特征应用：微功耗、体积小、显示内容丰富、超薄轻巧，常用在袖珍式仪表和低功耗应用系统中。

注意：关于 E＝H 脉冲，开始时初始化 E 为 0，然后置 E 为 1。

3. 字符集

1602 液晶模块内部的字符发生存储器（CGROM）已经存储了 160 个不同的点阵字符图形，这些字符有：阿拉伯数字、英文字母的大小写、常用的符号和日文假名等，每一个字符都有一个固定的代码，比如大写的英文字母“A”的代码是 01000001B（41H），显示时模块把地址 41H 中的点阵字符图形显示出来，我们就能看到字母“A”。在单片机编程中还可以用字符型常量或变量赋值，如“A”。因为 CGROM 储存的字符代码与 PC 中的字符代码是基本一致的，因此在向 DDRAM 写 C51 字符代码程序时甚至可以直接用 P1＝“A”这样的方法。PC 在编译时就把“A”先转换为 41H 代码了。

字符代码 0×00～0×0F 为用户自定义的字符图形 RAM（对于 5×8 点阵的字符，可以存放 8 组，5×10 点阵的字符，存放 4 组），就是 CGRAM 了。

0×20～0×7F 为标准的 ASCII 码，0×A0～0×FF 为日文字符和希腊文字符，其余字符码（0×10～0×1F 及 0×80～0×9F）没有定义。

表 5.9 是 1602 的 16 进制 ASCII 码表地址。读的时候，先读上面那行，再读左边那列，如感叹号“!”的 ASCII 为 0×21，字母 B 的 ASCII 为 0×42（前面加 0×表示十六进制）。

表 5.9　　　　1602 的 16 进制 ASCⅡ 码表地址

Lower 4 Bits / Upper 4 Bits	0000	0001	0010	0011	0100	0101	0110	0111	1000	1001	1010	1011	1100	1101	1110	1111
xxxx0000	CG RAM (1)	▶		0	@	P	`	p	Б	α	▮	°	À	Ð	à	ð
xxxx0001	(2)	◀	!	1	A	Q	a	q	Д	♪	¡	±	Á	Ñ	á	ñ
xxxx0010	(3)	“	"	2	B	R	b	r	Ж	Γ	¢	²	Â	Ò	â	ò
xxxx0011	(4)	”	#	3	C	S	c	s	З	π	£	³	Ã	Ó	ã	ó
xxxx0100	(5)	⏫	$	4	D	T	d	t	И	Σ	¤	₧	Ä	Ô	ä	ô
xxxx0101	(6)	⏬	%	5	E	U	e	u	Й	σ	¥	µ	Å	Õ	å	õ
xxxx0110	(7)	●	&	6	F	V	f	v	Л	♬	¦	¶	Æ	Ö	æ	ö
xxxx0111	(8)	↵	'	7	G	W	g	w	П	τ	§	·	Ç	×	ç	÷
xxxx1000	(1)	↑	(	8	H	X	h	x	У	🔔	ƒ	ω	È	Φ	è	ø
xxxx1001	(2)	↓	)	9	I	Y	i	y	Ц	Θ	©	¹	É	Ù	é	ù
xxxx1010	(3)	→	*	:	J	Z	j	z	Ч	Ω	ª	º	Ê	Ú	ê	ú
xxxx1011	(4)	←	+	;	K	[	k	{	Ш	δ	«	»	Ë	Û	ë	û
xxxx1100	(5)	≤	,	<	L	\	l	|	Щ	∞	Ю	¼	Ì	Ü	ì	ü
xxxx1101	(6)	≥	-	=	M	]	m	}	Ъ	♥	Я	½	Í	Ý	í	ý
xxxx1110	(7)	▲	.	>	N	^	n	~	Ы	ε	®	¾	Î	Þ	î	þ
xxxx1111	(8)	▼	/	?	O	_	o	⌂	Э	∩	'	¿	Ï	ß	ï	ÿ

4. 功能指令

1602 字符液晶内部功能指令，见表 5.10。

表 5.10　　　　1602 字符液晶内部功能指令

项目	RS	R/W	D7	D6	D5	D4	D3	D2	D1	D0	说　明
清显示	0	0	0	0	0	0	0	0	0	1	将 DDRAM 填满“20H”，并且设定 DDRAM 的地址计数器（AC）到“00H”
归位	0	0	0	0	0	0	0	0	1	*	设定 DDRAM 的地址计数器（AC）到“00H”，并且将游标移到开头原点位置；这个指令不改变 DDRAM 的内容
显示开关控制指令	0	0	0	0	0	0	1	D	C	B	[D=1：整体显示 ON]，[C=1：游标 ON]，[B=1：游标位置反白允许]
进入模式设置指令	0	0	0	0	0	0	0	1	I/D	S	I/D=1，光标或闪烁向右移动，AC 增加 1。I/D=0，光标或闪烁向左移动，AC 减少 1，S 整个显示移动
光标或显示移位指令	0	0	0	0	0	1	S/C	R/L	*	*	光标或显示移位指令可使光标或显示在没有读写数据的情况下，向左或向右移动，指令不改变 DDRAM 的内容
功能设定	0	0	0	0	1	DL	N	F	*	*	[DL=0/1：4/8 位数据]，[N=0/1，单行/双行显示]，[F=0/1，5*8/5*10 点阵显示模式]
设置 CGRAM 地址	0	0	0	1	AC5	AC4	AC3	AC2	AC1	AC0	CGRAM 地址设置指令设置 CGRAM 地址指针
设定 DDRAM 地址	0	0	1	0	AC5	AC4	AC3	AC2	AC1	AC0	DDRAM 地址设置指令设置 DDRAM 地址。一行地址范围 00H～4FH，两行 DDRAM 地址第一行 00H～27H，第二行 40H～67H，加上高 2 位，[一行：80H—A7H]，[二行：C0H—E7H]
读忙标志和地址	0	1	BF	AC6	AC5	AC4	AC3	AC2	AC1	AC0	BF：忙标志位，BF=1，模块正在进行内部操作，此时模块不接受任何外部指令和数据。BF=0，模块可以接受外部的指令和数据；同时可以读出地址计数器（AC）的值。
写 RAM 指令	1	0	D7	D6	D5	D4	D3	D2	D1	D0	将数据 D7～D0 写入到内部的 RAM（DDRAM/CGRAM/IRAM/GRAM），将用户自定义的字符写入 CGRAM 中，D7～D5 为 000，D4～D0 为 5 点的字模数据
读 RAM 指令	1	1	D7	D6	D5	D4	D3	D2	D1	D0	从内部 RAM 读取数据 D7～D0（DDRAM/CGRAM/IRAM/GRAM）

5.10 串口发送字符串

【任务导航】

（1）认识Arduino串口通信。

（2）搭建Arduino串口硬件电路。

（3）制作用串口发送字符控制LED的亮灭。

【材料阅读】

Arduino不但有14个数字接口和6个模拟接口外，还有1个更为常用的串口接口。在实际应用中串口以只需要少量的几根线就能和其他串口设备通信的优势被广应用。

串行接口按标准被分为RS-232、RS-422、RS-485。RS-232是在1962年发布的，也是目前PC机与通信工业中应用最广泛的一种串行接口，RS-232采取不平衡传输方式，即所谓单端通信。典型的RS-232信号在正负电平之间摆动，在发送数据时，发送端驱动器输出正电平在+5～+15V，负电平在-5～-15V电平。单片机使用的是TTL电平的串行协议，因此单片机与PC通信时需要进行RS-232电平和TTL电平的转换，最常用的电平转换芯片是MAX232，单片机与单片机通信时则可以直接连接。

USB版本的Arduino则是通过USB转成TTL串口下载程序的，数字口PIN 0和PIN 1就是。

串口通信中最重要的就是通信协议，一般串口通信协议都会有波特率、数据位、停止位、校验位等参数。大家不会设置也不用怕，Arduino语言中Serial. begin() 函数就能使大家轻松完成设置，我们只需要改变该函数的参数即可，例如Serial. begin(9600)，则表示波特率为9600bit/s(每秒比特数bps)，其余参数默认即可。

Arduino语言中还提供了Serial. available() 判断串口缓冲器状态、Serial. read() 读串口、Serial. print() 串口发送及Serial. println() 带换行符串口发送四个函数。

下面用一段代码来演示这些函数的用途。实验无须外围电路，只需要将下载的USB线连接即可

【动手操作】

主题：Arduino串口发送字符控制LED亮灭

器材：Arduino板子、USB数据线

1. 硬件搭建

用板子自带的LED来做实验，就不用搭建新的硬件电路；首先要了解LED是接在板子的数字I/O口13引脚上，当13引脚输出高电平时LED亮，否则LED灭。其次要懂得使用Arduino IDE开发环境的串口工具。

2. 程序讲解

本实验程序是用通过串口发送一个字符k来控制LED等亮，同时在串口调试工具接收窗口显示“you are welcome”字符。改程序需用到的程序语句与函数：

Arduino串口使用相关的函数共有10个(随着版本的升级，新版本加入了更多，具体请参见arduino官方文档 ht-

tp://arduino.cc/en/Reference/Serial):

Serial.begin(speed):开启串行通信接口并设置通信波特率,speed表示波特率,如9600、19200等。

Serial.end():关闭通信串口。

Serial.available():判断串口缓冲器是否有数据装入。

Serial.read():读取串口并返回收到的数据。

Serial.peek():返回下一字节(字符)输入数据,但不删除它。

Serial.flush():清空串口缓存。

Serial.print():写入字符串数据到串口。

Serial.println():写入字符串数据+换行到串口。

Serial.write():写入二进制数据到串口。

erial.SerialEvent():read时触发的事件函数。

Serial.readBytes(buffer,length):读取固定长度的二进制流。

pinMode(pin,mode):数字I/O口输入输出模式定义函数,pin表示为0～13,mode表示为INPUT或OUTPUT。

digitalWrite(pin,value):数字I/O口输出电平定义函数,pin表示为0～13,value表示为HIGH或LOW。比如定义HIGH可以驱动LED。

void setup():初始化变量,管脚模式,调用库函数等。

void loop():连续执行函数内的语句。

根据上面的语句编写程序如下:

```
#define led 13                          //设定控制 LED 的数字 IO 脚
char val = '1';                         //定义一个字符变量
void setup()                            //初始化部分
{
  Serial.begin(9600);                   //初始化串行端口,设置波特率为 9600,
  pinMode(led,OUTPUT);                  //设定数字 IO 口的模式,OUTPUT 为输出
}
void loop()                             //主循环
{
if(Serial.available())                  //判断串口是否有数据送来
  val = Serial.read();                  //读取串口数据,并将串口数据赋值给变量 val
  if(val == 'k')
  {
    Serial.println(" you are welcome"); //每次换行输出双引号内的字符串
    digitalWrite(led,HIGH);             //如果发送字符 k,LED 亮
    delay(1000);
    }
    else
    digitalWrite(led,LOW);
}
```

在下载程序后,单击Arduino IDE的“工具”选项下拉菜单的“串口监视工具”,弹出如图5.77所示对话框,在发送栏内输入字符“k”,然后单击发送,就看见板卡上的LED被点亮,同时串口监视工具的接收窗在打印Arduino板卡发送出的字符“you are welcome。

图 5.77　串口调试工具对话框

【探究思考】

我们学会了使用串口控制 LED 灯亮灭，大家想想串口还可以控制什么？

【视野拓展】

单片机串口通信

1. 计算机串口通信基础

随着多微机系统的广泛应用和计算机网络技术的普及，计算机的通信功能越来越显得重要。计算机通信是指计算机与外部设备或计算机与计算机之间的信息交换。

通信有并行通信和串行通信两种方式。在多微机系统以及现代化测控系统中信息的交换多采用串行通信方式。计算机通信是将计算机技术和通信技术的相结合，完成计算机与外部设备或计算机与计算机之间的信息交换。可以分为两大类：并行通信与串行通信。

并行通信通常是将数据字节的各位用多条数据线同时进行传送，如图 5.78 所示。

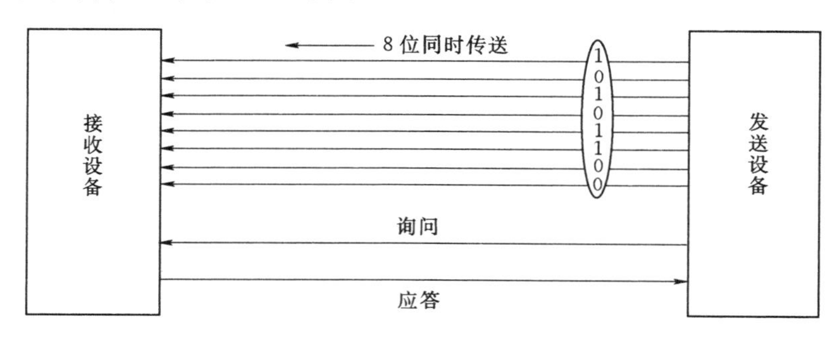

图 5.78　并行通信示意图

由图 5.78 可知一次可以传 8 位，跟并行的 A/D、D/A 差不多，询问和应答是发送和接收来询问是否准备好了没有。

并行通信控制简单，传输速度快；由于传输线较多，长距离传送时成本高且接收方的各位同时接受存在困难。串行通信是将数据字节分成一位一位的形式在一条传输线上逐个地传送，如图 5.79 所示。

注意：先发的是低位。

串行通信的特点：传输线少，长距离传送时成本低，且可以利用电话网等现成的设备，但数据的传送控制比并行通信复杂。

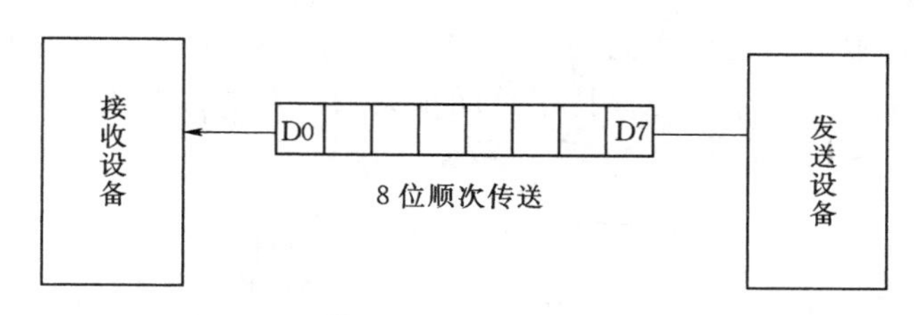

图 5.79　串行通信示意图

2. 串行通信的基本概念

(1) 异步通信与同步通信。

1) 异步通信。异步通信是指通信的发送与接收设备使用各自的时钟控制数据的发送和接收过程。为使双方的收发协调，要求发送和接收设备的时钟尽可能一致，如图 5.80 所示。

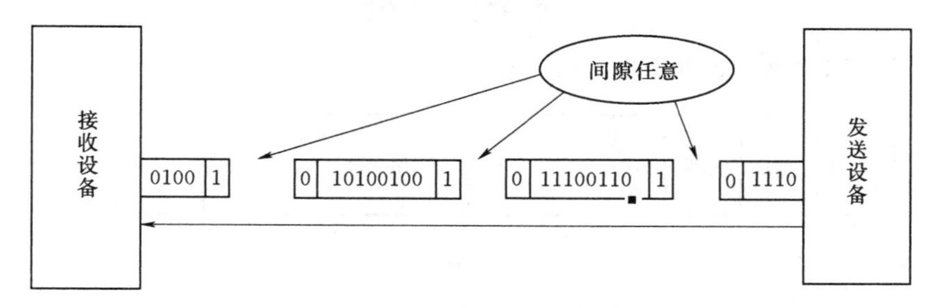

图 5.80　异步通信示意图

异步通信是以字符（构成的帧）为单位进行传输，字符与字符之间的间隙（时间间隔）是任意的，但每个字符中的各位是以固定的时间传送的，即字符之间不一定有位间隔的整数倍的关系，但同一个字符内的各位之间的距离均为“位间隔”的整数倍。

异步通信的数据格式，如图 5.81 所示。

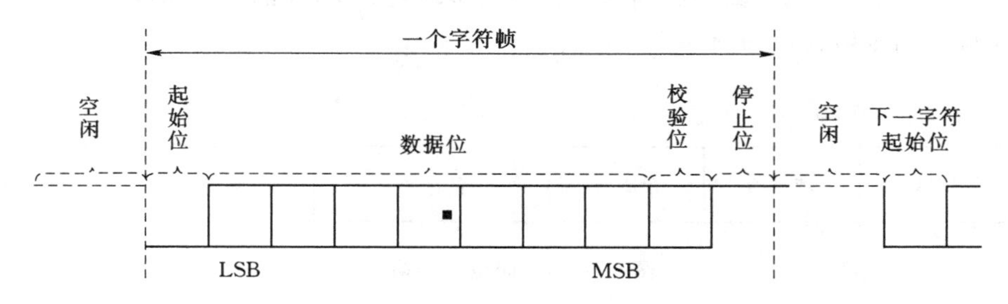

图 5.81　异步通信数据格式图

先发起始位：低电平表示起始位，再发数据位 LSB 是低端（Least Significant Bit，LSB）最低有效位，先发低位数据共 7 位数据＋1 位校验位数据（判断发送是否正确，如果不要校验位那么 8 位都是数据位）最后发一个停止位（高电平结束就是一个位宽的高电平表示停止位）共 10 位一帧。

异步通信的特点：不要求收发双方时钟的严格一致，实现容易，设备开销较小，但每个字符要附加 2～3 位用于起始位，各帧之间有间隔，因此传输效率不高。

2) 同步通信。同步通信时要建立发送方时钟对接受方时钟的直接控制，使双方达到完全同步。此时，传输数据的位之间的距离均为“位间隔”的整数倍，同时传送的字符间不留间隙，即保持位同步关系，也保持字符同步关系。发送方对接受方的同步可以通过两种方法实现，如图 5.82 所示。

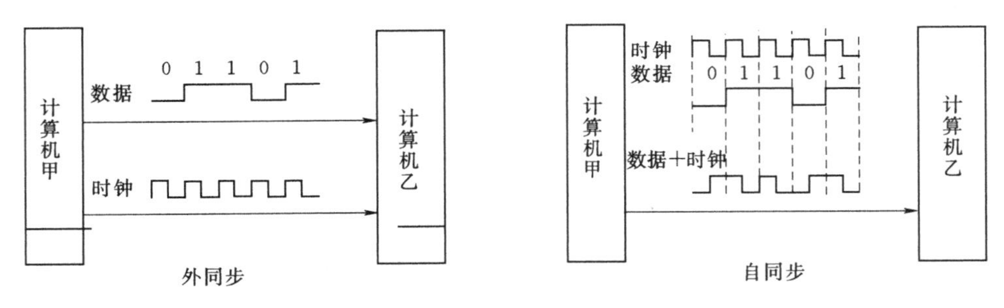

图 5.82　同步通信示意图

面向字符的同步格式，如图 5.83 所示。

SYN	SYN	SOH	标题	STX	数据块	ETB/ETX	块校验

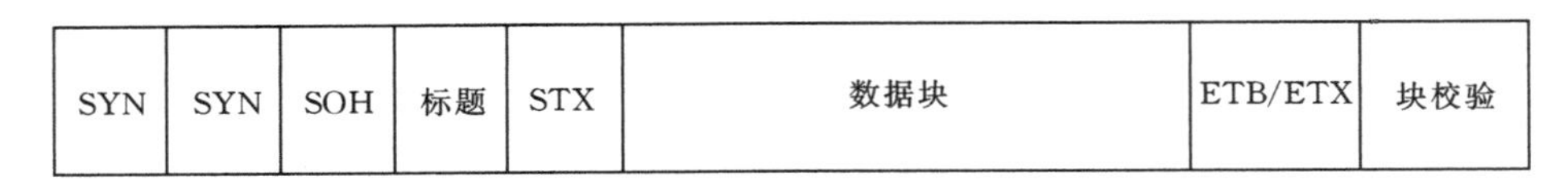

图 5.83　同步通信传输格式

此时，传送的数据和控制信息都必须由规定的字符集（如 ASCII 码）中的字符所组成。图中帧头为 1 个或 2 个同步字符 SYN（ASCII 码为 16H），SOH 为序始字符（ASCII 码为 01H），表示标题的开始，标题中包含源地址，目标地址和路由指示等信息。STX 为文始字符（ASCII 码为 02H），表示传送的数据块开始。数据块是传送正文内容，由多个字符组成。数据块后面是组终字符 ETB（ASCII 码为 17H）或文终字符 ETX（ASCII 码为 03H）。然后是校验码。典型的面向字符的同步规程如 IBM 的二进制同步规程 BSC。

面向位的同步格式，如图 5.84 所示。

8 位	8 位	8 位	≥0 位	16 位	8 位
01111110	地址场	控制场	信息场	校验场	01111110

图 5.84　面向位同步格式

此时，将数据块看作数据流，并用序列 01111110 作为开始和结束标志。为了避免在数据流中出现序列 01111110 时引起的混乱，发送方总是在其发送的数据流中出现 5 个连续的 1 就插入一个附加的 0；接收方则每检测到 5 个连续的 1 并且其后有一个 0 时，就删除该 0。

典型的面向位的同步协议如 ISO 的高级数据链路控制规程 HDLC 和 IBM 的同步数据链路控制规程 SDLC。

同步通信的特点：是以特定的位组合“01111110”作为帧的开始和结束标志，所传输的一帧数据可以是任意位。所以传输效率高，但实现的硬件设备比异步通信复杂。

（2）串行通信的传输方向，如图 5.85 所示。

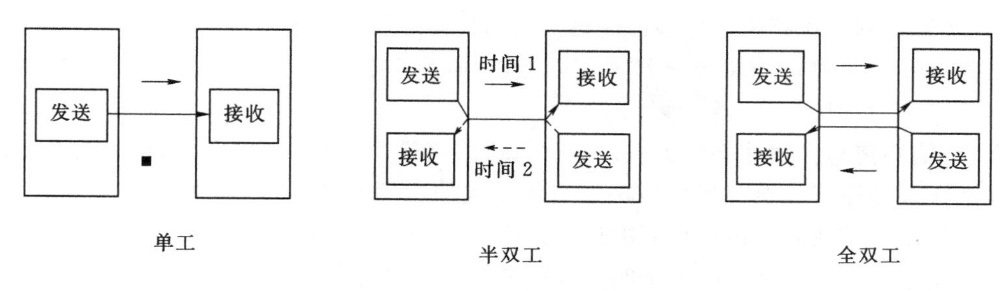

图 5.85 串行通信传输方向示意图

1）单工。单工是指数据传输仅能沿着一个方向，不能实现反向传输。

2）半双工。半双工是指数据传输可以沿两个方向，不能实现反向传输。

3）全双工。全双工是指数据可以同时进行双向传输。

(3) 信号的调制与解调。利用调制器（MODULATOR）把数字信号转换成模拟信号，然后送到通信线路上去，再由解调器（Demodulator）把从通信线路上收到的模拟信号转换成数字信号。由于通信是双向的，调制器和解调器合并在一个装置中，这就是调制解调器 MODEM（图 5.86）。

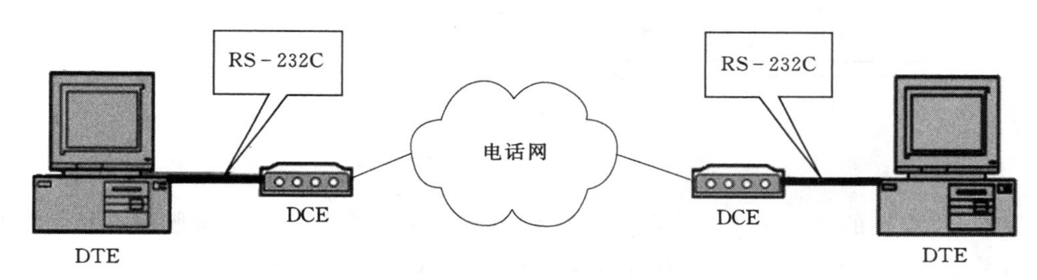

图 5.86 调制解调器工作示意图

从图 5.86 可以看出早期的计算机网络通信就是利用串口 RS-232C（是计算机串口电平）经过 MODEM 实现双向通信的，当然传输速率相当低。

(4) 串行通信的错误校验。

1）奇偶校验。在发送数据时，数据位尾随的 1 位为奇偶校验位（1 或 0）。奇校验时，数据中“1”的个数与校验位“1”的个数之和应为奇数；偶校验时，数据中“1”的个数与校验位“1”的个数之和应为偶数。接受字符时，对“1”的个数进行校验，若发现不一致，则说明传输数据过程中出现了差错。

2）代码和校验。代码和校验是发送方将所发数据块求和（或各字节异或），产生一个字节的校验字符（校验和）附加到数据块末尾。接受方接收数据同时对数据块（除校验字节外）求和（或个字节异或），将所得结果与发送方的“校验和”进行比较，相符则无差错，否则即认为传送过程中出现了差错。

3）循环冗余校验。这种校验是通过某种数学运算实现有效信息与校验位之间的循环校验，常用于对磁盘信息的传输，存储区的完整性校验等。这种校验方法纠错能力强，广泛应用与同步通信中。

(5) 传输速率与传输距离。

1）传输速率。比特率是每秒钟传输二进制代码的位数，单位是：位/秒（bps）。如每秒钟传送 240 个字符，而每个字符格式包含 10 位（1 起始位，1 停止位，8 个数据位），这时的比特率为：10 * 240 个/秒＝2400bps。

2）传输距离与传输速率的关系。串行接口或终端直接传送串行信息位流的最大距离与传输速率及传输线的电气特性有关。当传输线使用每 0.3m（约 1 英尺）有 50PF 电容的非平衡屏蔽双绞线时，传输距离随传输速率的增加而减小，当比特率超过 1000bps，最大传输距离迅速下降，如 9600bps 时最大距离下降到只有 76m（约 250 英尺）。

3. 串行通信接口标准

(1) RS－232C 接口。RS－232C 是 EIA（美国电子工业协会）1969 年修订 RS－232C 标准。RS－232C 定义了数据终端设备（DTE）与数据通信设备（DCE）之间的物理接口标准。

1）机械特性。RS－232C 接口规定使用 25 针连接器，连接器的尺寸及每个插针的排列位置都有明确的定义（阳头），如图 5.87 所示。

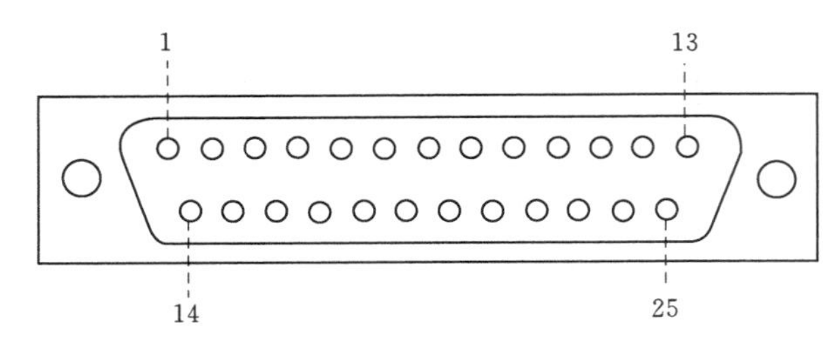

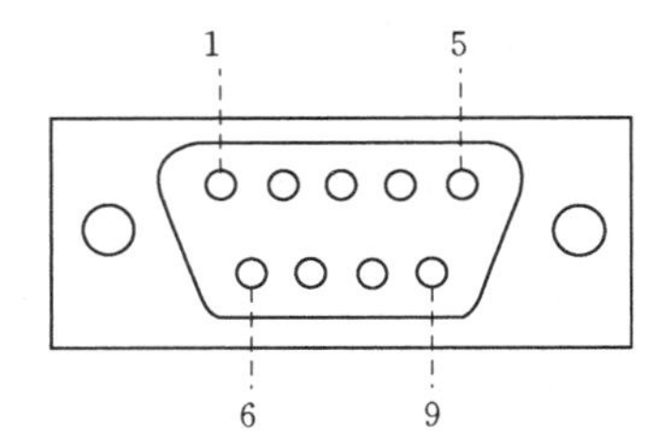

图 5.87　RS－232 接口

以前是 25 针的这个可不是电脑的并行口内部是不一样的，因为电脑的并行口里面是有一组数据线，有询问应答等，现在都用 9 针的了（右边）。记住里面有针的是公头，另外一个带孔的是母头。现在外面卖的串口线内部是已经对调好的了就是发送接收是对调的，这样我们直接使用就可以了。

表 5.11 是 25 针的串口对应现在 9 针的管脚定义。RTS \ DSR 在连接 MODEM 需接上，一般只是接 2/3/5 脚就行了。

表 5.11　RS－232C 标准接口主要引脚定义

插针序号	信号名称	功　能	信号方向
1	PGND	保护接地	
2（3）	TXD	发送数据（串行输出）	DTE→DCE
3（2）	RXD	接收数据（串行输入）	DTE←DCE
4（7）	RTS	请求发送	DTE→DCE
5（8）	CTS	允许发送	DTE←DCE
6（6）	DSR	DCE 就绪（数据建立就绪）	DTE←DCE
7（5）	SGND	信号接地	
8（1）	DCD	载波检测	DTE←DCE
20（4）	DTR	DTE 就绪（数据终端准备就绪）	DTE→DCE
22（9）	RI	振铃指示	DTE←DCE

2）过程特性。过程特性规定了信号之间的时序关系，以便正确地接收和发送数据如图 5.88 和图 5.89 所示。

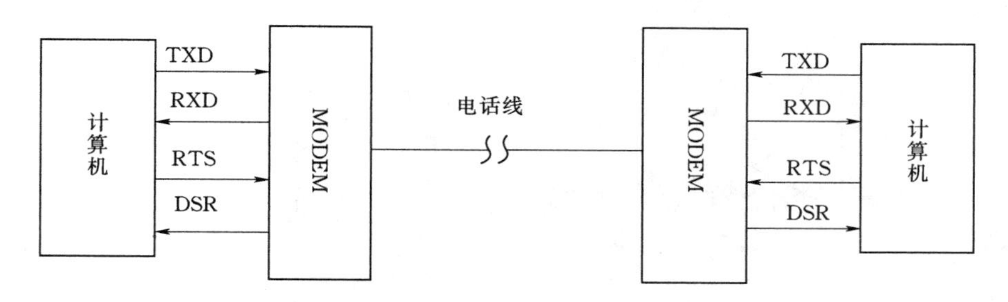

图 5.88 远程通信连接

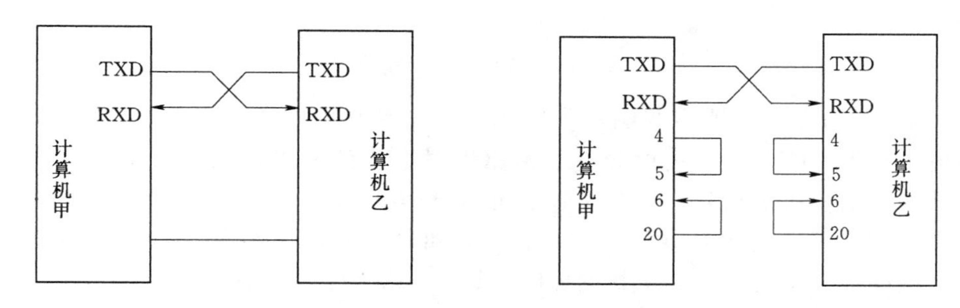

图 5.89 近程通信连接

3）RS－232C 电平与 TTL 电平转换驱动电路，如图 5.90 所示。

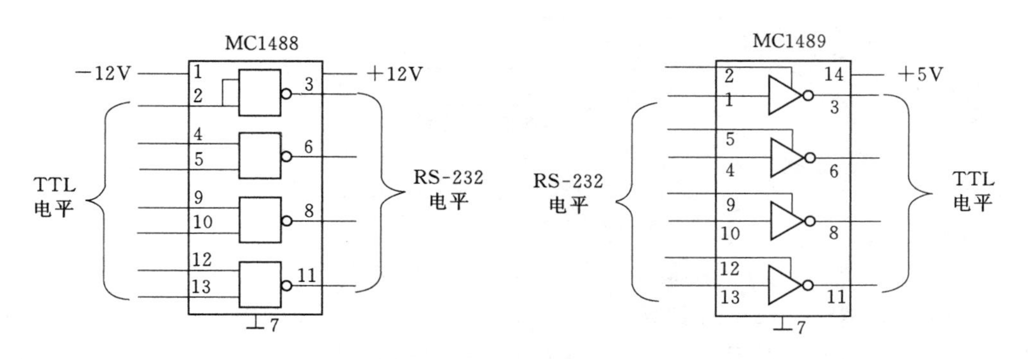

图 5.90 电平转换驱动电路

4）采用 RS－232C 接口存在的问题。

a. 传输距离短，传输速率低。RS－232C 总线标准受电容允许值的约束，使用时传输距离一般不要超过 15m（线路条件好时也不能超过几十米）。最高传送速率为 20Kbps。

b. 有电平偏移。RS－232C 总线标准要求收发双方共地。通信距离较大时，收发双方的地电平差别较大，在信号地上将有较大的地电流并产生压降。

c. 抗干扰能力差。RS－232C 在电平转换时采用单端输入输出，在传输过程中当干扰和噪声混在正常信号中。为了提高信噪比，RS－232C 总线标准不得不采用比较大的电压

摆幅。

(2) RS-422A接口（为了改进RS-232C就是在RS-232C输出后再进行改进），如图5.91所示。

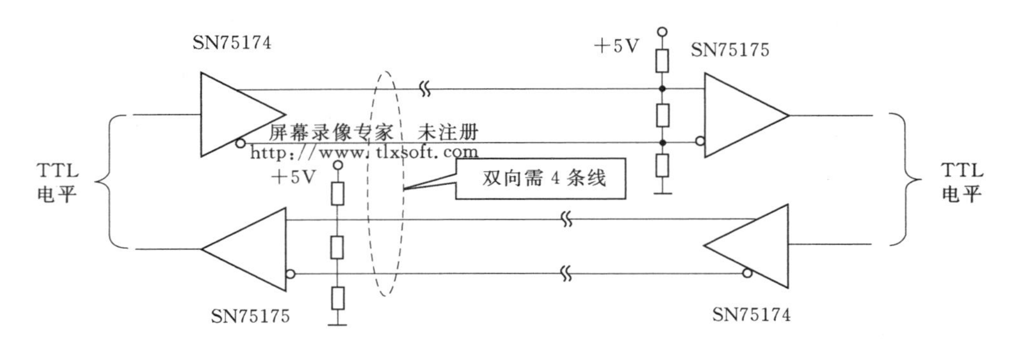

图5.91 RS-422A接口

RS-422A输出驱动器为双端平衡驱动器。如果其中一条线为逻辑“1”状态，另一条线就为逻辑“0”，比采用单端不平衡驱动对电压的放大倍数大一倍。差分电路能从地线干扰中拾取有效信号，差分接收器可以分辨200mV以上电位差。若传输过程中混入了干扰和噪声，由于差分放大器的作用，可使干扰和噪声相互抵消。因此可以避免或大大减弱地线干扰和电磁干扰的影响。RS-422A传输速率（90Kbps）时，传输距离可达1200m。

(3) RS-485接口，如图5.92所示。

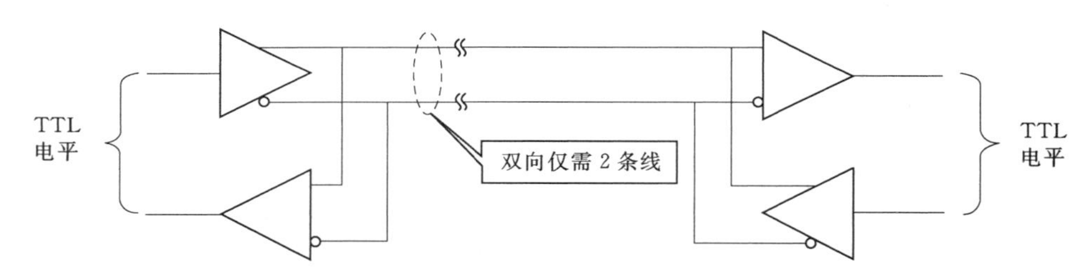

图5.92 RS-485接口

RS-485是RS-422A的变型：RS-422A用于全双工，而RS-485则用于半双工。RS-485是一种多发送器标准，在通信线路上最多可以使用32对差分驱动器/接收器。如果在一个网络中连接的设备超过32个，还可以使用中继器。

RS-485的信号传输采用两线间的电压来表示逻辑1和逻辑0。由于发送方需要两根传输线，接收方也需要两根传输线。传输线采用差动信道，所以它的干扰抑制性极好，又因为它的阻抗低，无接地问题，所以传输距离可达1200m，传输速率可达1Mbps。

RS-485是一点对多点的通信接口，一般采用双绞线的结构。普通的PC机一般不带RS-485接口，因此要使用RS-232C/RS-485转换器。对于单片机可以通过芯片MAX-485来完成TTL/RS-485的电平转换。在计算机和单片机组成的RS-485通信系统中，下位机由单片机系统组成，上位机为普通的PC机，负责监视下位机的运行状态，并

对其状态信息进行集中处理，以图文方式显示下位机的工作状态以及工业现场被控设备的工作状况。系统中各节点（包括上位机）的识别是通过设置不同的站地址来实现的。

【挑战自我】

请大家用串口发送数值到 Arduin 板卡上控制 LED 亮度。

第 6 章 Arduino 开发——传感器实验

【教学目标】

（1）了解常用传感器使用。

（2）熟悉 Arduino Uno 板卡与传感器的电路连接及控制。

（3）掌握 Arduino Uno 板卡与传感器的编程。

（4）掌握 Arduino Uno 板卡内部资源。

【本章导航】

传感器在日常生活中无处不在，那这些传感器是怎么样工作，怎么样实现自动控制的呢？通过本章学习，可以快速掌握 Arduino Uno 与传感器的使用，如何检测气体、如何实现防盗及温湿度的控制等。在 Arduino Uno 里有很多的函数库，给我们在编程控制传感器时使用，对于读者在操作这些传感器时就感觉很轻松。

6.1 声控 LED 灯

【任务导航】

（1）认识声音传感器模块。

（2）搭建声音传感器模块与 Arduino 硬件电路。

（3）制作用声音传感器模块控制 LED 的亮灭。

【材料阅读】

声音传感器的作用相当于一个话筒（麦克风）。它用来接收声波，显示声音的振动图像，但不能对噪声的强度进行测量。

传感器内置一个对声音敏感的电容式驻极体话筒，声波使话筒内的驻极体薄膜振动，导致电容的变化，而产生与之对应变化的微小电压。这一电压随后被转化成 0～5V 的电压，经过 A/D 转换被数据采集器接受，并传送给计算机。

目前市面上卖的声音传感器模块分为三线制和四线制的，三线制的有电平输出式和模拟信号输出式，四线制的是把电平输出和模拟输出集成在一起的，如图 6.1～图 6.3 所示。

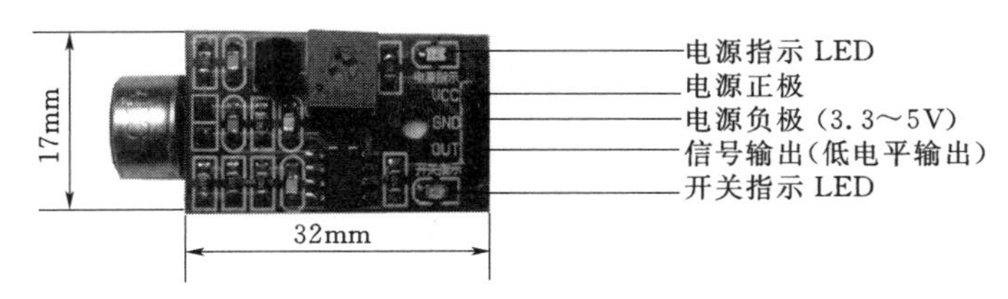

图 6.1　三线制电平输出

图 6.2　三线制模拟输出

图 6.3　四线制

【动手操作】

主题一：声音传感器控制 LED 亮灭（电平控制）

器材：Arduino 板子、声音传感器模块（电平量输出）、LED 灯、USB 数据线

1. 硬件搭建

根据上面材料的阅读，这个实验选择三线制电平输出式的声音传感器做实验，硬件接线图如图 6.4 所示。模块原理图如图 6.5 所示，下面介绍模块使用说明：

(1) 声音模块对环境声音强度最敏感，一般用来检测周围环境的声音强度。

(2) 模块在环境声音强度达不到设定阈值时，OUT 输出高电平，当外界环境声音强度超过设定阈值时，模块 OUT 输出低电平。

(3) 小板数字量输出 OUT 可以与单片机直接相连，通过单片机来检测高低电平，由此来检测环境的声音。

(4) 小板数字量输出 OUT 可以直接驱动本店继电器模块，由此可以组成一个声控开关。

图 6.4　硬件接线图

(5) 模块接线说明；1VCC 外接 3.3～5V 电压（可以直接与 5V 单片机和 3.3V 单片机相连），2GND 外接 GND，3OUT 小板开关量输出接口（0 和 1）。当有声音时是 0，没有声音时是 1；要调节到刚好都输出的是 1，有一点声音的时候，立即输出 0。

2. 程序讲解

声音传感器模块控制 LED 亮灭的程序：

```
#define sound 2      //定义声音输入引脚
#define led 13       //定义 LED 引脚
void setup()
```

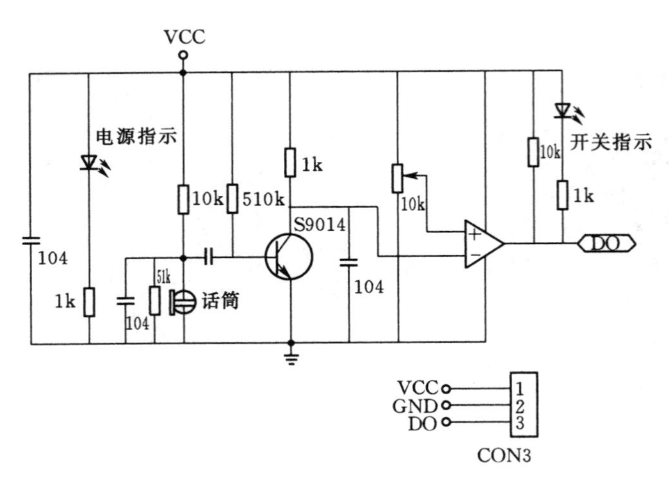

图 6.5　模块原理图

```
{
  pinMode(led,OUTPUT);
  pinMode(sound,INPUT);
}
void loop()
{
  if(digitalRead(sound)==0)
  {
    delay(15);
    if(digitalRead(sound)==0)
    {
      digitalWrite(led,HIGH);//
      delay(10000);
    }
  }
  else
  {
    digitalWrite(led,LOW);
  }
}
```

在下载程序之前，要查看板卡和端口号是否正确；用的是 Arduino Uno Pin13 上默认自己带的那个 LED 灯。实验就是对着模块吹一声，而后，模块上的 Pin13 出默认的 LED 灯，亮 10s，而后自动熄灭。

切记：一定要事先调整好模块，用螺丝刀调整好，到临界状态。如果有声音，模块输出低电平 0V；如果没有声音，模块输出高点平 5V；是在一个区间内的，一个高一个低。

主题二：声音传感器控制 LED 亮灭（模拟量控制）

器材：Arduino 板子、声音传感器模块（模拟量输出）、LED 灯、USB 数据线

Arduino 声音检测传感器的原理不是很复杂，使用一个话筒收集声音，经过滤波、放大之后接到 Arduino 的模拟输入接口上，这样当人对着话筒说话的时候，在 Arduino 的模拟输入端口上就能感知到电压的变化，说话声音越大，电压变化的幅度就越大。

但是，由于声波是不断变化的正弦波，所以在模拟输入端口上读取的值相应的也是变化的，根据某个时间点上读取的值来对声音进行判断，这时可能读到的是声波波形的最小值，也可能是读取的声波的最大值，所以在判断声音返回值时，需要判断两段数值。

1. 硬件搭建

根据上面材料的阅读，这个实验选择三线制模拟量出式的声音传感器做实验，硬件接线图如图 6.6 所示。

图 6.6 硬件电路图

2. 程序讲解

编程原理：声音检测传感器共引出三个引脚，分别是电源正 VCC，电源地 GND，信号 S，实际使用时，可以将传感器连接到 Arduino 的模拟引脚，例如模拟口 A0，通过 Arduino 控制器自带的 10 位 AD 转换对数据进行读取，通过 if 语句对读取的模拟量进行判断，设定范围，通过范围来控制 LED 在什么样的噪声下亮起，其中 LED 使用 Arduino 控制器自带的 13 号引脚 LED 灯。

声音传感器模块（模拟量输出）控制 LED 亮灭的程序：

```
#define led 13  //定义 LED 引脚
int val;
void setup()
{
  pinMode(led,OUTPUT);
}
void loop()
{
  val= analogRead(A0);      //读取输入模拟值
  if(val>20)
```

```
    {
    digitalWrite(led,HIGH);      //当模拟值大于设定值后,点亮 LED
    for(int i=0;i<20;i++)
    {
        delay(1000);             //延时 20s
      }
    }
    else
    {
    digitalWrite(led,LOW);       //关闭 LED
      }
  }
```

下载程序后，对声音传感器发出声响，当声音输出模拟量在大于 20 时，Arduino 13 号引脚的 LED 点亮，如果不在范围内，LED 熄灭。

【探究思考】

想想如何想用串口查看模拟量的变化，应该怎么做?

【视野拓展】

驻 极 体 话 筒

驻极体话筒具有体积小、结构简单、电声性能好、价格低的特点，广泛用于盒式录音机、无线话筒及声控等电路中。属于最常用的电容话筒。由于输入和输出阻抗很高，所以要在这种话筒外壳内设置一个场效应管作为阻抗转换器，为此驻极体电容式话筒在工作时需要直流工作电压。

1. 组成接法

(1) 驻极体话筒由声电转换和阻抗变换两部分组成。声电转换的关键元件是驻极体振动膜。它是一片极薄的塑料膜片，在其中一面蒸发上一层纯金薄膜。然后再经过高压电场驻极后，两面分别驻有异性电荷。膜片的蒸金面向外，与金属外壳相连通。膜片的另一面与金属极板之间用薄的绝缘衬圈隔离开。这样，蒸金膜与金属极板之间就形成一个电容。当驻极体膜片遇到声波振动时，引起电容两端的电场发生变化，从而产生了随声波变化而变化的交变电压。驻极体膜片与金属极板之间的电容量比较小，一般为几十皮法。因而它的输出阻抗值很高（$Xc=1/2\sim \mathrm{tfc}$），约几十兆欧以上。这样高的阻抗是不能直接与音频放大器相匹配的。所以在话筒内接入一只结型场效应晶体三极管来进行阻抗变换。场效应管的特点是输入阻抗极高、噪声系数低。普通场效应管有源极（S）、栅极（G）和漏极（D）三个极。这里使用的是在内部源极和栅极间再复合一只二极管的专用场效应管。接二极管的目的是在场效应管受强信号冲击时起保护作用。场效应管的栅极接金属极板，这样，驻极体话筒的输出线便有两根。即源极 S，一般用蓝色塑线，漏极 D，一般用红色塑料线和连接金属外壳的编织屏蔽线，如图 6.7 所示。

(2) 驻极体话筒与电路的接法有两种。源极输出与漏极输出。源极输出类似晶体三极管的射极输出。需用三根引出线。漏极 D 接电源正极。源极 S 与地之间接一电阻 R_s 来提

供源极电压，信号由源极经电容 C 输出。编织线接地起屏蔽作用。源极输出的输出阻抗小于 2k，电路比较稳定，动态范围大。但输出信号比漏极输出小。漏极输出类似晶体三极管的共发射极放入。只需两根引出线。漏极 D 与电源正极间接一漏极电阻 R_D，信号由漏极 D 经电容 C 输出。源极 S 与编织线一起接地。漏极输出有电压增益，因而话筒灵敏度比源极输出时要高，但电路动态范围略小。

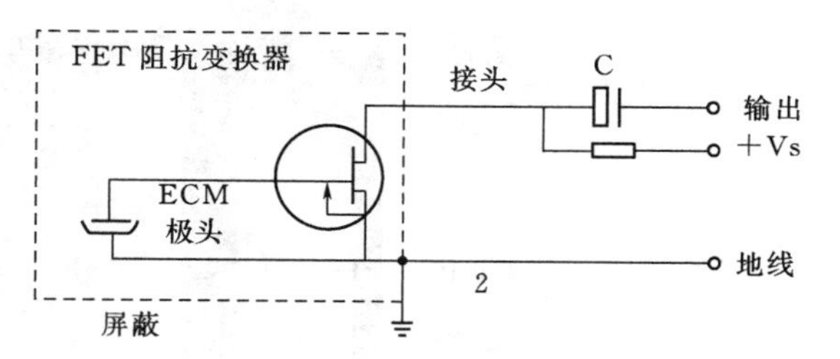

图 6.7 驻极话筒内部组成

R_s 和 R_D 的大小要根据电源电压大小来决定。一般可在 2.2～5.1k 选用。例如电源电压为 6V 时，R_s 为 4.7k，R_D 为 2.2k。图 6.7 输出电路中，若电源为正极接地时，只需将 D、S 对换一下，仍可成为源、漏极输出。一声控电路前置放大级中驻极体话筒的源极输出和漏极输出的两种不同的接法，最后要说明一点，不管是源极输出或漏极输出，驻极体话筒必须提供直流电压才能工作，因为它内部装有场效应管。

2. 结构原理

驻极体话筒具有体积小、频率范围宽、高保真和成本低的特点，已在通信设备、家用电器等电子产品中广泛应用。

(1) 驻极体话筒的结构与工作原理。驻极体话筒的工作原理可以用图 6.8 来表示。

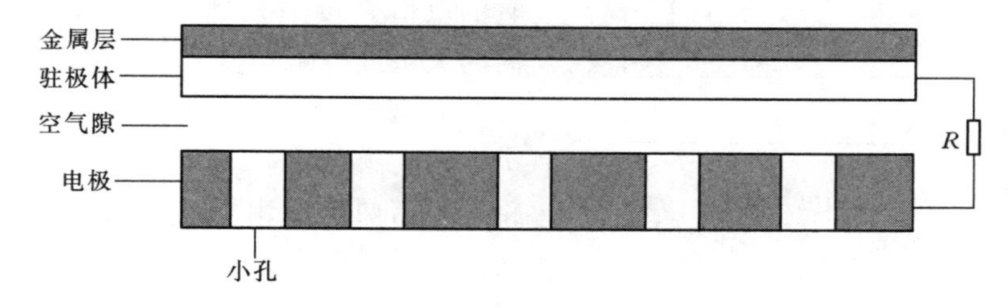

图 6.8 驻极体话筒工作原理

话筒的基本结构由一片单面涂有金属的驻极体薄膜与一个上面有若干小孔的金属电极（背称为背电极）构成。驻极体面与背电极相对，中间有一个极小的空气隙，形成一个以空气隙和驻极体作绝缘介质，以背电极和驻极体上的金属层作为两个电极构成一个平板电容器。电容的两极之间有输出电极。由于驻极体薄膜上分布有自由电荷。

当声波引起驻极体薄膜振动而产生位移时，改变了电容两极板之间的距离，从而引起电容的容量发生变化，由于驻极体上的电荷数始终保持恒定，根据公式：$Q=CU$ 所以当 C 变化时必然引起电容器两端电压 U 的变化，从而输出电信号，实现声—电的变换。实际上驻极体话筒的内部结构如图 6.9 所示。

由于实际电容器的电容量很小，输出的电信号极为微弱，输出阻抗极高，可达数百兆欧以上。因此，它不能直接与放大电路相连接，必须连接阻抗变换器。通常用一个专用的场效应管和一个二极管复合组成阻抗变换器。内部电气原理如图 6.10 所示。

电容器的两个电极接在栅源极之间，电容两端电压既为栅源极偏置电压 U_{cs}，U_{cs}变化

图 6.9　驻极话筒内部结构

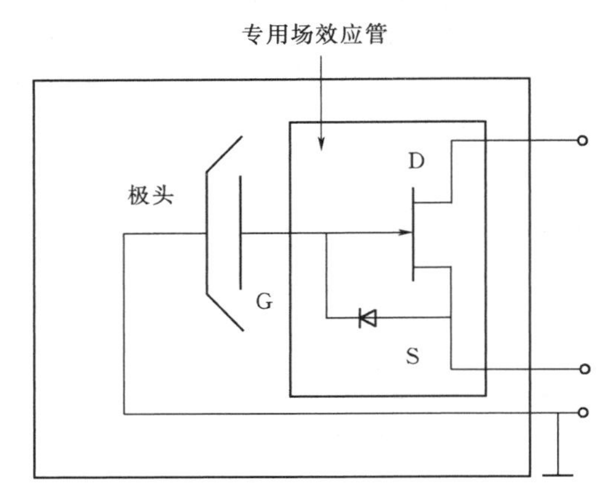

图 6.10　内部电气原理

时，引起场效应管的源漏极之间 I_{dc} 的电流变化，实现了阻抗变换。一般话筒经变换后输出电阻小于 2kΩ。

（2）驻极体话筒的正确使用。机内型驻极体话筒有四种连接方式。

对应的话筒引出端分为两端式和三端式两种，图 6.10 中 R 是场效应管的负载电阻，它的取值直接关系到话筒的直流偏置，对话筒的灵敏度等工作参数有较大的影响。

二端输出方式是将场效应管接成漏极输出电路，类似晶体三极管的共发射极放大电路。只需两根引出线，漏极 D 与电源正极之间接一漏极电阻 R，信号由漏极输出有一定的电压增益，因而话筒的灵敏度比较高，但动态范围比较小。市售的驻极体话筒大多是这种方式连接（SONY 用在 MD 上的话筒也是这类）。

三端输出方式是将场效应管接成源极输出方式，类似晶体三极管的射极输出电路，需要用三根引线。漏极 D 接电源正极，源极 S 与地之间接一电阻 R 来提供源极电压，信号由源极经电容 C 输出。源极输出的输出阻抗小于 2K，电路比较稳定，动态范围大，但输出信号比漏极输出小。三端输出式话筒市场上比较少见。

无论何种接法，驻极体话筒必须满足一定的偏置条件才能正常工作。（实际上就是保证内置场效应管始终处于放大状态）。

（3）驻极体话筒的特性参数。

工作电压 U_{ds}：1.5～12V，常用的有 1.5V、3V、4.5V 三种。

工作电流 I_{ds}：0.1～1mA。

输出阻抗：一般小于 2kΩ。

灵敏度：单位为伏/帕，国产的分为 4 挡，红点（灵敏度最高）黄点、蓝点、白点（灵敏度最低）。

频率响应：一般较为平坦。

指向性：全向。

等效噪声级：小于 35dB。

3. 极性判别

关于驻极体电容式话筒的检测方法是：首先检查引脚有无断线情况，然后检测驻极体电容式话筒。驻极体话筒体积小，结构简单，电声性能好，价格低廉，应用非常广泛。驻极体话筒的内部结构如图 6.9 所示。由声电转换系统和场效应管两部分组成。它的电路的接法有两种：源极输出和漏极输出。源极输出有三根引出线，漏极 D 接电源正极，源极 S 经电阻接地，再经一电容作信号输出；漏极输出有两根引出线，漏极 D 经一电阻接至电源正极，再经一电容作信号输出，源极 S 直接接地。所以，在使用驻极体话筒之前首先要对其进行极性的判别。

在场效应管的栅极与源极之间接有一只二极管，因而可利用二极管的正反向电阻特性来判别驻极体话筒的漏极 D 和源极 S。

将万用表拨至 $R\times 1\text{k}\Omega$ 挡，黑表笔接任一极，红表笔接另一极。再对调两表笔，比较两次测量结果，阻值较小时，黑表笔接的是源极，红表笔接的是漏极。

4. 工作原理

驻极体话筒体积小，结构简单，电声性能好，价格低廉，应用非常广泛。

高分子极化膜上生产时就注入了一定的永久电荷（Q），由于没有放电回路，这个电荷量是不变的，在声波的作用下，极化膜随着声音震动，因此和背极的距离也跟着变化，也就是说极化膜和背极间的电容是随声波变化。

电容上电荷的公式是 $Q=CU$，反之 $U=Q/C$ 也是成立的。驻极体总的电荷量是不变，当极板在声波压力下后退时，电容量减小，电容两极间的电压就会成反比的升高，反之电容量增加时电容两极间的电压就会成反比的降低。最后再通过阻抗非常高的场效应将电容两端的电压取出来，同时进行放大，就可以得到和声音对应的电压了。由于场效应管是有源器件，需要一定的偏置和电流才可以工作在放大状态，因此，驻极体话筒都要加一个直流偏置才能工作。

【挑战自我】

请同学们尝试用串口工具，查看声音传感器模拟量输出的变化值。

6.2 光控 LED 灯

【任务导航】

(1) 认识光控元件光敏电阻。

(2) 搭建光敏电阻与 Arduino 硬件电路。

(3) 制作用光敏电阻控制 LED 的亮灭。

【材料阅读】

光敏电阻器是利用半导体的光电效应制成的一种电阻值随入射光的强弱而改变的电阻器。主要用于光的测量、光的控制和光电转换，如图 6.11 所示。光敏电阻器都制成薄片

图 6.11 光敏电阻

结构，以便能够吸收更多的光能。该类电阻器的特点是入射光越强，电阻值就越小，入射光越弱，电阻值就越大。如声控灯中采用了光敏电阻器作为白天控制灯光的装置。

结构：通常由光敏层、玻璃基片（或树枝防潮膜）和电极等组成的。

特性：光敏电阻器是利用半导体光电导效应制成的一种特殊电阻器，对光线十分敏感，它的电阻值能随着外界光照强弱（明暗）变化而变化。它在无光照射时，呈高阻状态；当有光照射时，其电阻值迅速减小。

【动手操作】

主题：光敏电阻控制 LED 亮灭

器材：Arduino 板子、LED、光敏电阻传感器、USB 数据线

1. 硬件搭建

光敏电阻传感器要接到 Arduino 控制器模拟口上，LED 用 Arduino 板卡自带的 13 数字针脚上的 LED，绘制电路连接图，如图 6.12 所示。

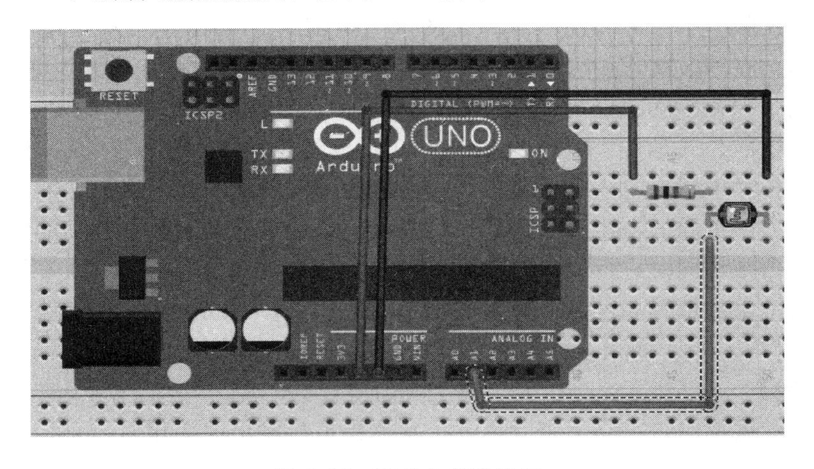

图 6.12 硬件电路连接图

2. 程序讲解

本次实验设计的效果是，当光照正常的时候 LED 灯是灭的，当周围变暗时 LED 灯变亮。

根据上面电路图及要求编写程序如下：

```
#define ADpin A2            //定义变量 ADpin=2,为电压读取端口
#define LED 13              //定义变量 ledpin=13,为 led 电平输出端口
int val = 0;                //定义 val 变量的起始值
void setup()
{
```

```
    pinMode(LED,OUTPUT);  //使 LED 为输出模式
}
void loop()
{
    val = analogRead(ADpin);  //从传感器读取值
    if(val<=512)  //512=2.5V,想让传感器敏感一些的时候,把数值调高,想让传感器迟钝的时候把数值调低。
    {
        digitalWrite(LED,HIGH); //当 val 小于 512(2.5V)的时候,led 亮。
    }
    else
    {
        digitalWrite(LED,LOW);
    }
}
```

在下载程序之前，要查看板卡和端口号是否正确；下载程序后，可以用手遮挡光敏电阻传感器来表示黑夜，这样就能看见 LED 在黑夜发光，白天熄灭。

【探究思考】

光敏电阻传感器可以控制 LED 亮灭，还能控制其他电子产品工作吗?

【视野拓展】

光 敏 电 阻

光敏电阻又称光导管，常用的制作材料为硫化镉，另外还有硒、硫化铝、硫化铅和硫化铋等材料。这些材料在特定波长的光照射下，产生载流子参与导电，在外加电场的作用下做漂移运动，电子奔向电源的正极，空穴奔向电源的负极，从而使光敏电阻器的阻值迅速下降。

1. 光敏电阻简介

光敏电阻器是利用半导体的光电效应制成的一种电阻值随入射光的强弱而改变的电阻器；入射光强，电阻减小，入射光弱，电阻增大。光敏电阻器一般用于光的测量、光的控制和光电转换（将光的变化转换为电的变化）。常用的光敏电阻器硫化镉光敏电阻器，它是由半导体材料制成的。光敏电阻器的阻值随入射光线（可见光）的强弱变化而变化，在黑暗条件下，它的阻值（暗阻）可达 1～10MΩ，在强光条件（100lx）下，它阻值（亮阻）仅有几百至数千欧姆。光敏电阻器对光的敏感性（即光谱特性）与人眼对可见光 0.4～0.76μm 的响应很接近，只要人眼可感受的光，都会引起它的阻值变化。设计光控电路时，都用白炽灯泡（小电珠）光线或自然光线作控制光源，使设计大为简化。

2. 光敏电阻结构

通常，光敏电阻器都制成薄片结构，以便吸收更多的光能。当它受到光的照射时，半导体片（光敏层）内就激发出电子—空穴对，参与导电，使电路中电流增强。为了获得高的灵敏度，光敏电阻的电极常采用梳状图案，它是在一定的掩膜下向光电导薄膜上蒸镀金或铟等金属形成的。一般光敏电阻器结构如图 6.13 所示。

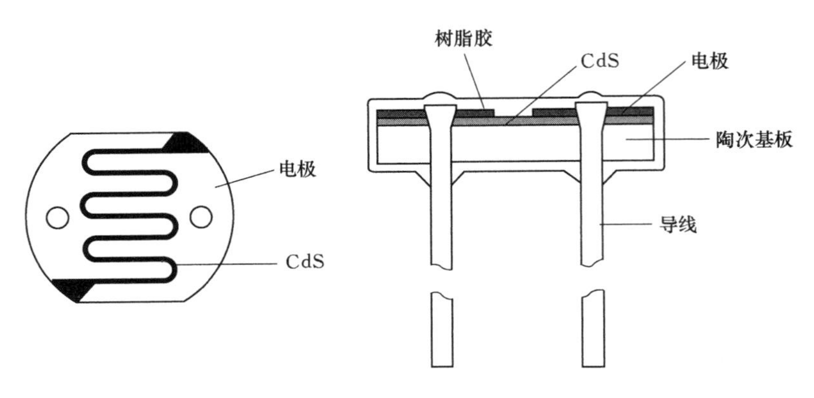

图 6.13　光敏电阻器结构图

3. 光敏电阻的主要参数特性

根据光敏电阻的光谱特性，可分为三种光敏电阻器：

(1) 紫外光敏电阻器，对紫外线较灵敏，包括硫化镉、硒化镉光敏电阻器等，用于探测紫外线。

(2) 红外光敏电阻器，主要有硫化铅、碲化铅、硒化铅。锑化铟等光敏电阻器，广泛用于导弹制导、天文探测、非接触测量、人体病变探测、红外光谱，红外通信等国防、科学研究和工农业生产中。

(3) 可见光光敏电阻器，包括硒、硫化镉、硒化镉、碲化镉、砷化镓、硅、锗、硫化锌光敏电阻器等。主要用于各种光电控制系统，如光电自动开关门户，航标灯、路灯和其他照明系统的自动亮灭，自动给水和自动停水装置，机械上的自动保护装置和“位置检测器”，极薄零件的厚度检测器，照相机自动曝光装置，光电计数器，烟雾报警器，光电跟踪系统等方面。

光敏电阻的主要参数是：

(1) 光电流、亮电阻。光敏电阻器在一定的外加电压下，当有光照射时，流过的电流称为光电流，外加电压与光电流之比称为亮电阻，常用“100lx”表示。

(2) 暗电流、暗电阻。光敏电阻在一定的外加电压下，当没有光照射的时候，流过的电流称为暗电流。外加电压与暗电流之比称为暗电阻，常用“0lx”表示。

(3) 灵敏度。灵敏度是指光敏电阻不受光照射时的电阻值（暗电阻）与受光照射时的电阻值（亮电阻）的相对变化值。

(4) 光谱响应。光谱响应又称光谱灵敏度，是指光敏电阻在不同波长的单色光照射下的灵敏度。若将不同波长下的灵敏度画成曲线，就可以得到光谱响应的曲线。

(5) 光照特性。光照特性指光敏电阻输出的电信号随光照度而变化的特性。从光敏电阻的光照特性曲线可以看出，随着的光照强度的增加，光敏电阻的阻值开始迅速下降。若进一步增大光照强度，则电阻值变化减小，然后逐渐趋向平缓。在大多数情况下，该特性为非线性。

(6) 伏安特性曲线。伏安特性曲线用来描述光敏电阻的外加电压与光电流的关系，对于光敏器件来说，其光电流随外加电压的增大而增大。

（7）温度系数。光敏电阻的光电效应受温度影响较大，部分光敏电阻在低温下的光电灵敏较高，而在高温下的灵敏度则较低。

（8）额定功率。额定功率是指光敏电阻用于某种线路中所允许消耗的功率，当温度升高时，其消耗的功率就降低。

4. 光敏电阻的工作原理

光敏电阻的工作原理是基于内光电效应。在半导体光敏材料两端装上电极引线，将其封装在带有透明窗的管壳里就构成光敏电阻，为了增加灵敏度，两电极常做成梳状。用于制造光敏电阻的材料主要是金属的硫化物、硒化物和碲化物等半导体。通常采用涂敷、喷涂、烧结等方法在绝缘衬底上制作很薄的光敏电阻体及梳状欧姆电极，接出引线，封装在具有透光镜的密封壳体内，以免受潮影响其灵敏度。在黑暗环境里，它的电阻值很高，当受到光照时，只要光子能量大于半导体材料的禁带宽度，则价带中的电子吸收一个光子的能量后可跃迁到导带，并在价带中产生一个带正电荷的空穴，这种由光照产生的电子空穴对了半导体材料中载流子的数目，使其电阻率变小，从而造成光敏电阻阻值下降。光照越强，阻值越低。入射光消失后，由光子激发产生的电子空穴对将复合，光敏电阻的阻值也就恢复原值。在光敏电阻两端的金属电极加上电压，其中便有电流通过，受到波长的光线照射时，电流就会随光强的而变大，从而实现光电转换。光敏电阻没有极性，纯粹是一个电阻器件，使用时既可加直流电压，也加交流电压。半导体的导电能力取决于半导体导带内载流子数目的多少。

5. 光敏电阻的应用

光敏电阻属半导体光敏器件，除具灵敏度高，反应速度快，光谱特性及 r 值一致性好等特点外，在高温、多湿的恶劣环境下，还能保持高度的稳定性和可靠性，可广泛应用于照相机、太阳能庭院灯、草坪灯、验钞机、石英钟、音乐杯、礼品盒、迷你小夜灯、光声控开关、路灯自动开关以及各种光控玩具、光控灯饰、灯具等光自动开关控制领域。下面给出几个典型应用电路。

（1）光敏电阻调光电路。图 6.14 是一种典型的光控调光电路，其工作原理是：当周围光线变弱时引起光敏电阻的阻值增加，使加在电容 C 上的分压上升，进而使可控硅的导通角增大，达到增大照明灯两端电压的目的。反之，若周围的光线变亮，则 RG 的阻值下降，导致可控硅的导通角变小，照明灯两端电压也同时下降，使灯光变暗，从而实现对灯光照度的控制。

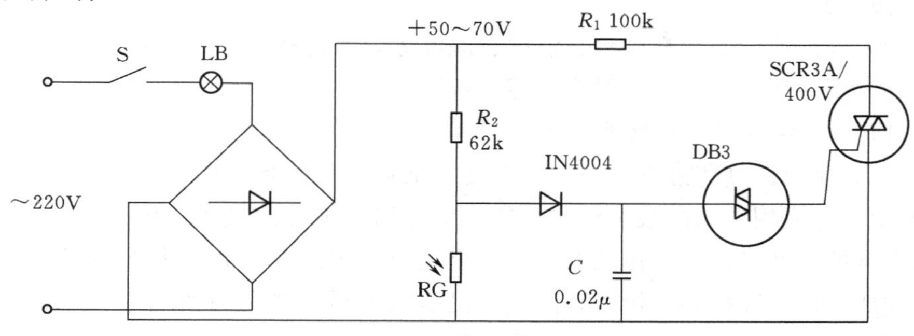

图 6.14 光控调光电路

上述电路中整流桥给出的是必须是直流脉动电压，不能将其用电容滤波变成平滑直流电压，否则电路将无法正常工作。原因在于直流脉动电压既能给可控硅提供过零关断的基本条件，又可使电容 C 的充电在每个半周从零开始，准确完成对可控硅的同步移相触发。

(2) 光敏电阻式光控开关。以光敏电阻为核心元件的带继电器控制输出的光控开关电路有许多形式，如自锁亮激发、暗激发及精密亮激发、暗激发等，下面给出几种典型电路。

图 6.15 是一种简单的暗激发光控开关电路。其工作原理是：当照度下降到设置值时由于光敏电阻阻值上升激发 VT_1 导通，VT_2 的激励电流使继电器工作，常开触点闭合，常闭触点断开，实现对外电路的控制。

图 6.16 是一种精密的暗激发光控开关电路。其工作原理是：当照度下降到设置值时由于光敏电阻阻值上升使运放 IC 的反相端电位升高，其输出激发 VT 导通，VT 的激励电流使继电器工作，常开触点闭合，常闭触点断开，实现对外电路的控制。

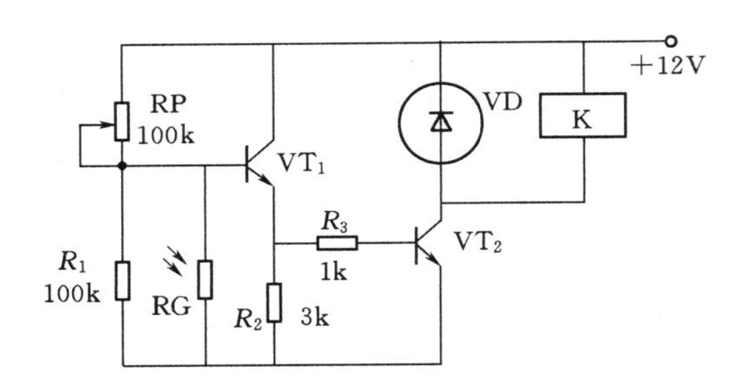

图 6.15　简单的暗激发光控开关

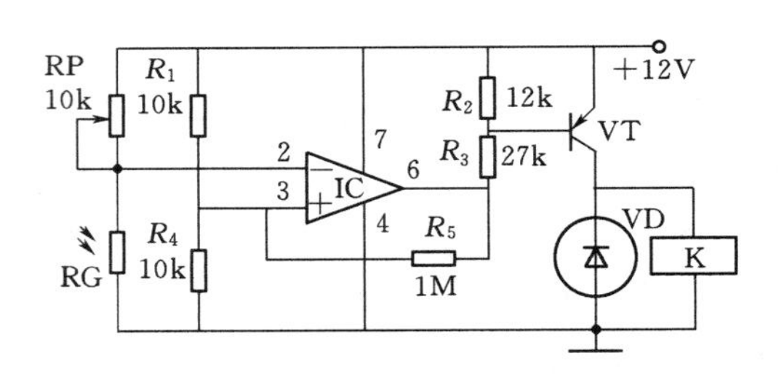

图 6.16　精密的暗激发光控开关

【挑战自我】

请同学们尝试实现用光敏电阻传感器制作一个跟随智能车。

6.3　温湿度传感器 DHT11

【任务导航】

(1) 认识温湿度传感器 DHT11。

(2) 搭建温湿度传感器 DHT11 与 Arduino 硬件电路。

(3) 制作用 Arduino 板卡读取温湿度传感器 DHT11 的数据在串口工具显示。

【材料阅读】

经常看天气预报，上面都显示有温度、湿度等，那这些数据是怎么样获取的。这个实验将会告诉大家结果，是利用温湿度传感器获取的。

1. DHT11 数字温湿度传感器概述

DHT11 数字温湿度传感器是一款含有已校准数字信号输出的温湿度复合传感器，如图 6.17 所示。它应用专用的数字模块采集技术和温湿度传感技术，确保产品具有极高的可靠性与卓越的长期稳定性。传感器包括一个电阻式感湿元件和一个 NTC 测温元件，并与一个高性能 8 位单片机相连接。因此该产品具有品质卓越、超快响应、抗干扰能力强、性价比极高等优点。每个 DHT11 传感器都在极为精确的湿度校验室中进行校准。校准系

数以程序的形式储存在 OTP 内存中，传感器内部在检测信号的处理过程中要调用这些校准系数。单线制串行接口，使系统集成变得简易快捷。超小的体积、极低的功耗，信号传输距离可达 20m 以上，使其成为各类应用甚至最为苛刻的应用场合的最佳选择。产品为 4 针单排引脚封装。连接方便，特殊封装形式可根据用户需求而提供。

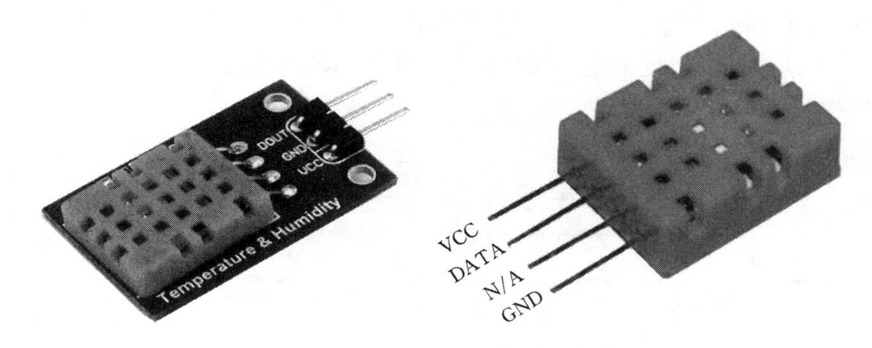

图 6.17 温湿度传感器 DHT11 实物图

2. 接口说明

建议连接线长度短于 20m 时用 5k 上拉电阻，大于 20m 时根据实际情况使用合适的上拉电阻，如图 6.18 所示。

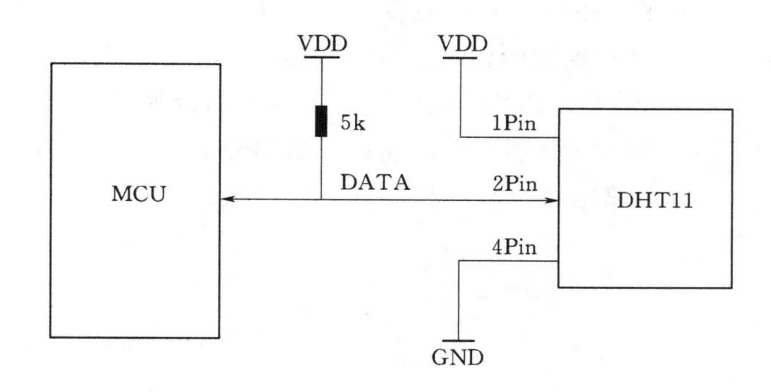

图 6.18 典型应用电路

3. 电源引脚

DHT11 的供电电压为 3～5.5V。传感器上电后，要等待 1s 以越过不稳定状态在此期间无需发送任何指令。电源引脚（VDD，GND）之间可增加一个 100nF 的电容，用以去耦滤波。

4. 串行接口（单线双向）

DATA 用于微处理器与 DHT11 之间的通信和同步，采用单总线数据格式，一次通信时间 4ms 左右，数据分小数部分和整数部分，具体格式在下面说明，当前小数部分用于以后扩展，现读出为零．操作流程如下：

一次完整的数据传输为 40bit，高位先出。

数据格式：8bit 湿度整数数据＋8bit 湿度小数数据＋8bit 温度整数数据＋8bit 温度小数数据＋8bit 校验和

数据传送正确时校验和数据等于“8bit 湿度整数数据＋8bit 湿度小数数据＋8bit 温度整数数据＋8bit 温度小数数据”所得结果的末 8 位。用户 MCU 发送一次开始信号后，DHT11 从低功耗模式转换到高速模式，等待主机开始信号结束后，DHT11 发送响应信号，送出 40bit 的数据，并触发一次信号采集，用户可选择读取部分数据．从模式下，DHT11 接收到开始信号触发一次温湿度采集，如果没有接收到主机发送开始信号，DHT11 不会主动进行温湿度采集．采集数据后转换到低速模式。

通信过程如图 6.19 所示。

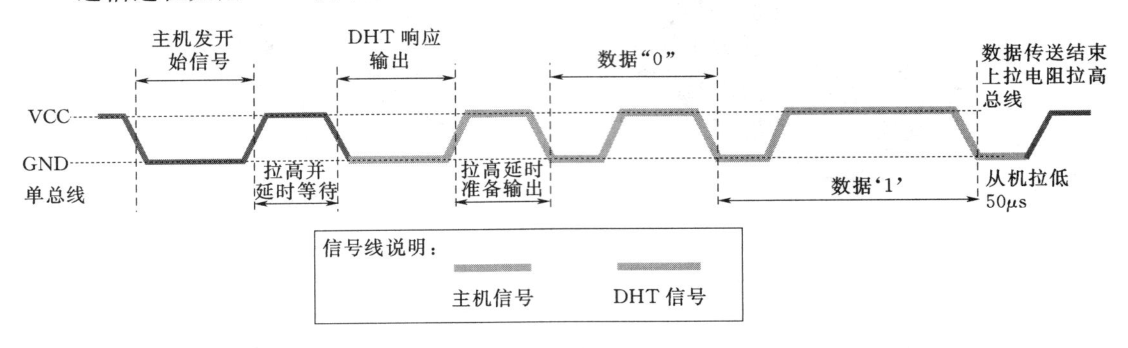

图 6.19　通信过程图（1）

总线空闲状态为高电平，主机把总线拉低等待 DHT11 响应，主机把总线拉低必须大于 18ms，保证 DHT11 能检测到起始信号。DHT11 接收到主机的开始信号后，等待主机开始信号结束，然后发送 80μs 低电平响应信号，主机发送开始信号结束后，延时等待 20～40μs 后，读取 DHT11 的响应信号，主机发送开始信号后，可以切换到输入模式，或者输出高电平均可，总线由上拉电阻拉高，如图 6.20 所示。

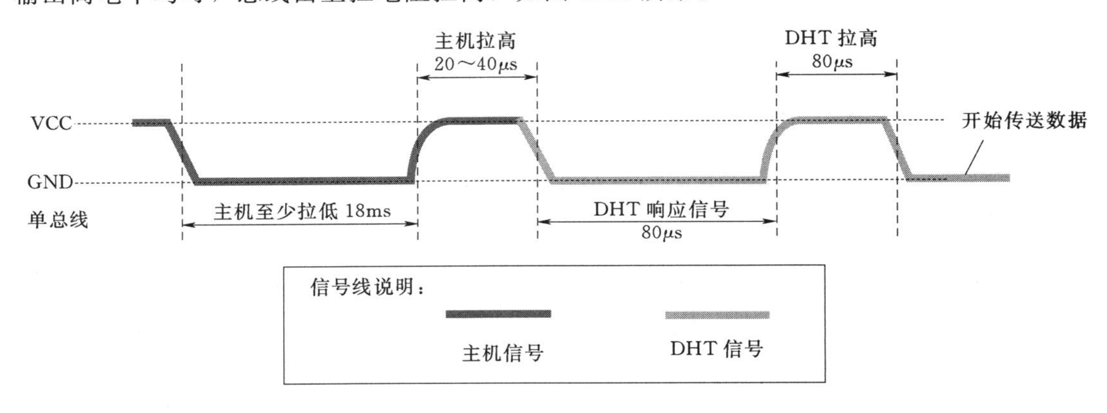

图 6.20　通信过程图（2）

总线为低电平，说明 DHT11 发送响应信号，DHT11 发送响应信号后，再把总线拉高 80μs，准备发送数据，每 1bit 数据都以 50μs 低电平时隙开始，高电平的长短定了数据位是 0 还是 1，格式如图 6.21 所示。如果读取响应信号为高电平，则 DHT11 没有响应，请检查线路是否连接正常。当最后 1bit 数据传送完毕后，DHT11 拉低总线 50μs，随后总线由上拉电阻拉高进入空闲状态。数字 0 信号表示方法如图 6.21 所示。

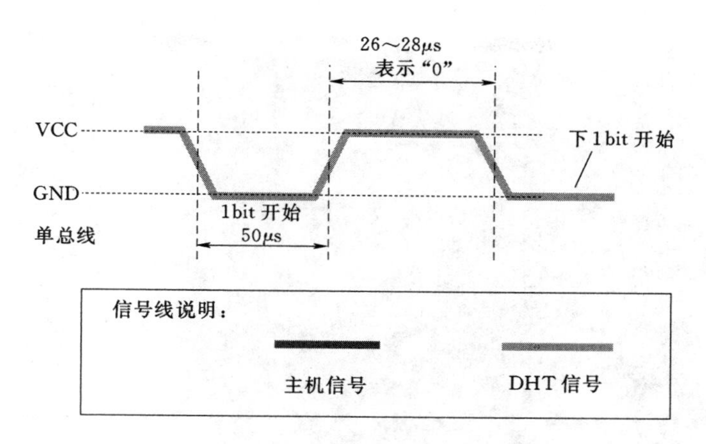

图 6.21 数字 0 信号表示方法

数字 1 信号表示方法，如图 6.22 所示。

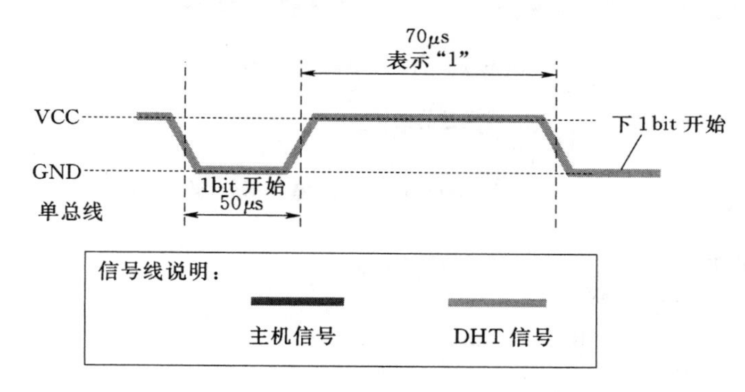

图 6.22 数字 1 信号表示方法

【动手操作】

主题：用 Arduino 板卡读取温湿度传感器 DHT11 的数据

器材：Arduino 板子、温湿度传感器 DHT11、USB 数据线

1. 硬件搭建

根据相关资料的阅读，硬件接线图用面包板连接绘图软件绘制，如图 6.23 所示。

2. 程序讲解

根据上面的语句编写程序如下：

(1) 主程序。

```
#include<Arduino.h>
#include "DHT11.h"
DHT11 myDHT11(2);
void setup()                          //Arduino 程序初始化程序放在这里,只在开机时候运行一次
{
    Serial.begin(9600);               //设置通信的波特率为 9600
    Serial.println("you are welccme!"); //发送的内容
```

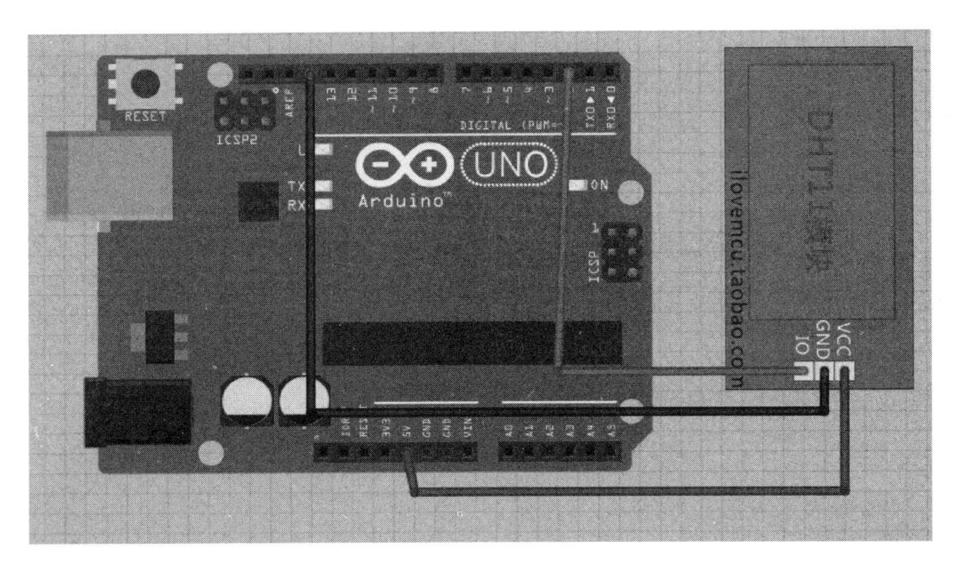

图 6.23　硬件电路连接图

```
    Serial.println("succeed");          //发送的内容
}
void loop()                             //Arduino 程序的主程序部分,循环运行内部程序
{
    myDHT11.DHT11_Read();               //读取温湿度值
    Serial.print("Humidity = ");
    Serial.print(myDHT11.HUMI_Buffer_Int);
    Serial.println(" %RH");
    Serial.print("Temperature = ");
    Serial.print(myDHT11.TEM_Buffer_Int);
    Serial.println(" C");
    delay(2000);                        //延时 2s
}
```

（2）库文件。

```
#include "DHT11.h"
//定义变量
unsigned char HUMI_Buffer_Int = 0;
unsigned char TEM_Buffer_Int = 0;

DHT11::DHT11(int pin)
{
    DHT11_DQ = pin;
}
//********************************************************
//初始化 DHT11
//********************************************************
```

```
void DHT11::DHT11_Init()
{
    pinMode(DHT11_DQ,OUTPUT);
    digitalWrite(DHT11_DQ,LOW);  //拉低总线,发开始信号;
    delay(30);  //延时要大于 18ms,以便 DHT11 能检测到开始信号;
    digitalWrite(DHT11_DQ,HIGH);
    delayMicroseconds(40);  //等待 DHT11 响应;
    pinMode(DHT11_DQ,INPUT_PULLUP);
    while(digitalRead(DHT11_DQ)== HIGH);
    delayMicroseconds(80);  //DHT11 发出响应,拉低总线 80μs;
    if(digitalRead(DHT11_DQ)== LOW);
    delayMicroseconds(80);  //DHT11 拉高总线 80us 后开始发送数据;
}
//**************************************************
//读一个字节 DHT11 数据
//**************************************************
unsigned char DHT11::DHT11_Read_Byte()
{
    unsigned char i,dat = 0;
    unsigned int j;
    pinMode(DHT11_DQ,INPUT_PULLUP);
        delayMicroseconds(2);
    for(i=0;i<8;i++)
    {
        while(digitalRead(DHT11_DQ)== LOW);  //等待 50μs;
        delayMicroseconds(40);  //判断高电平的持续时间,以判定数据是'0'还是'1';
        if(digitalRead(DHT11_DQ)== HIGH)
      dat |=(1<<(7-i));  //高位在前,低位在后;
        while(digitalRead(DHT11_DQ)== HIGH);  //数据'1',等待下一位的接收;
    }
    return dat;
}
//**************************************************
//读取温湿度值,存放在 TEM_Buffer 和 HUMI_Buffer
//**************************************************
void DHT11::DHT11_Read()
{
    DHT11_Init();
    HUMI_Buffer_Int = DHT11_Read_Byte();        //读取湿度的整数值
    DHT11_Read_Byte();                          //读取湿度的小数值
    TEM_Buffer_Int = DHT11_Read_Byte();         //读取温度的整数值
    DHT11_Read_Byte();                          //读取温度的小数值
    DHT11_Read_Byte();                          //读取校验和
    delayMicroseconds(50);                      //DHT11 拉低总线 50μs
```

```
    pinMode(DHT11_DQ,OUTPUT);
    digitalWrite(DHT11_DQ,HIGH);                    //释放总线
}
```

（3）DHT11 头文件。

```
#ifndef __DHT11_H__
#define __DHT11_H__
#include <Arduino.h>
class DHT11
{
public:
    DHT11(int pin);
    void DHT11_Init();
    unsigned char DHT11_Read_Byte();
    void DHT11_Read();

    unsigned char HUMI_Buffer_Int;
    unsigned char TEM_Buffer_Int;
private:
    int DHT11_DQ;
};
#endif
```

注意事项：

（1）代码中引用了#include 〈dht11.h〉，这个是操作 DHT11 的库文件，有了它，就可以轻松操作这个温湿度传感器了。引用这个库文件的操作步骤如下：

1）在网上找到并下载该库文件，包括一个头文件和一个 .cpp 文件。

2）在 arduinoIDE 中单击菜单：程序-导入库- add library，然后选择存放库文件的那个文件夹。

3）在代码中引用 # include 〈dht11.h〉，这样就可以使用了。

（2）DHT11 myDHT11（2），表示定义引脚 2 的名字为 myDHT11。

在下载程序之前，要查看板卡和端口号是否正确，下载程序后，观察串口工具的数据是否正确，如图 6.24 所示。

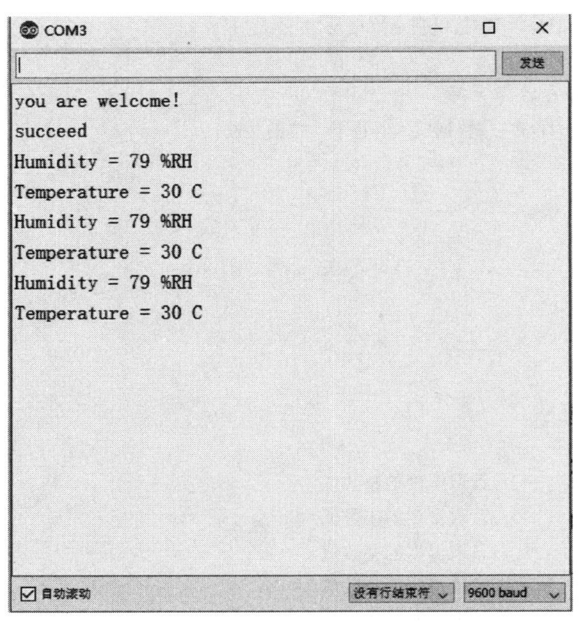

图 6.24　串口工具接收的数据

【探究思考】

本实验使用的 DHT11 温湿度传感器，还有其他温湿度传感器可以检测温

湿度吗？

【视野拓展】

温湿度传感器

温湿度传感器只是传感器其中的一种而已，只是把空气中的温湿度通过一定检测装置，测量到温湿度后，按一定的规律变换成电信号或其他所需形式的信息输出，用以满足用户需求。

由于温度与湿度不管是从物理量本身还是在实际人们的生活中都有着密切的关系，所以温湿度一体的传感器就会相应产生。温湿度传感器是指能将温度量和湿度量转换成容易被测量处理的电信号的设备或装置。市场上的温湿度传感器一般是测量温度量和相对湿度量。

1. 温湿度传感器简介

数字信号温湿度传感器主要分为单总线和 IIC 两种程序。

温度：度量物体冷热的物理量，是国际单位制中 7 个基本物理量之一。在生产和科学研究中，许多物理现象和化学过程都是在一定的温度下进行的，人们的生活也和他密切相关。

湿度：湿度很久以前就与生活存在着密切的关系，但用数量来进行表示较为困难。

日常生活中最常用的表示湿度的物理量是空气的相对湿度。用%RH 表示。在物理量的导出上相对湿度与温度有着密切的关系。一定体积的密闭气体，其温度越高相对湿度越低，温度越低，其相对湿度越高。其中涉及复杂的热力工程学知识。

有关湿度的一些定义：

相对湿度：在计量法中规定，湿度定义为“物象状态的量”。日常生活中所指的湿度为相对湿度，用 RH%表示。总之，即气体中（通常为空气中）所含水蒸气量（水蒸气压）与其空气相同情况下饱和水蒸气量（饱和水蒸气压）的百分比。

绝对湿度：指单位容积的空气里实际所含的水汽量，一般以克为单位。温度对绝对湿度有着直接影响，一般情况下，温度越高，水蒸气发得越多，绝对湿度就越大；相反，绝对湿度就小。

饱和湿度：在一定温度下，单位容积，空气中所能容纳的水汽量的最大限度。如果超过这个限度，多余的水蒸气就会凝结，变成水滴，此时的空气湿度变称为饱和湿度。空气的饱和湿度不是固定不变的，它随着温度的变化而变化。温度越高，单位容积空气中能容纳的水蒸气就越多，饱和湿度就越大。

露点：指含有一定量水蒸气（绝对湿度）的空气，当温度下降到一定程度时所含的水蒸气就会达到饱和状态（饱和湿度）并开始液化成水，这种现象称为凝露。水蒸气开始液化成水时的温度称为“露点温度”简称“露点”。如果温度继续下降到露点以下，空气中超饱和的水蒸气就会在物体表面上凝结成水滴。此外，风与空气中的温湿度有密切关系，也是影响空气温湿度变化的重要因素之一。

2. 温湿度传感器测量方法

湿度测量传感器常见的几个测量方法：

湿度测量技术来由已久。随着电子技术的发展，近代测量技术也有了飞速的发展。湿度测量从原理上划分二三十种之多。对湿度的表示方法有绝对湿度、相对湿度、露点、湿气与干气的比值（重量或体积）等。但湿度测量始终是世界计量领域中著名的难题之一。一个看似简单的量值，深究起来，涉及相当复杂的物理-化学理论分析和计算，初涉者可能会忽略在湿度测量中必需注意的许多因素，因而影响的合理使用。

常见的湿度测量方法有：动态法（双压法、双温法、分流法），静态法（饱和盐法、硫酸法），露点法，干湿球法和形形色色的电子式传感器法。

这里双压法、双温法是基于热力学 P、V、T 平衡原理，平衡时间较长，分流法是基于绝对湿气和绝对干空气的精确混合。由于采用了现代测控手段，这些设备可以做得相当精密，却因设备复杂，昂贵，运作费时费工，主要作为标准计量之用，其测量精度可达±2%RH～±1.5%RH。

静态法中的饱和盐法，是湿度测量中最常见的方法，简单易行。但饱和盐法对液、气两相的平衡要求很严，对环境温度的稳定要求较高。用起来要求等很长时间去平衡，低湿点要求更长。特别在室内湿度和瓶内湿度差值较大时，每次开启都需要平衡 6～8h。

露点法是测量湿空气达到饱和时的温度，是热力学的直接结果，准确度高，测量范围宽。计量用的精密露点仪准确度可达±0.2℃甚至更高。但用现代光-电原理的冷镜式露点仪价格昂贵，常和标准湿度发生器配套使用。

干湿球法，这是 18 世纪就发明的测湿方法。历史悠久，使用最普遍。干湿球法是一种间接方法，它用干湿球方程换算出湿度值，而此方程是有条件的：即在湿球附近的风速必需达到 2.5m/s 以上。普通用的干湿球温度计将此条件简化了，所以其准确度只有 5%～7%RH，明显低于电子湿度传感器。显然干湿球也不属于静态法，不要简单地认为只要提高两支温度计的测量精度就等于提高了湿度计的测量精度。

强调两点：

第一，由于湿度是温度的函数，温度的变化决定性地影响着湿度的测量结果。无论哪种方法，精确地测量和控制温度是第一位的。须知即使是一个隔热良好的恒温恒湿箱，其工作室内的温度也存在一定的梯度。所以此空间内的湿度也难以完全均匀一致。

第二，由于原理和方法差异较大，各种测量方法之间难以直接校准和认定，大多只能用间接办法比对。所以在两种测湿方法之间相互校对全湿程（相对湿度 0～100%RH）的测量结果，或者要在所有温度范围内校准各点的测量结果，是十分困难的事。例如通风干湿球湿度计要求有规定风速的流动空气，而饱和盐法则要求严格密封，两者无法比对。最好的办法还是按国家对湿度计量器具检定系统（标准）规定的传递方式和检定规程去逐级认定。

3. 选择的注意事项

（1）选择测量范围。和测量重量、温度一样，选择湿度传感器首先要确定测量范围。除了气象、科研部门外，搞温、湿度测控的一般不需要全湿程（0～100%RH）测量。

（2）选择测量精度。测量精度是湿度传感器最重要的指标，每提高一个百分点，对湿度传感器来说就是上一个台阶，甚至是上一个档次。因为要达到不同的精度，其制造成本相差很大，售价也相差甚远。所以使用者一定要量体裁衣，不宜盲目追求“高、精、尖”。

如在不同温度下使用湿度传感器，其示值还要考虑温度漂移的影响。众所周知，相对湿度是温度的函数，温度严重地影响着指定空间内的相对湿度。温度每变化 0.1℃。将产生 0.5%RH 的湿度变化（误差）。使用场合如果难以做到恒温，则提出过高的测湿精度是不合适的。多数情况下，如果没有精确的控温手段，或者被测空间是非密封的，±5%RH 的精度就足够了。对于要求精确控制恒温、恒湿的局部空间，或者需要随时跟踪记录湿度变化的场合，再选用±3%RH 以上精度的湿度传感器。而精度高于±2%RH 的要求恐怕连校准传感器的标准湿度发生器也难以做到，更何况传感器自身了。相对湿度测量仪表，即使在 20～25℃下，要达到 2%RH 的准确度仍是很困难的。通常产品资料中给出的特性是在常温（20℃±10℃）和洁净的气体中测量的。

（3）考虑时漂和温漂。在实际使用中，由于尘土、油污及有害气体的影响，使用时间长，电子式湿度传感器会产生老化，精度下降，电子式湿度传感器年漂移量一般都在±2%左右，甚至更高。一般情况下，生产厂商会标明 1 次标定的有效使用时间为 1 年或 2 年，到期需重新标定。

（4）其他注意事项。湿度传感器是非密封性的，为保护测量的准确度和稳定性，应尽量避免在酸性、碱性及含有机溶剂的气氛中使用。也避免在粉尘较大的环境中使用。为正确反映欲测空间的湿度，还应避免将传感器安放在离墙壁太近或空气不流通的死角处。如果被测的房间太大，就应放置多个传感器。有的湿度传感器对供电电源要求比较高，否则将影响测量精度。或者传感器之间相互干扰，甚至无法工作。使用时应按照技术要求提供合适的、符合精度要求的供电电源。传感器需要进行远距离信号传输时，要注意信号的衰减问题。当传输距离超过 200m 以上时，建议选用频率输出信号的湿度传感器。

4. 行业需求

食品行业：温湿度对于食品储存来说至关重要，温湿度的变化会带来食物变质，引发食品安全问题温湿度的监控有利于相关人员进行及时的控制。

档案管理：纸制品对于温湿度极为敏感，不当的保存会严重降低档案保存年限，有了温湿度变送器配上排风机，除湿器，加热器，即可保持稳定的温度，避免虫害，潮湿等问题。

温室大棚：植物的生长对于温湿度要求极为严格，不当的温湿度下，植物会停止生长、甚至死亡利用温湿度传感器，配合气体传感器，光照传感器等可组成一个数字化大棚温湿度监控系统，控制农业大棚内的相关参数，从而使大棚的效率达到极致。

动物养殖：各种动物在不同的温度下会表现出不同的生长状态，高质高产的目标要依靠适宜的环境来保障。

药品储存：根据国家相关要求，药品保存必须按照相应的温湿度进行控制。根据最新的 GMP 认证，对于一般的药品的温度存储范围为 0～30℃。

烟草行业：烟草原料在发酵过程中需要控制好温湿度，在现场环境方便的情况下可利用无线温湿度传感器监控温湿度，在环境复杂的现场内，可利用 RS－485 等数字量传输的温湿度传感器进行检测控制烟包的温湿度，避免发生虫害，如果操作不当，则会造成原料的大量损失。

工控行业：主要用于暖通空调、机房监控等。楼宇中的环境控制通常是温度控制，对

于用控制湿度达到最佳舒适环境的关注日益增多。

5. 发展趋势

近年来，随着智能手机、平板电脑等移动设备的迅速发展，其中内置的微机电系统（MEMS）的比例越来越高。“目前，我们公司的传感器每年的出货量已经超出了几千万片，全球业务增长幅度近年来都在40%左右。”总部位于瑞士的深圳盛思锐（Sensirion）公司总经理Paul Chia表示，作为全球领先的传感器制造商，盛思锐公司早在8年前就已经进入中国市场，并向中国厂商推广温湿度传感器。

“我们的产品在中国市场主要分三大应用：第一是安防监控；第二是节能，普遍应用到家电，汽车等领域；第三则是舒适度，主要应用于消费类电子产品领域。”在2009年，盛思锐公司推出了一款当时世界上最小的数字湿度和温度传感器——SHT21，引起市场广泛关注。

一直以来，盛思锐在推广温湿度传感器的过程中，都非常注重于宣传舒适度概念。“之前的客户只有温度的概念，而没有湿度概念。其实相对湿度是与温度密切相关的，只有对同一测量点的湿度和温度进行数据采集，才能保证相对湿度的准确性。”Paul Chia表示，人体对空气湿度的舒适感应空间较窄，因此需要通过感应器来感知湿度，随时补充或降低水分。

在2009年，盛思锐公司推出了一款当时世界上最小的数字湿度和温度传感器——SHT21，引起市场广泛关注。盛思锐是业内第一家将温、湿度传感器集成到一起的厂商。“我们不仅仅是提供一个感应器，而是把温度补偿和标定数据都集成在一个电路里面。我们的温湿度传感器在出厂前都经过完全标定，客户只需将其跟单片机通讯就可以直接采集到数据。

据介绍，温湿度传感器作为电子技术和物理化学原理的复合技术，硬件因素只占其中50%，另一个重要因素则是标定。如果要保证测出来的值是准确的，则需要保证每次检测的标定值永远在一个固定范围内，这是非常难做到的。一般来说，由于标定需要大量的数据来测试，只有产品出货量越大，产品稳定性才会越好。“由于一些小型IC厂商出货量较小，所以很难保证测量数据的稳定性和精准度”。

据了解，温湿度感应器目前主要分为电阻式、电容式两种，相对来说电容式的精准度比较好，感应速度非常快，但是在水分的侵蚀下容易氧化。由于盛思锐采用了独特的电极分布和镀膜技术，使得感应器不仅不会氧化，还能很快吸收水分子。基本上每一个厂家的湿度传感器都存在一个问题，进水容易损坏。

我们的传感器在水分蒸发后可以迅速还原，电阻式传感器无法做到这一点。针对手机市场，应用匮乏成普及最大阻碍Paul Chia认为，未来的传感器市场尤其是在消费电子及物联网等领域拥有广阔前景。当然在具体应用中，也面临一些需要解决的问题，“物联网方面，客户希望一块纽扣电池可以为传感器供电达4年之久，另外多种传感器的组网和无线传输方式也是一个问题。”但在手机行业的市场推广过程中，Paul Chia意识到，阻碍智能手机厂商采用温湿度传感器的主要原因，可能并非来自传感器本身。“我们的产品能提供温湿度参数，但是怎样使其转化为手机用户的有利信息?”在日本，针对温湿度传感器的应用开发已经走在了前列。

盛思锐的温湿度传感器已被应用于日本某知名品牌手机当中。在中国，包括海尔、联想在内的手机厂商也开始了一些尝试，针对农村市场已经推出了可以显示温湿度的手机，可以帮助农民更便捷地了解气候变化。“未来我们还可能在一些针对老人的手持设备中加入温湿度传感器，提醒他们及时补充水分和调节空间温湿度。”在消费电子领域，温湿度传感器的传统应用是天气预报以及室内监测，例如盛思锐三年前在香港做的“weather station”，通过一个显示屏显示日期、时间、温度和湿度。手机中如果仅仅集成这种应用，消费者是否愿意为增加的成本买单？在接触国内手机客户的过程中，他们对我们的产品其实很看好，唯一的疑问是手机还缺少相关应用。

很遗憾的是，如果没有大型国际品牌手机厂商先使用，国内二线、三线手机厂是不会贸然尝试的。Paul Chia 透露，近段时间他基本上遍访了国内排名前十位的智能手机厂商及 IDH 公司，但是最终还是确定先与日韩和欧美的几家国际品牌厂商开始合作。他同时表示，随着 Windows 8、Android 4.0 增加了对于温湿度传感器的 API 支持，相关的第三方应用开发者将可以在此基础上开发大量的应用软件。而一旦几家国际公司率先应用，将很快在国内形成更加完善的生态系统。

当然，如果要针对中国手机市场，成本是不得不考虑的一个因素，目前温湿度传感器在成本上仍然过高。“我们也意识到手机行业很多时候‘兴奋点’在 1 美金以下，而目前业界同样产品的价格还达不到兴奋点，所以我们也在研发一些体积较小、功耗较小、成本较低的产品。”Paul Chia 表示，用于消费类电子产品上的传感器精度可能并不需要达到那么高，他认为 5%湿度精度、0.5℃温度精度已经可以满足客户需求。随着传感器价格的持续降低，相信未来不只是高端手机，包括中、低端的智能手机都会考虑加入这一功能。

温湿度传感器是传感器网络产品的一种。2009 年，当时世界上最小的数字湿度和温度传感器，引起市场广泛关注。不仅仅是提供一个感应器，而是把温度补偿和标定数据都集成在一个电路里面。温湿度传感器在出厂前都经过完全标定，客户只需将其跟单片机通信就可以直接采集到数据。而现在，温湿度传感器基本上都是以这样的模式在市面上流通，追求更小更方便满足集成电路是未来温湿度传感器厂家要研究的方向。

温湿度传感器作为电子技术和物理化学原理的复合技术，硬件因素只占其中 50%，另一个重要因素则是标定。如果要保证测出来的值是准确的，则需要保证每次检测的标定值永远在一个固定范围内，这是非常难做到的。精度高，性能稳定一直是温湿度传感器的硬性指标。

【挑战自我】

请同学们尝试使用 DS18B20 温度传感器测温。

6.4 红外遥控实验

【任务导航】

（1）认识红外遥控。

（2）搭建红外遥控与 Arduino 硬件电路。

（3）制作用红外遥控控制 LED 的亮灭。

【材料阅读】

红外遥控系统主要分为调制、发射和接收三部分。红外接收模块中的一体化红外接收头，内部集成了红外接收电路，包括红外检测二极管、放大器、限幅器、带通滤波电容、积分电路、比较器等。能够将接收到的调制波进行解调。本次实验利用红外遥控器发出的红外载波信号，红外接收模块接收解调红外信号，来相应控制 LED 通断。

1. 红外遥控

红外遥控是由红外发射和红外接收系统组成框图如图 6.25 所示。

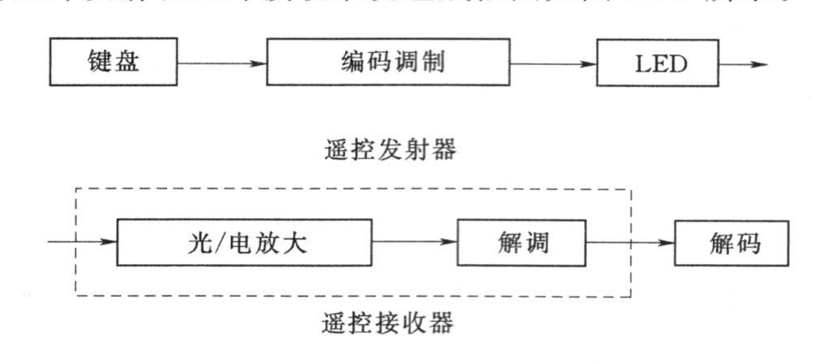

图 6.25　红外发射接收系统框图

2. 红外接收

红外接收电路是一种集成红外线接收和放大一体的一体化红外接收器模块，能够完成从红外线接收到输出与 TTL 电平信号兼容的所有工作，他适用于红外线遥控和红外线数据传输。接收器做成的红外接收模块只有三个引脚，信号线，VCC、GND 与 Arduino 和其他单片机连接通信非常方便。

3. 红外发射

红外发射的遥控器发射的 38K 红外载波信号是由遥控器里的编码芯片对其进行编码。下面用 TC9012 芯片了解下编码方式。它是以一段引导码，用户码，数据码，数据反码组成，利用脉冲的时间间隔来区别是 0 还是 1 信号（高电平低电平之比约为 1∶1 时被认为是信号 0)，而编码就是由这些 0、1 信号组成。同一个遥控器的用户码是不变的，用数据吗不同来分辨遥控器按的键不同。当按下遥控器按键时，遥控器发送出红外载波信号，红外接收器接收到信号时程序对载波信号进行解码，通过数据码的不同来判断按下的是哪个键。单片机由接收到的 01 信号进行解码，由此判断遥控器按下的是什么键。

【动手操作】

主题一：红外遥控各按键对应的编码值

器材：Arduino 板子、LED、红外遥控、USB 数据线

1. 硬件搭建

实验使用的 VS1838＋红外遥控器。VS1838 使用 NEC 编码格式。通过阅读上面资料，绘制的电路硬件图如图 6.26 所示。

示意图如图 6.27 所示。

2. 程序讲解

要使用遥控器控制 arduino，需要下载库文件＜IRremote＞并安装在库文件安装目录下（放入/usr/share/arduino/libraries/目录下）（提供的红外遥控库包含了各种遥控器的

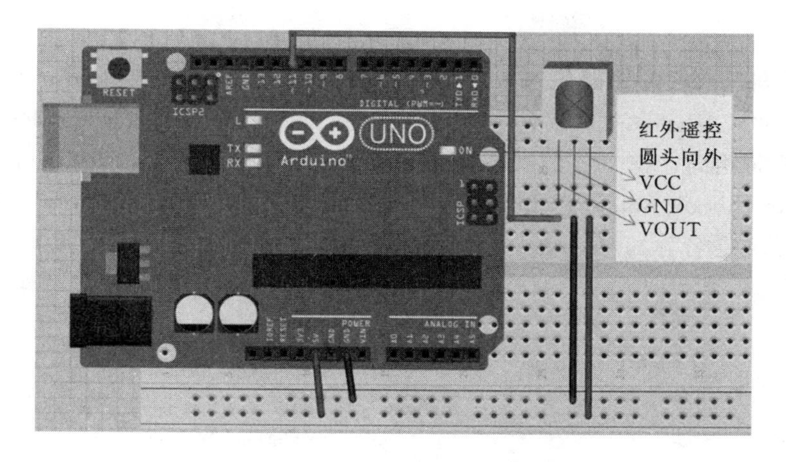

图 6.26 硬件电路连接图

图 6.27 示意图

发射接收函数，只需调用其内部函数即可轻松使用遥控器进行各种制作)。库文件下载地址 https：//github. com/shirriff/Arduino - IRremote。

根据上面的资料编写红外遥控各按键对应的编码值程序如下：

```
#include<AIRremote.h>
#define RECV_PIN 11;        //红外一体化接收头连接到 Arduino 11 号引脚
IRrecv irrecv(RECV_PIN);
decode_results results;     //用于存储编码结果的对象
void setup()
{
  Serial.begin(9600);       //初始化串口通信
  irrecv.enableIRIn();      //初始化红外解码
}
void loop()
{
  if(irrecv.decode(&results))
  {
    Serial.println(results.value,HEX);
    irrecv.resume();  //接收下一个编码
  }
```

```
}
```

注意：在编译程序校验时回提示“error：‘TKD2’ was not declared in this scope”错误，这是下载的<IRremote>库文件与 arduino IDE 库里面自带<RobotIRremote>库文件里面的文件名相同，把下载的<IRremote>库文件里面文件名修改就可以了。例如：找到文件［sketchbook Folder］/libraries/IRremote/文件夹下的 IRremote. h 更名为 AIRremote. h（可自定名称），IRremote. cpp 更名为 AIRremote. cpp；打开 AIRremote. cpp 文件找到：

```
#include "IRremote. h"
#include "IRremoteInt. h"
```

更改为

```
#include "AIRremote. h"
#include "IRremoteInt. h"
```

摘要就可以解决问题了。

在下载程序之前，要查看板卡和端口号是否正确，下载程序后，打开串口监视器，对着红外接收模块按下按键，观察串口监视工具如图 6. 28 所示。

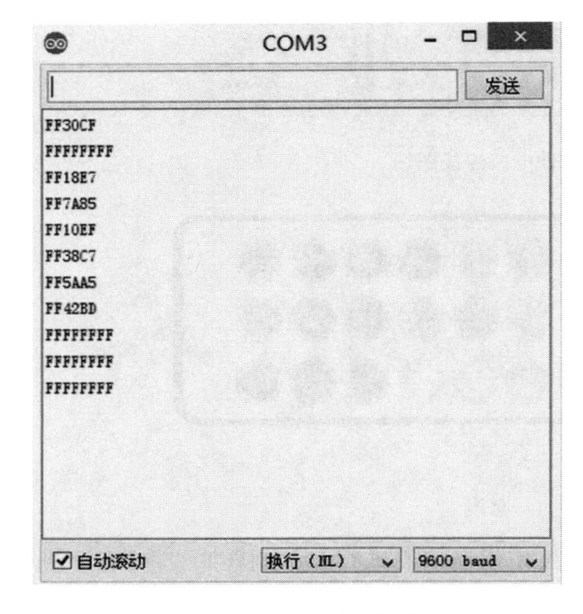

图 6. 28　串口工具接收数据

遥控器的每个按键都对应了不同的编码，不同的遥控器使用的编码也不相同。出现“FFFFFFFF”编码，是因为使用的是 NEC 协议的遥控器，当按住某按键不放时，其会发送一个重复编码“FFFFFFFF”。而其他协议的遥控器，则会重复发送对应的编码。遥控器参考编码值见表 6. 1。

表 6. 1　　遥控器参考编码值

FFA25D		FFE21D
FF22DD	FF02FD	FFC23D
FFE01F	FFA857	FF906F
FF6897	FF9867	FFB04F
FF30CF	FF18E7	FF7A85
FF10EF	FF38C7	FF5AA5
FF42BD	FF4AB5	FF52AD

主题二：红外遥控控制 LED 亮灭

器材：Arduino 板子、LED、红外遥控、USB 数据线

1. 硬件搭建

主题二的硬件搭建与主题一的硬件搭建一样，我们就参照主题绘制的硬件电路图。

2. 程序讲解

红外遥控控制 LED 亮灭实验利用遥控器的 ON OFF 按键实现对 LED 的开通和关断（在已知两种按键编码制的基础上，否则先确定按键编码）。

根据主题一获得的编码值及上面的资料编写红外遥控控制 LED 程序如下：

```
/*功能:红外遥控器控制 LED 灯开关*/
#include<AIRremote.h>
#define RECV_PIN 11   //红外一体化接收头连接到 Arduino 11 号引脚
#define LED 13   //定义 LED 输出引脚
IRrecv irrecv(RECV_PIN);
decode_results results;  //用于存储编码结果的对象
void setup()
{
  pinMode(LED,OUTPUT);
  irrecv.enableIRIn();  //初始化红外解码
}
void loop()
{
  if(irrecv.decode(&results))
  {
    Serial.println(results.value);
    if(results.value == 0xFFA25D)  //若接收到按键 ON 按下的指令,打开 LED
      {
        digitalWrite(LED,HIGH);
        Serial.println("turn on LED");  //串口显示开灯
      }
    else if(results.value == 0xFFE21D)  //接收到 OFF 按键按下的命令,关闭 LED
      {
        digitalWrite(LED,LOW);
        Serial.println("turn off LED");     //串口显示关灯
      }
    irrecv.resume();  //接收下一个编码
  }
}
```

【探究思考】

红外遥控器除了能控制 LED，还能控制其他设备？

【视野拓展】

红外遥控的工作原理

远程遥控技术又称为遥控技术，是指实现对被控目标的遥远控制，在工业控制、航空航天、家电领域应用广泛。

红外遥控是一种无线、非接触控制技术，具有抗干扰能力强，信息传输可靠，功耗

低，成本低，易实现等显著优点，被诸多电子设备特别是家用电器广泛采用，并越来越多的应用到计算机和手机系统中。

1. 红外线的特性

红外线又称红外光波，在电磁波谱中，光波的波长范围为 0.01～1000μm。根据波长的不同可分为可见光和不可见光，波长为 0.38～0.76μm 的光波可为可见光，依次为红、橙、黄、绿、青、蓝、紫七种颜色。光波为 0.01～0.38μm 的光波为紫外光（线），波长为 0.76～1000μm 的光波为红外光（线）。红外光按波长范围分为近红外、中红外、远红外、极红外 4 类。红外线遥控是利用近红外光传送遥控指令的，波长为 0.76～1.5μm。用近红外作为遥控光源，是因为目前红外发射器件（红外发光管）与红外接收器件（光敏二极管、三极管及光电池）的发光与受光峰值波长一般为 0.8～0.94μm，在近红外光波段内，两者的光谱正好重合，能够很好地匹配，可以获得较高的传输效率及较高的可靠性。

基于以上特点，再加上红外线传感器制作容易、成本低，因此诸如红外线遥控、红外线加热、红外线通信、红外线摄像、红外线医疗器械等应用产品几乎是随处可见。

2. 基本原理

红外遥控的发射电路是采用红外发光二极管来发出经过调制的红外光波；红外接收电路由红外接收二极管、三极管或硅光电池组成，它们将红外发射器发射的红外光转换为相应的电信号，再送后置放大器。

发射机一般由指令键（或操作杆）、指令编码系统、调制电路、驱动电路、发射电路等几部分组成。当按下指令键或推动操作杆时，指令编码电路产生所需的指令编码信号，指令编码信号对载波进行调制，再由驱动电路进行功率放大后由发射电路向外发射经调制定的指令编码信号。

接收电路一般由接收电路、放大电路、调制电路、指令译码电路、驱动电路、执行电路（机构）等几部分组成。接收电路将发射器发出的已调制的编码指令信号接收下来，并进行放大后送解调电路，解调电路将已调制的指令编码信号解调出来，即还原为编码信号。指令译码器将编码指令信号进行译码，最后由驱动电路来驱动执行电路实现各种指令的操作控制（机构）。

3. 红外遥控的四个重要环节

红外线遥控装置包括红外线发射（即遥控器）和红外线接收两部分。既然几乎所有的物体都在不停地发射红外线，那么怎样才能保证指定遥控器发射的控制信号既能准确无误地被接收装置所接收，又不会受到其他信号的干扰呢？这就需要从以下四个环节上加以控制。

（1）红外传感器的配套使用红外发射传感器和红外接收传感器配套使用，就组成了一个红外线遥控系统。

遥控用的红外发射传感器，也就是红外发光二极管，采用砷化镓或砷铝化镓等半导体材料制成，前者的发光效率低于后者。峰值波长是红外发光二极管发出的最大红外光强所对应的发光波长，红外发光二极管的峰值波长通常为 0.88μm～0.951Am。遥控用红外接收传感器有光敏二极管和光敏三极管两种，响应波长（亦称峰值波长）反映了光敏二极管和光敏三极管的光谱响应特性。可见，要提高按收效率，遥控系统所用红外发光二极管的

峰值波长与红外接收传感器的响应波长必须一致或相近是十分重要的。

(2) 信号的调制与解调红外遥控信号是一连串的二进制脉冲码。为了使其在无线传输过程中免受其他红外信号的干扰，通常都是先将其调制在特定的载波频率上，然后再经红外发光二极管发射出去，红外线接收装置则会滤除其他杂波只接收该特定频率的信号并将其还原成二进制脉冲码，也就是解调。图 6.29 是红外线发射与接收的示意图。图中没有信号发出的状态称为空号或 0 状态，按一定频率以脉冲方式发出信号的状态称为传号或 1 状态。在消费类电子产品的红外遥控系统中，红外信号的载波频率通常为 0～30kHz，标准的频率有 30kHz、33kHz、36kHz、36.7kHz、38kHz、40kHz 和 56kHz，此范围内的其他频率也能被识别。

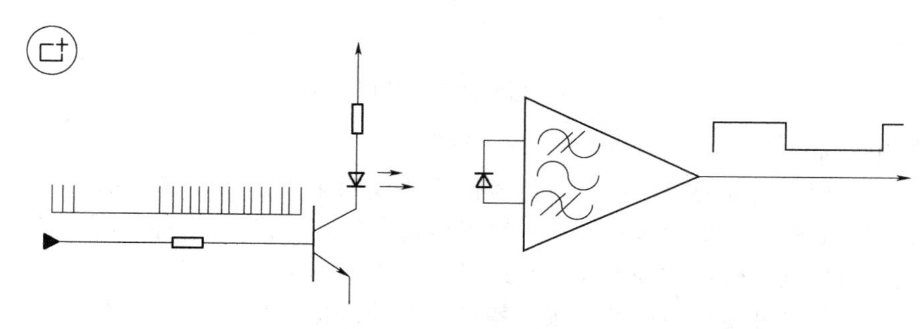

图 6.29 红外线发射与接收示意图

(3) 编码与解码。既然红外遥控信号是一连串的二进制脉冲码，那么，用什么样的空号和传号的组合来表示二进制数的“0”和“1”，即信号传输所采用的编码方式，也是红外遥控信号的发送端和接收端需要事先约定的。通常，红外遥控系统中所采用的编码方式有三种：

1) FSK（移频键控）方式。移频键控方式用两种不同的脉冲频率分别表示二进制数的“0”和“1”，图 6.30 是用移频键控方式对“0”和“1”进行编码的示意图。

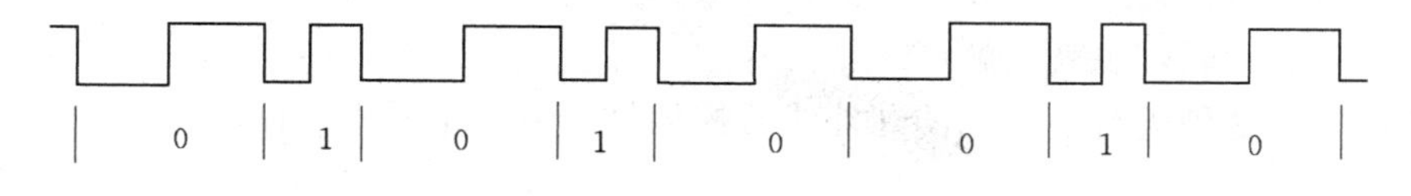

图 6.30 移频键控方式

2) PPM（脉冲位置编码）方式。在脉冲位置编偶方式下，每一位二进制数所占用的时间是一样的，只是传号脉冲的位置有所不同。空号在前、传号在后的表示“1”，传号在前、空号在后的表示“0”。图 6.31 是采用脉冲位置编码方式对“0”和“1”进行编码的示意图。

3) PWM（脉冲宽度编码）方式。脉冲宽度编码方式是根据传号脉冲的宽度来区别二进制数的“0”和“1”的。

传号脉冲宽的是“1”，传号脉冲窄的是“0”，而每位二进制数之间则用等宽的空号来进行分隔。图 6.32 是用脉冲宽度编码方式对“0”和“1”进行编码的示意图。

在上述三种方式中，PPM（脉冲位置编码）和 PWM（脉冲宽度编码）两种方式是红

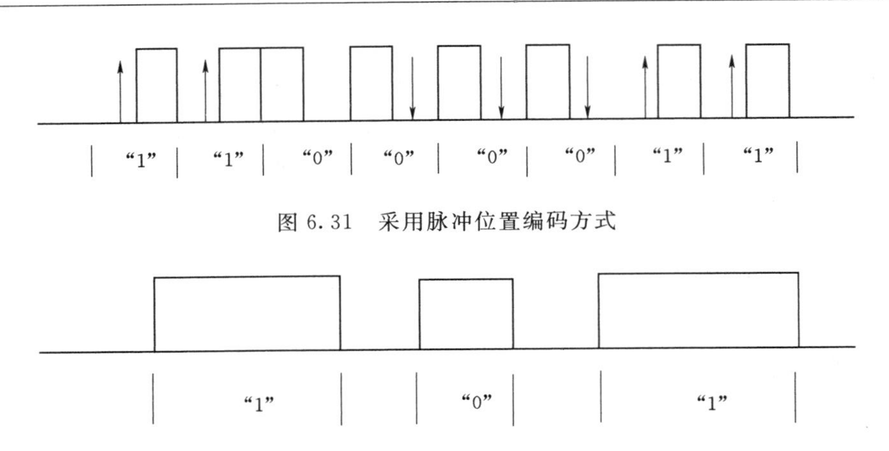

图 6.31　采用脉冲位置编码方式

图 6.32　用脉冲宽度编码方式

外遥控系统中最常用的。

（4）红外线信号传输协议。红外线信号传输协议除了规定红外遥控信号的载波频率、编码方式、空号和传号的宽度等外，还对数据传输的格式进行了严格的规定，以确保发送端和接收端之间数据传输的准确无误。红外线信号传输协议是为逃行红外信传输所制定的标准，几乎所有的红外遥控系统都是按照特定的红外线信号传输协议来进行信号传输的。因此，要掌握红外遥控技术，首先要熟悉红外线信号传输协议以及与之相关的红外线发射和接收芯片。

红外遥控传输协议很多，不少大的电气公司，如 NEC、Pliilips、Sharp、Sony 等，均制定有自己的红外线信号传输协议

4. 红外线接收的解调专用电路——一体化的红外线接收头

前面曾经谈到，红外遥控信号是一连串的二进制脉冲码。为了使其在无线传输过程中免受其他红外信号的干扰，通常都是先将其调制在特定的载波频率上，然后再经红外发光二极管发射出去，而红外线接收装置则要滤除其他杂波，只接收该特定频率的信号并将其还原成二进制脉冲码，也就是解调。

目前，对于这种进行了调制的红外线遥控信号，通常是采用一体化红外线接收头进行解调。一体化红外线接收头将红外光电二极管（即红外接收传感）、低噪声前置放大器、限幅器、带通滤波器、解调器，以及整形驱动电路等集成在一起，其外形及引脚定义如图 6.33 所示（不同型号的一体化红外线接收头的引脚排列顺序有所不同，具体请参考相关的产品手册）。一体化红外线接收头体积小（类似塑封三极管）、灵敏度高、外接元件少（只需接电源退藕元件）、

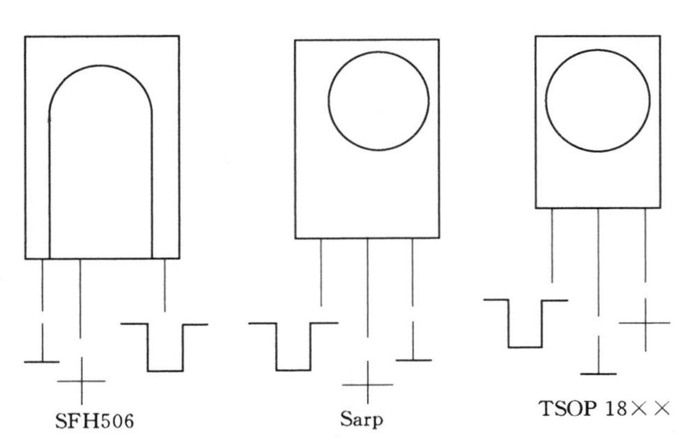

图 6.33　红外接收头外形及引脚定义图

抗干扰能力强，使用十分方便。

一体化红外线接收头的型号很多，如 SFH506 - xx、TFMS5xxO 和 TK16xx、TSOPl2xx/48xx/62xx（其中“xx”代表其适用载频）、HSOO38 等。HSOO38 的响应波长为 0.94nm，可以接收载波频率为 38kHz 的红外线遥控信号，其输出可与微处理器直接接口，应用十分普遍。图 6.34 和图 6.35 是 HD0038 的电路框图、应用电图。

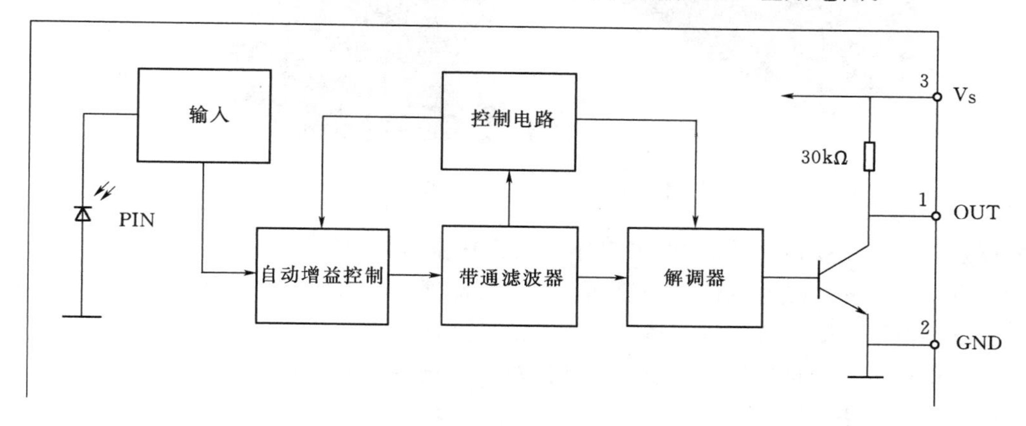

图 6.34 HD0038 的电路框图

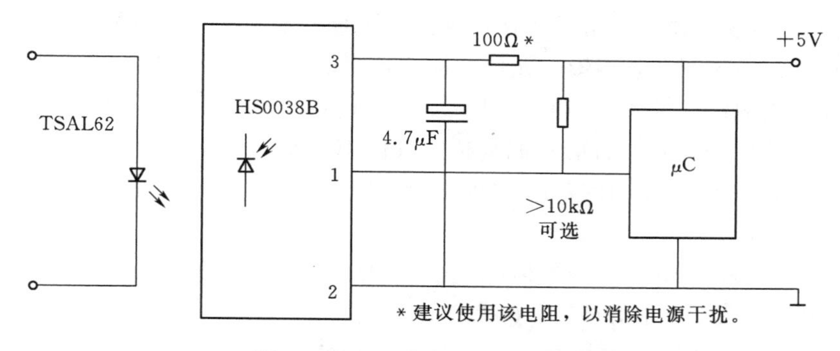

图 6.35 HD0038 的应用电路图

【挑战自我】

请同学们用外遥控器，控制电机调速。

6.5 烟雾传感器 MQ2

【任务导航】

（1）认识烟雾传感器 MQ2。

（2）搭建烟雾传感器 MQ2 与 Arduino 硬件电路。

（3）制作用烟雾传感器 MQ2 控制 LED 的亮灭。

【材料阅读】

烟雾传感器 MQ2 模块，图 6.36 所示为本实验使用的烟雾传感器模块。

MQ2 Sensor 是基于 QM - NG1 探头的气体传感器，QM - NG1 是采用目前国际上工

图 6.36　烟雾传感器模块实物图

艺最成熟，生产规模最大的 Sn02 材料作为敏感基体制作的广谱性气体传感器。该产品的最大特点是对各种可燃性气体（如氢气、液化石油气、一氧化碳、烷烃类等气体）以及酒精、乙醚、汽油、烟雾等有毒气体具有高度的敏感性。

（1）用途：用于排风扇、儿童玩具和广泛污染场所上的检验、提醒、报警功能。

（2）使用方法及注意事项：

1）元件开始通电工作时，没有接触丁烷气体，其电导率也急剧增加，约 1min 后达到稳定，这时方可正常使用，这段变化在设计电路时可采用延时处理解决。

2）加热电压的改变会直接影响元件的性能，所以在规定的电压范围内使用为佳。

3）元件在接触标定气体 1000ppm 丁烷后 10s 以内负载电阻两端的电压可达到（Vdg - Va）差值的 70%（即响应时间）；脱离标定气体 1000ppm 丁烷 30s 以内负载电阻两端的电压下降到（Vdg - Va）差值的 70%（即恢复时间）。

4）符号说明：

检测气体中电阻- Rdg，检测气体中电压- Vdg。

Rdg 与 Vdg 的关系：Rdg＝RL（VC/Vdg - 1）。

5）负载电阻可根据需要适当改动，以满足设计的要求。

6）使用条件：温度－15～40℃；相对湿度 20%～85%RH；大气压力 80～106kPa。

7）环境温湿度的变化会给元件电阻带来小的影响，可进行湿度补偿，最简便的方法是采用热敏电阻补偿之。

8）避免腐蚀性气体及油污染，长期使用需防止灰尘堵塞防爆不锈钢网。

（3）烟雾传感器 MQ2 模块的输出控制

从图 6.36 烟雾传感器 MQ2 模块的接线图可以知道，该模块有两个输出端口 DO（数字量）输出和 AO（模拟量）输出；下面的实验分别进行介绍。这里使用 Arduino 控制器来做测试，Arduino 内部不仅自带有数字量输出，还自带 10 位 AD 采样电路，程序简单，使用非常方便。

【动手操作】

主题一：烟雾传感器控制 LED 亮灭（数字量输出）

器材：Arduino 板子、LED、烟雾传感器、USB 数据线

1. 硬件搭建

使用的Arduino板子LED接的是数字I/O口13，在这里把烟雾传感器模块的DO输出接到数字I/O口2，硬件接用面包板连接绘图软件绘制，如图6.37所示。

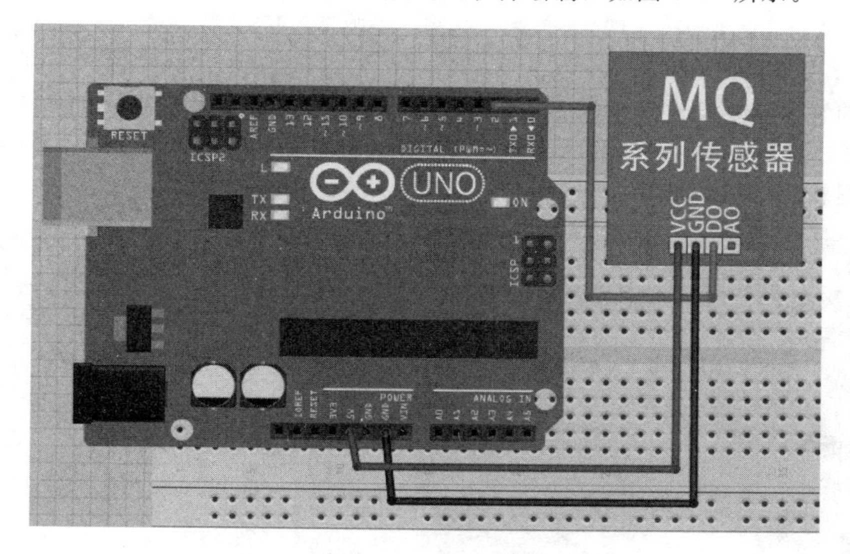

图6.37 硬件电路连接图

2. 程序讲解

根据上述材料及硬件原理图编写程序如下：

```
#include<Arduino.h>
#define LED 13
#define MQ 2
void setup()
{
  pinMode(MQ,INPUT);
  pinMode(LED,OUTPUT);
}
void loop()
{
  if(MQ == LOW)  //当DO引脚接收到电平是不是低电平
    {
      digitalWrite(LED,HIGH);  //LED点亮
    }
  else
    {
      digitalWrite(LED,LOW);  //LED熄灭
    }
  delay(1000);
}
```

在下载程序之前，要查看板卡和端口号是否正确，接通电源，下载程序，让烟雾传感器加热 2min，把有烟的东西靠近传感器，然后观察 LED 的变化情况。

主题二：烟雾传感器控制声光报警（模拟量输出）

器材：Arduino 板子、LED、烟雾传感器、蜂鸣器、USB 数据线

1. 硬件搭建

使用的 Arduino 板子 LED 接的是数字 I/O 口 13，在这里把蜂鸣器的正极输出接到数字 I/O 口 2，烟雾传感器模块的 AO 接的 Arduino 板子模拟量输出 AO 口，硬件接用面包板连接绘图软件绘制，如图 6.38 所示。

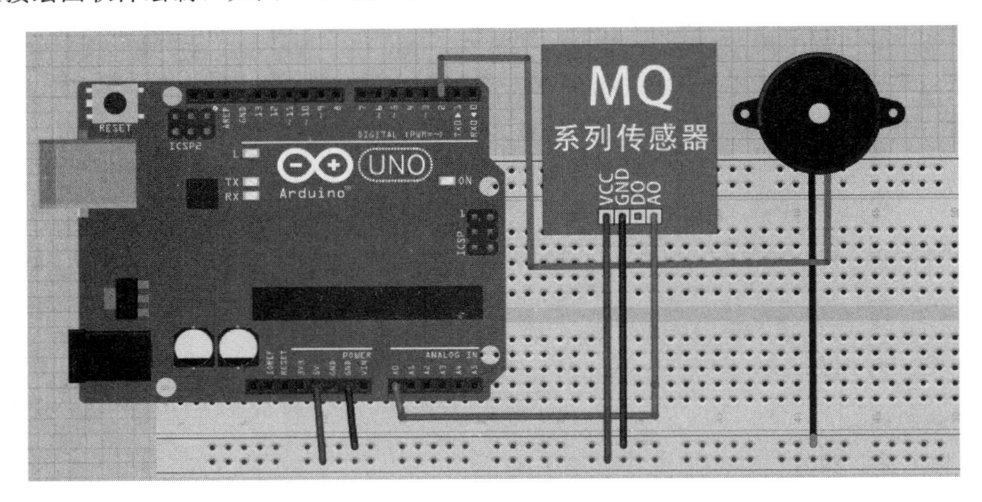

图 6.38　硬件电路连接图

2. 程序讲解

本实验使用的烟雾传感器模块的模拟量输出，根据设置感应烟雾的浓度，达到设置浓度发出声光报警，没有达到设置浓度时，不报警；并通过参考工具查看模拟量的值（浓度值）。根据上述材料及硬件原理图编写程序如下：

```
#define MQ AO          //定义模拟口 AO 为 MQ(烟雾传感器)
#define buzzer 2       //定义数字口 2 为 buzzer(蜂鸣器)
int val;
void setup()
{
  pinMode(buzzer,OUTPUT);  //定义数字口 8 为输出模式
  Serial.begin(9600);
}
void loop()
{


  val=analogRead(0);
  Serial.println(val,DEC);
  while(val<500)  //设置浓度值
```

```
    {
      digitalWrite(buzzer,HIGH);  //蜂鸣器响
      val=analogRead(0);
      Serial.println(val,DEC);
    }
  digitalWrite(buzzer,LOW);//蜂鸣器不响
}
```

在下载程序之前，要查看板卡和端口号是否正确，接通电源，下载程序，让烟雾传感器加热2min，把有烟的东西靠近传感器，然后观察LED和蜂鸣器的变化情况，并查看串口工具的数据。

【探究思考】

烟雾传感器在我们生活中有哪些应该?

【视野拓展】

气体传感器

气体传感器是一种将某种气体体积分数转化成对应电信号的转换器。探测头通过气体传感器对气体样品进行调理，通常包括滤除杂质和干扰气体、干燥或制冷处理仪表显示部分。

气体传感器是一种将气体的成分、浓度等信息转换成可以被人员、仪器仪表、计算机等利用的信息的装置。气体传感器一般被归为化学传感器的一类，尽管这种归类不一定科学。

1. 气体传感器的概述

气体传感器包括：半导体气体传感器、电化学气体传感器、催化燃烧式气体传感器、热导式气体传感器、红外线气体传感器、固体电解质气体传感器等。

2. 气体传感器的特性

气体传感器是化学传感器的一大门类。从工作原理、特性分析到测量技术，从所用材料到制造工艺，从检测对象到应用领域，都可以构成独立的分类标准，衍生出一个个纷繁庞杂的分类体系，尤其在分类标准的问题上目前还没有统一，要对其进行严格的系统分类难度颇大。接下来了解一下气体传感器的主要特性：

（1）稳定性。稳定性是指传感器在整个工作时间内基本响应的稳定性，取决于零点漂移和区间漂移。零点漂移是指在没有目标气体时，整个工作时间内传感器输出响应的变化。区间漂移是指传感器连续置于目标气体中的输出响应变化，表现为传感器输出信号在工作时间内的降低。理想情况下，一个传感器在连续工作条件下，每年零点漂移小于10%。

（2）灵敏度。灵敏度是指传感器输出变化量与被测输入变化量之比，主要依赖于传感器结构所使用的技术。大多数气体传感器的设计原理都采用生物化学、电化学、物理和光学。首先要考虑的是选择一种敏感技术，它对目标气体的阀限制（TLV－thresh－oldlimitvalue）或最低爆炸限（LEL－lowerexplosivelimit）的百分比的检测要有足够的灵敏性。

(3) 选择性。选择性也被称为交叉灵敏度。可以通过测量由某一种浓度的干扰气体所产生的传感器响应来确定。这个响应等价于一定浓度的目标气体所产生的传感器响应。这种特性在追踪多种气体的应用中是非常重要的，因为交叉灵敏度会降低测量的重复性和可靠性，理想传感器应具有高灵敏度和高选择性。

(4) 抗腐蚀性。抗腐蚀性是指传感器暴露于高体积分数目标气体中的能力。在气体大量泄漏时，探头应能够承受期望气体体积分数 10～20 倍。在返回正常工作条件下，传感器漂移和零点校正值应尽可能小。

气体传感器的基本特征，即灵敏度、选择性以及稳定性等，主要通过材料的选择来确定。选择适当的材料和开发新材料，使气体传感器的敏感特性达到最优。

3. 气体传感器的选择

(1) 根据测量对象与测量环境。根据测量对象与测量环境确定传感器的类型。要进行一个具体的测量工作，首先要考虑采用何种原理的传感器，这需要分析多方面的因素之后才能确定。因为，即使是测量同一物理量，也有多种原理的传感器可供选用，哪一种原理的传感器更为合适，则需要根据被测量的特点和传感器的使用条件考虑以下一些具体问题：量程的大小；被测位置对传感器体积的要求；测量方式为接触式还是非接触式；信号的引出方法，有线或是非接触测量；传感器的来源，国产还是进口，价格能否承受，还是自行研制。在考虑上述问题之后就能确定选用何种类型的传感器，然后再考虑传感器的具体性能指标。

(2) 灵敏度的选择。通常，在传感器的线性范围内，希望传感器的灵敏度越高越好。因为只有灵敏度高时，与被测量变化对应的输出信号的值才比较大，有利于信号处理。但要注意的是，传感器的灵敏度高，与被测量无关的外界噪声也容易混入，也会被放大系统放大，影响测量精度。因此，要求传感器本身应具有较高的信噪比，尽量减少从外界引入的于扰信号。传感器的灵敏度是有方向性的。当被测量是单向量，而且对其方向性要求较高，则应选择其他方向灵敏度小的传感器；如果被测量是多维向量，则要求传感器的交叉灵敏度越小越好。

(3) 响应特性（反应时间）。传感器的频率响应特性决定了被测量的频率范围，必须在允许频率范围内保持不失真的测量条件，实际上传感器的响应总有一定延迟，希望延迟时间越短越好。传感器的频率响应高，可测的信号频率范围就宽，而由于受到结构特性的影响，机械系统的惯性较大，因有频率低的传感器可测信号的频率较低。在动态测量中，应根据信号的特点（稳态、瞬态、随机等）响应特性，以免产生过火的误差。

(4) 线性范围。传感器的线形范围是指输出与输入成正比的范围。以理论上讲，在此范围内，灵敏度保持定值。传感器的线性范围越宽，则其量程越大，并且能保证一定的测量精度。在选择传感器时，当传感器的种类确定以后首先要看其量程是否满足要求。但实际上，任何传感器都不能保证绝对的线性，其线性度也是相对的。当所要求测量精度比较低时，在一定的范围内，可将非线性误差较小的传感器近似看作线性的，这会给测量带来极大的方便。

4. 气体传感器的优点与缺点

(1) 优点。红外气体传感器及仪器应用广泛，适用于监测近乎各种易气体。具有精度

高、选择性好、可靠性高、不中毒、不依赖于氧气、受环境干扰因素较小、寿命长等显著优点。并在未来逐步成为市场主流。

(2) 缺点。由于正在处于起步阶段，技术壁垒高，市场占有率低，规模化生产程度低，造成成本高，基本在上千元。

5. 气体传感器的分类

(1) 半导气体传感器。这种类型的传感器在气体传感器中约占60%，根据其机理分为电导型和非电导型，电导型中又分为表面型和容积控制型：

1) SnO_2 半导体是典型的表面型气敏元件，其传感原理是 SnO_2 为n型半导体材料。当施加电压时，半导体材料温度升高，被吸附的氧接受了半导体中的电子形成了 O_2 或 O_2 原性气体 H_2、CO、CH_4 存在时，使半导体表面电阻下降，电导上升，电导变化与气体浓度成比倒。NiO为p型半导体，氧化性气体使电导下降，对 O_2 敏感。ZnO半导体传感器也属于此种类型。

a. 电导型的传感器元件分为表面敏感型和容积控制型，表面敏感型传感材料为 SnO_2 +Pd、ZnO+Pt、AgO、V205、金属酞青、Pt－SnO_2。表面敏感型气体传感器可检测气体为各种可燃性气体CO、NO_2、氟利昂。传感材料Pt－SnO_2 的气体传感器可检测气体为可燃性气体CO、H_2、CH_4。

b. 容积控制型传感材料为 Fe_2O_8、la1-SSrxCOO$_8$ 和 TiO_2、CoO-MgO—SnO_2 体传感器可检测气体为各种可燃性气体CO、NO_2 氟利昂。传感材料Pt—SnO_2

容积控制型半导体气体传感器可检测气体为液化石油气、酒精、空燃比控制、燃烧炉气尾气。

2) 容积控制型的是晶格缺陷变化导致电导率变化，电导变化与气体浓度成比例关系。Fe_2O_8、TiO_2 属于此种，对可燃性气体敏感。

3) 热线性传感器，是利用热导率变化的半导体传感器，又称热线性半导体传感器，是在Pt丝线圈上涂敷 SnO_2 层，Pt丝除起加热作用外，还有检测温度变化的功能。施加电压半导体变热，表面吸氧，使自由电子浓度下降，可燃性气体存在时，由于燃烧耗掉氧自由电子浓度增大，导热率随自由电子浓度增加而增大，散热率相应增高，使Pt丝温度下降，阻值减小，Pt丝阻值变化与气体浓度为线性关系。

这种传感器体积小、稳定、抗毒，可检测低浓度气体，在可燃气体检测中有重要作用。

4) 非电导型的FET场效应晶体管气体传感器，Pd—FET。场效应晶体管传感器，利用Pd吸收Hz并扩散达到半导体Si和Pd的界面，减少Pd的功函，这种对 H_2、CO敏感。非电导型FET场效应晶体管气体传感器体积小，便于集成化，多功能，是具有发展前途的气体传感器。

(2) 固体电解质气体传感器。这种传感器元件为离子对固体电解质隔膜传导，称为电化学池，分为阳离子传导和阴离子传导，是选择性强的传感器，研究较多达到实用化的是氧化锆固体电解质传感器，其机理是利用隔膜两侧两个电池之间的电位差等于浓差电池的电势。稳定的氧化铬固体电解质传感器已成功地应用于钢水中氧的测定和发动机空燃比成分测量等。

为弥补固体电解质导电的不足，近几年来在固态电解质上镀一层气敏膜，把围周环境中存在的气体分子数量和介质中可移动的粒子数量联系起来。

（3）接触燃烧式气体传感器。接触燃烧式传感器适用于可燃性气 H_2、CO、CH_4 的检测。可燃气体接触表面催化剂 Pt、Pd 时燃烧、破热，燃烧热与气体浓富有关。这类传感器的应用面广、体积小、结构简单、稳定性好，缺点是选择性差。

（4）电化学气体传感器。电化学方式的气体传感器常用的有两种：

1）恒电位电解式传感器。是将被测气体在特定电场下电离，由流经的电解电流测出气体浓度，这种传感器灵敏度高，改变电位可选择的检洌气体，对毒性气体检测有重要作用。

2）原电池式气体传感器。在 KOH 电解质溶液中，Pt—Pb 或 Ag—Pb 电极构成电池，已成功用于检测 O_2，其灵敏度高，缺点是透水逸散吸潮，电极易中毒。

（5）光学气体传感器。

1）直接吸收式气体传感器。红外线气体传感器是典型的吸收式光学气体传感器，是根据气体分别具有各自固有的光谱吸收谱检测气体成分，非分散红外吸收光谱对 SO_2、CO、CO_2、NO 等气体具有较高的灵敏度。

另外紫外吸收、非分散紫外线吸收、相关分光、二次导数、自调制光吸收法对 NO、NO_2、SO_2、烃类（CH_4）等气体具有较高的灵敏度。

2）光反应气体传感器。光反应气体传感器是利用气体反应产生色变引起光强度吸收等光学特性改变，传感元件是理想的，但是气体光感变化受到限制，传感器的自由度小。

3）气体光学特性的新传感器。光导纤维温度传感器为这种类型，在光纤顶端涂敷触媒与气体反应、发热。温度改变，导致光纤温度改变。利用光纤测温已达到实用化程度，检测气体也是成功的。

此外，利用其他物理量变化测量气体成分的传感器在不断开发，如声表面波传感器检测 SO_2、NO_2、H_2S、NH_3、H_2 等气体也有较高的灵敏度。

6. 气体传感器的选用技巧

有害气体检测的气体传感器的一大作用，有害气体的检测有两个目的：第一是测爆，第二是测毒。所谓测爆是检测危险场所可燃气含量，超标报警，以避免爆炸事故的发生；测毒是检测危险场所有毒气体含量，超标报警，以避免工作人员中毒。

有害气体有三种情况：第一无毒或低毒可燃，第二不燃有毒，第三可燃有毒。针对这三种不同的情况，一般选择传感器需要选择不同的气体传感器。例如测爆选择可燃气体检测报警仪，测毒选择有毒气体检测报警仪等。其次需要选择气体传感器的类型，一般有固定式和便携式。生产或储存岗位长期运行的泄漏检测选用固定式气体传感器；其他像检修检测、应急检测、进入检测和巡回检测等选用便携式气体传感器。

气体传感器类型有成百上千种，针对不同的气体传感器可能有不同的选用技巧，客户在选择气体传感器的时候如果自己不是很清楚可以咨询传感器厂家的技术人员，让他们为你选择合适的气体传感器，或者请传感器技术人员上面勘察以便更好的选择气

体传感器。

7. 气体传感器的发展

（1）着重于新气敏材料与制作工艺的研究开发。对气体传感器材料的研究表明，金属氧化物半导体材料 ZnO、S_iO_2、Fe_2O_3 等已趋于成熟化，特别是在 C 比，C_2H_5OH、CO 等气体检测方面。这方面的工作主要有两个方向：

1）是利用化学修饰改性方法，对现有气体敏感膜材料进行掺杂、改性和表面修饰等处理，并对成膜工艺进行改进和优化，提高气体传感器的稳定性和选择性。

2）是研制开发新的气体敏感膜材料，如复合型和混合型半导体气敏材料、高分子气敏材料，使得这些新材料对不同气体具有高灵敏度、高选择性、高稳定性。由于有机高分子敏感材料具有材料丰富、成本低、制膜工艺简单、易于与其他技术兼容、在常温下工作等优点，已成为研究的热点。

（2）新型气体传感器的研制。用传统的作用原理和某些新效应，优先使用晶体材料（硅、石英、陶瓷等），采用先进的加工技术和微结构设计，研制新型传感器及传感器系统，如光波导气体传感器、高分子声表面波和石英谐振式气体传感器的开发与使用，微生物气体传感器和仿生气体传感器的研究。随着新材料、新工艺和新技术的应用，气体传感器的性能更趋完善，使传感器的小型化、微型化和多功能化具有长期稳定性好、使用方便、价格低廉等优点。

（3）气体传感器智能化。随着人们生活水平的不断提高和对环保的日益重视，对各种有毒、有害气体的探测，对大气污染、工业废气的监测以及对食品和居住环境质量的检测都对气体传感器提出了更高的要求。纳米、薄膜技术等新材料研制技术的成功应用为气体传感器集成化和智能化提供了很好的前提条件。气体传感器将在充分利用微机械与微电子技术、计算机技术、信号处理技术、传感技术、故障诊断技术、智能技术等多学科综合技术的基础上得到发展。研制能够同时监测多种气体的全自动数字式的智能气体传感器将是该领域的重要研究方向。

8. 气体传感器的应用

应用于建设环境物联网。气体传感器在有毒、可燃、易爆、二氧化碳等气体探测领域有着广泛的应用，环境问题一直是全国乃至全世界最关心的话题之一，人类赖以生存的环境一直在遭受着严重的破坏，如何保护环境就需要建立环境监管机制，建设物联网成为必要，而气体传感器作为环境检测的必备传感器将有助于建设环境物联网。

传感器是物联网最核心和最基础的环节，是各种信息和人工智能的桥梁，其技术领域中重要门类之一的气体传感器，横跨功能材料、电子陶瓷、光电子元器件、MEMS 技术、纳米技术、有机高分子等众多基础和应用学科。高性能的气体传感器能大大提高信息采集、处理、深加工水平，提高实时预测事故的准确性，不断消除事故隐患，大幅度减少事故特别是重大事故的发生。能有效实现安全监察和安全生产监督管理的电子化，变被动救灾为主动防灾，使安全生产向科学化管理迈进。

【挑战自我】

请同学们尝试实现烟雾传感器的智能风扇控制。

6.6 人体红外释热传感器

【任务导航】

(1) 认识人体红外模块。

(2) 搭建人体红外模块与 Arduino 硬件电路。

(3) 制作用人体红外模块控制 LED 的亮灭。

【材料阅读】

大家去一些商场或银行的时候，当靠近大门，大门会自动打开，这就是利用人体红外释热传感（简称人体红外传感器）制作的。人体红外模块非常简单，如图 6.39 所示。就是普通的三针（VCC、GND、DATA），数据为高、低电平，也就是只有两种结果：高电平为有活动人体被检测到，低电平为没有检测到活动人体。

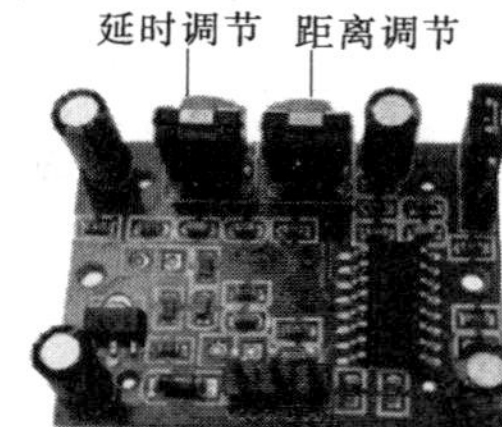

图 6.39 人体红外模块实物图

1. 功能特点

(1) 全自动感应：当有人进入其感应范围则输入高电平，人离开感应范围则自动延时关闭高电平，输出低电平。

(2) 光敏控制（可选）：模块预留有位置，可设置光敏控制，白天或光线强时不感应。光敏控制为可选功能，出厂时未安装光敏电阻。如果需要，请另行购买光敏电阻自己安装。

(3) 两种触发方式：L 不可重复，H 可重复。可跳线选择，默认为 H。

1) 不可重复触发方式：即感应输出高电平后，延时时间一结束，输出将自动从高电平变为低电平。

2) 可重复触发方式：即感应输出高电平后，在延时时间段内，如果有人体在其感应范围内活动，其输出将一直保持高电平，直到人离开后才延时将高电平变为低电平（感应模块检测到人体的每一次活动后会自动顺延一个延时时间段，并且以最后一次活动的时间为延时时间的起始点）。

(4) 具有感应封锁时间（默认设置：3～4s）：感应模块在每一次感应输出后（高电平变为低电平），可以紧跟着设置一个封锁时间，在此时间段内感应器不接收任何感应信号。此功能可以实现（感应输出时间和封锁时间）两者的间隔工作，可应用于间隔探测产品；同时此功能可有效抑制负载切换过程中产生的各种干扰。

(5) 工作电压范围宽：默认工作电压 DC 5～20V。

（6）微功耗：静态电流 65 微安，特别适合干电池供电的电器产品。

（7）输出高电平信号：可方便与各类电路实现对接。

2. 使用说明

（1）感应模块通电后有 1s 左右的初始化时间，在此时间模块会间隔地输出 0～3 次，1s 后进入待机状态。

（2）应尽量避免灯光等干扰源近距离直射模块表面的透镜，以免引进干扰信号产生误动作；使用环境尽量避免流动的风，风也会对感应器造成干扰。

（3）感应模块采用双元探头，探头的窗口为长方形，双元（A 元 B 元）位于较长方向的两端，当人体从左到右或从右到左走过时，红外光谱到达双元的时间、距离有差值，差值越大，感应越灵敏，当人体从正面走向探头或从上到下或从下到上方向走过时，双元检测不到红外光谱距离的变化，无差值，因此感应不灵敏或不工作；所以安装感应器时应使探头双元的方向与人体活动最多的方向尽量相平行，保证人体经过时先后被探头双元所感应。为了增加感应角度范围，本模块采用圆形透镜，也使得探头四面都感应，但左右两侧仍然比上下两个方向感应范围大、灵敏度强，安装时仍须尽量按以上要求。

3. 应用电路

应用电路如图 6.40 所示。

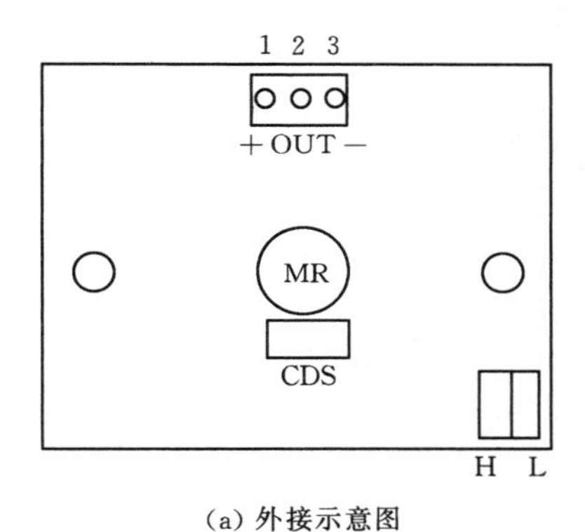

(a) 外接示意图

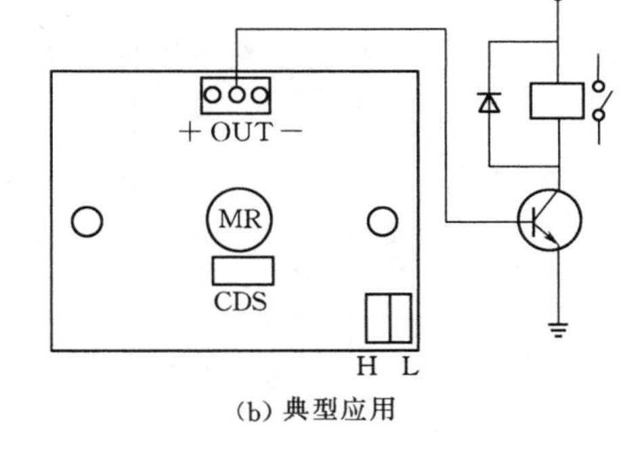

(b) 典型应用

图 6.40　应用电路图

1—正电源；2—高低电平输出；3—电源负极；H—可重复触发；L—不可重复触发；CDS—光敏控制

感应器安装需要注意：

红外线热释电人体传感器只能安装在室内，红外线热释电传感器应离地面 2.0～2.2m，红外线热释电传感器不要直对窗口，也不要安装在有强气流活动的地方。

热释电红外传感器对于径向移动反应最不敏感，而对于横切方向（即与半径垂直的方向）移动则最为敏感。

【动手操作】

主题：人体红外模块控制 LED 亮灭

器材：Arduino 板子、LED、人体红外模块、USB 数据线

1. 硬件搭建

LED 接的是数字 I/O 口 13，在这里把人体红外模块接到数字 I/O 口 2，硬件接线图

用面包板连接绘图软件绘制，如图 6.41 所示。

图 6.41　硬件电路接线图

2. 程序讲解

根据上面资料和硬件电路编写程序如下：

```
#define led 13                    //LED 接口
#define Sensor 2                  //红外传感器接口
void setup()
{
  pinMode(Sensor,INPUT);
  pinMode(led,OUTPUT);
}
void loop()
{
  if(Sensor == HIGH)              //
    {
      digitalWrite(led,HIGH);     //LED 点亮
    }
  else
    {
    digitalWrite(led,LOW);        //LED 熄灭
    }
  delay(1000);
}
```

在下载程序之前，要查看板卡和端口号是否正确，下载程序后观察用手靠近人体红外传感器，然后开发板上的 LED 的变化情况。

【探究思考】

想想我们可以用人体红外传感器制作家里的防盗设备吗？

【视野拓展】

热红外人体感应器

热红外人体感应器好像一只猫的眼睛，在夜间监视动情，只要人在不大于8m时，视野角度120°，就能开启监视显现灯光，并串接防盗报警，对高层和多层建筑楼道的开关灯光十分安全。工作电压：AC 180～250V；频率：50Hz±10%；负载功率：15～200W；负载特性：白炽灯、排气扇、报警器；使用范围：各类住宅小区，主要用于过道楼梯、公共走廊，只需要短时间内自动照明的公共场所，同时串接于防盗报警器；电源电压：180～250V；使用寿命不大于10万次。

1. 工作原理

一种可探测静止人体的红外热释感应器，由透镜、感光元件、感光电路、机械部分和机械控制部分组成。通过机械控制部分和机械部分，带动红外感应部分做微小的左右或圆周运动，移动位置，使感应器和人体之间能形成相对的移动。所以无论人体是移动还是静止，感光元件都可产生极化压差，感光电路发出有人的识别信号，达到探测静止人体的目的。此红外热释感应器可应用于人体感应控制方面，并实现红外防盗和红外控制一体化，扩大了人体红外热释感应器的应用范围。其特征在于：所述透镜和感光元件安置在机械部分上。

2. 相关信息

(1) 为帮助设计者理解动作感应系统的设计原则，本文关注红外线（IR）与可见光的差异，探讨接近和运动感应系统如何在单一LED下运行，以及动作感应在使用多个LED进行多接近测量时如何工作。

(2) 在消费、工业和汽车领域应用中，许多电子系统从非接触式反馈中受益。IR接近感应为需要检测物体存在的系统提供了一个最佳方法。接近感应也可用于检测最多三维空间内的运动，甚至是手势，使得下一代电子产品的人机界面更先进、更直观。

(3) 在消费电子产品中，接近感应作为一种探测用户身体或手部存在的方法，越来越为人们所接受，该技术也能够用于动作感应，如检测用户手势。用户手势作为一种输入，可以应用于许多设备，如手机、计算机和其他家用电子产品。

3. 发展前景

Si1102接近传感器（proximitysensor）及Si1120接近和环境光线传感器，为最快速的红外线感测方案。Si1102及Si1120具备最佳化的电源效率，能实现非接触式人机界面感测和优异的检测范围。Si1102/20是各类感测应用领域的理想之选，该组件非常适用于诉求系统节能、损害检测/检验及手势解读的产品，例如便携式电子、网络电话、显示器、多媒体信息站（kiosk）、自动贩卖机、互动玩具、时钟收音机，以及其他消费性和工业产品。QuickSenseSi1102传感器能使电子装置快速感测到使用者的接近，例如，能检测手机正靠近使用者的脸部，并据此调整显示器和亮度。举例来说，QuickSenseSi1120红外线接近和环境光线传感器能检测外在环境的光线，据此降低屏幕背光照明亮度以节省电

力。与 F700 和 F800 触摸感应微控制器（MCU）搭配时，QuickSense 方案能实现智能动作感测，提供设计人员适合其应用的完整人机界面技术组合，并能从根本改善用户经验。

从以往经验来看，要将先进的人机界面设计整合至终端产品，可以说是充满挑战，且必须在性能和功耗方面有所妥协。SiliconLabs 凭借专利技术及累积多年的红外线产品设计和制造专业，已打造出无需妥协的创新方法。不像竞争方案的红外线 LED 必须长时间进行多次脉冲以达到精确的测量，Si1102/20 组件使用专利的单一脉冲接近测量技术，在电源效率上可达到 4000 倍的改善，电池寿命得以延长，而这正是便携式应用的关键特性。在长达 50cm 的距离范围（无镜头辅助）内，Si1102/20 能在使用者不在现场时轻易关闭显示器及其他功能。此省电功能特别适用于家电用品、安全设备及网络电话等产品。

【挑战自我】

请同学们尝试实现哟个人体红外传感器制作家里的防盗系统。

6.7　超声波测距

【任务导航】

（1）认识超声波传感器测距模块。

（2）搭建声波传感器测距模块与 Arduino 硬件电路。

（3）制作用声波传感器测距模块测量距离。

【材料阅读】

1. 超声波传感器

我们使用的超声波传感器是 HC－SR04 超声波传感器，如图 6.42 所示；它基于声纳原理，通过监测发射一连串调制后的超声波及其回波的时间差来得知传感器与目标物体间的距离值。其性能比较稳定，测度距离精确，盲区为 2cm。

图 6.42　超声波传感器模块实物图

2. HC－SR04 超声波传感器测距

功能：提供 50px～450m 的非接触式距离感测功能。

组成：包括超声波发射器、接收器与控制电路。

基本工作原理：超声波测距模块一触发信号后发射超声波，当超声波投射到物体而反射回来时，模块输出一回响信号，以触发信号和回响信号间的时间差，来判定物体的距离。

超声波传感器有敏感范围大，无视觉盲区，不受障碍物干扰等特点，这项技术已经在商业和安全领域被使用 25 年多了，已经被证明是检测小物体运动最有效的方法。

3. 超声波传感器主要技术参数

（1）使用电压：DC5V。

(2) 静态电流：小于 2mA。

(3) 电平输出：高 5V。

(4) 电平输出：低 0V。

(5) 感应角度：不大于 15 度。

(6) 探测距离：50～11250px，高精度可达 5px。

(7) 接线方式端口：VCC（电源）、trig（控制端）、echo（接收端）、GND（地）。

4. 超声波传感器工作原理

(1) 采用 I/O 触发测距，给至少 10μs 的高电平信号。

(2) 模块自动发送 8 个 40kHz 的方波，自动检测是否有信号返回。

(3) 有信号返回，通过 I/O 输出一高电平，高电平持续的时间就是超声波从发射到返回的时间。测试距离=(高电平时间 * 声速（340M/S))/2。如图 6.43 所示。

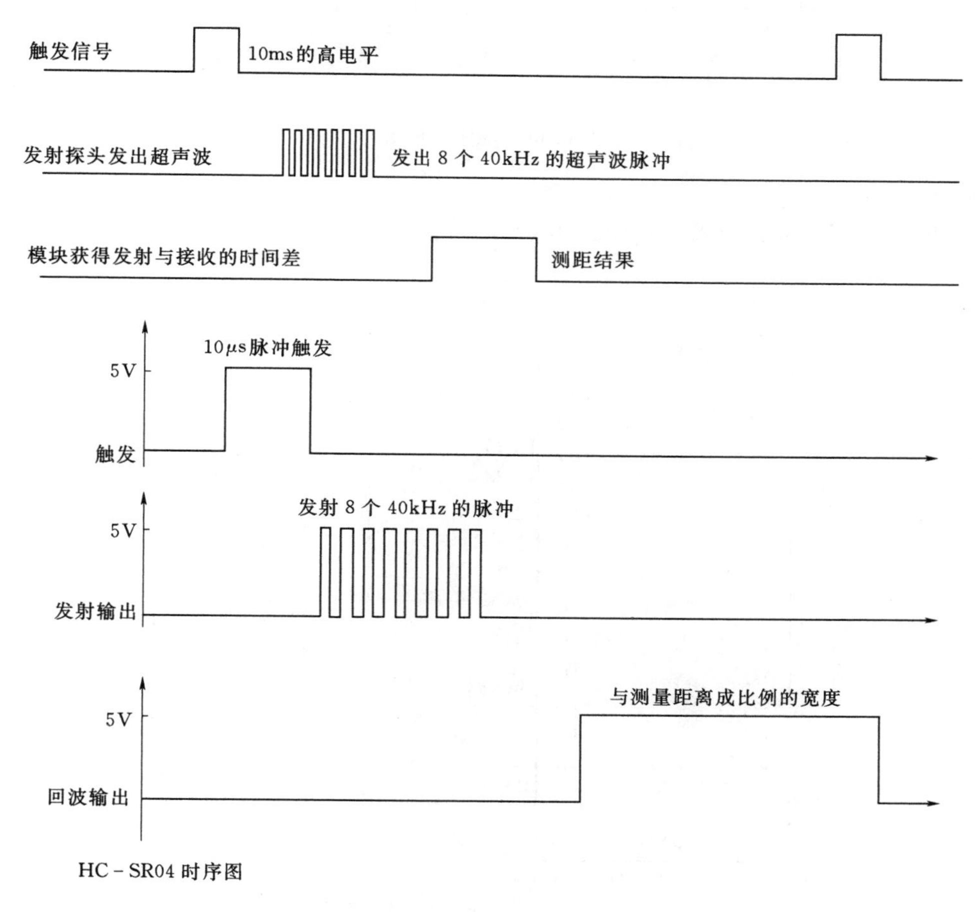

图 6.43 工作原理示意图

(4) 超声波传感器主要利用多普勒原理，通过晶振向外发射超过人体能感知的高频超声波。

一般选用 25～40kHz，然后控制模块检测反射回来波的频率，如果区域内有物体运

动，反射波频率就会有轻微的波动，即多普勒效应，以此来判断照明区域的物体移动，从而达到控制开关的目的。

超声波的纵向振荡特性，可以在气体、液体及固体中传播且其传播速度不同；它还有折射和反射现象，在空气中传播其频率较低，衰减较快；而在固体、液体中则衰减较小，传播较远。超声波传感器正是利用超声波的这些特性，如图 6.44 所示。

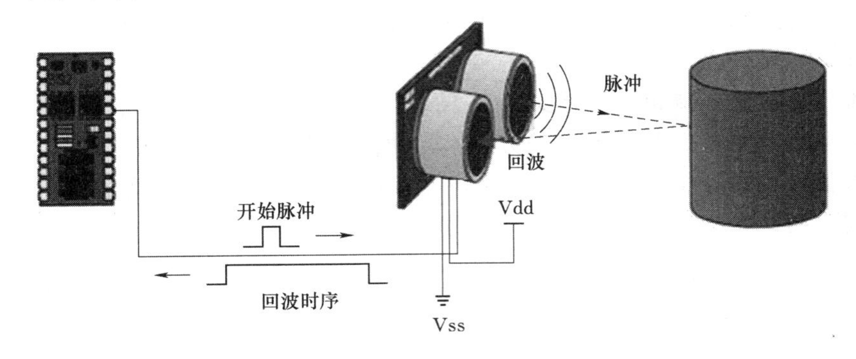

图 6.44　特性示意图

5. 接线图

Arduino＋超声波传感器接线图如图 6.45 所示。

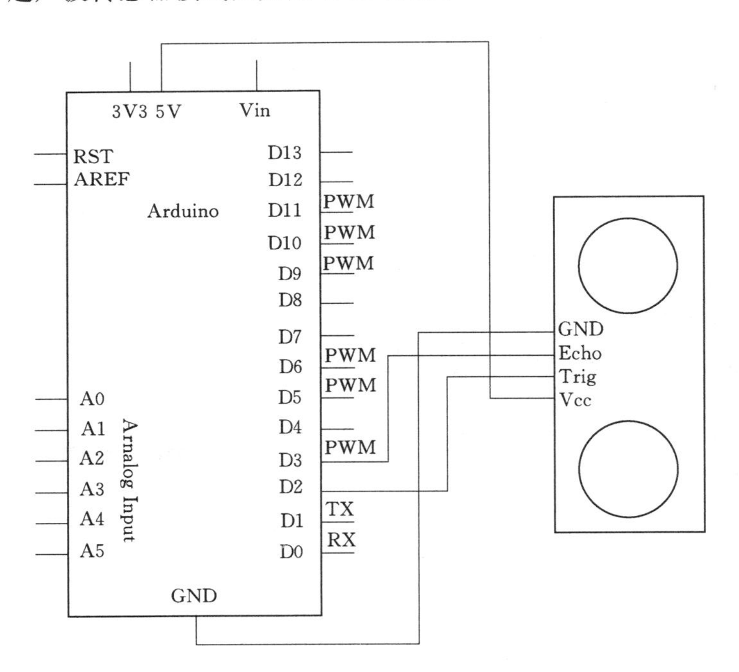

图 6.45　应用接线图

【动手操作】

主题：超声波测距（串口显示）

器材：Arduino 板子、超声波传感器模块、USB 数据线

1. 硬件搭建

根据上述材料阅读，超声波传感器与 Arduino 的 I/O 口对应接线见表 6.2。

表 6.2 硬件接线表

超声波传感器针脚	Arduino I/O 口	超声波传感器针脚	Arduino I/O 口
VCC	电源+5V 输入	Echo	I/O 口 3
GND	电源地线	Trig	I/O 口 2

根据表 6.2 的参数连接硬件，硬件连接图用面包板连接绘图软件绘制，如图 6.46 所示。

图 6.46 硬件电路接线图

2. 程序讲解

本程序用到一个特殊的函数：

delayMicroseconds(μs)：延时函数(单位 μs)。

pulseIn(pin，value)：脉冲长度记录函数，返回时间参数(μs)，pin 表示为 0～13，value 为 HIGH 或 LOW。比如 value 为 HIGH，那么当 pin 输入为高电平时，开始计时，当 pin 输入为低电平时，停止计时，然后返回该时间。

根据上面的语句及硬件连接编写程序如下：

```
#define TrigPin 2
#define EchoPin 3
float Value_cm;
void setup()
{
    Serial.begin(9600);
    pinMode(TrigPin,OUTPUT);
    pinMode(EchoPin,INPUT);
}
void loop()
{
```

```
    digitalWrite(TrigPin,LOW);  //低高低电平发一个短时间脉冲去 TrigPin
    delayMicroseconds(2);  //延时 2μs
    digitalWrite(TrigPin,HIGH);
    delayMicroseconds(10);  //延时 10μs
    digitalWrite(TrigPin,LOW);
    Value_cm = pulseIn(EchoPin,HIGH)/58;  //将回波时间换算成 cm
        //pulseIn()单位为微秒,声速 340m/s,
        //所以距离 cm=340 * 100/1000000 * pulseIn()/2 约等于 pulseIn()/58.0
        Value_cm =(int(Value_cm * 100))/100;  //保留两位小数
    Serial.print(Value_cm);
    Serial.println("cm");
    delay(1000);
}
```

注意事项：

测试距离=(高电平时间 * 声速(340M/S))/2。

pulseIn ()：用于检测引脚输出的高低电平的脉冲宽度。

超声波的纵向振荡特性，可以在气体、液体及固体中传播且其传播速度不同。

在下载程序之前，要查看板卡和端口号是否正确，下载程序够观察串口工具的数值及变化，如图 6.47 所示。

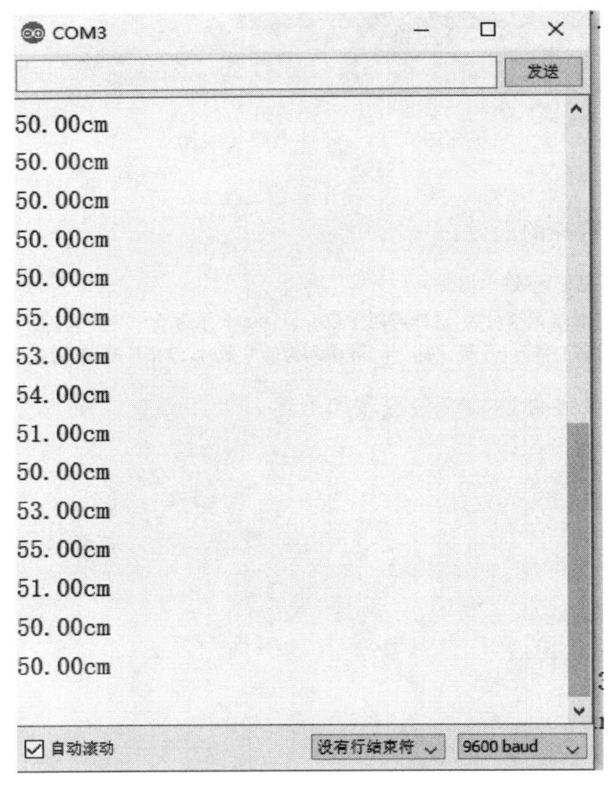

图 6.47　串口工具数据图

【探究思考】

能不能使用超声波传感器制作倒车雷达？

【视野拓展】

超声波传感器

超声波传感器是将超声波信号转换成其他能量信号（通常是电信号）的传感器。超声波是振动频率高于20kHz的机械波。它具有频率高、波长短、绕射现象小，特别是方向性好、能够成为射线而定向传播等特点。超声波对液体、固体的穿透本领很大，尤其是在阳光不透明的固体中。超声波碰到杂质或分界面会产生显著反射形成反射成回波，碰到活动物体能产生多普勒效应。超声波传感器广泛应用在工业、国防、生物医学等方面。

1. 组成部分

常用的超声波传感器由压电晶片组成，既可以发射超声波，也可以接收超声波。小功率超声探头多作探测作用。它有许多不同的结构，可分直探头（纵波）、斜探头（横波）、表面波探头（表面波）、兰姆波探头（兰姆波）、双探头（一个探头发射、一个探头接收）等。

2. 性能指标

超声探头的核心是其塑料外套或者金属外套中的一块压电晶片，如图6.48所示。构成晶片的材料可以有许多种。晶片的大小，如直径和厚度也各不相同，因此每个探头的性能是不同的，我们使用前必须预先了解它的性能。超声波传感器的主要性能指标包括：

图6.48 超声波传感器

（1）工作频率。工作频率就是压电晶片的共振频率。当加到它两端的交流电压的频率和晶片的共振频率相等时，输出的能量最大，灵敏度也最高。

（2）工作温度。由于压电材料的居里点一般比较高，特别是诊断用超声波探头使用功率较小，所以工作温度比较低，可以长时间地工作而不失效。医疗用的超声探头的温度比较高，需要单独的制冷设备。

（3）灵敏度。主要取决于制造晶片本身。机电耦合系数大，灵敏度高；反之，灵敏度低。

（4）指向性。超声波传感器探测的范围。

3. 相关应用

（1）主要应用。超声波传感技术应用在生产实践的不同方面，而医学应用是其最主要的应用之一，下面以医学为例子说明超声波传感技术的应用。超声波在医学上的应用主要是诊断疾病，它已经成为了临床医学中不可缺少的诊断方法。超声波诊断的优点是：对受检者无痛苦、无损害、方法简便、显像清晰、诊断的准确率高等。因而推广容易，受到医务工作者和患者的欢迎。超声波诊断可以基于不同的医学原理，我们来看看其中有代表性的一种所谓的A型方法。这个方法是利用超声波的反射。当超声波在人体组织中传播遇到两层声阻抗不同的介质界面时，在该界面就产生反射回声。每遇到一个反射面时，回声

在示波器的屏幕上显示出来，而两个界面的阻抗差值也决定了回声的振幅的高低。

在工业方面，超声波的典型应用是对金属的无损探伤和超声波测厚两种。过去，许多技术因为无法探测到物体组织内部而受到阻碍，超声波传感技术的出现改变了这种状况。当然更多的超声波传感器是固定地安装在不同的装置上，“悄无声息”地探测人们所需要的信号。在未来的应用中，超声波将与信息技术、新材料技术结合起来，将出现更多的智能化、高灵敏度的超声波传感器。

（2）具体应用。

1）超声波传感器可以对集装箱状态进行探测。将超声波传感器安装在塑料熔体罐或塑料粒料室顶部，向集装箱内部发出声波时，就可以据此分析集装箱的状态，如满、空或半满等。

2）超声波传感器可用于检测透明物体、液体、任何表粗糙、光滑、光的密致材料和不规则物体。但不适用于室外、酷热环境或压力罐以及泡沫物体。

3）超声波传感器可以应用于食品加工厂，实现塑料包装检测的闭环控制系统。配合新的技术可在潮湿环如洗瓶机、噪声环境、温度极剧烈变化环境等进行探测。

4）超声波传感器可用于探测液位、探测透明物体和材料，控制张力以及测量距离，主要为包装、制瓶、物料搬检验煤的设备运、塑料加工以及汽车行业等。超声波传感器可用于流程监控以提高产品质量、检测缺陷、确定有无以及其他方面。

4. 工作相关

（1）工作原理。人们能听到声音是由于物体振动产生的，它的频率在 20Hz～20kHz 范围内，超过 20kHz 称为超声波，低于 20Hz 的称为次声波。常用的超声波频率为几十千赫兹至几十兆赫兹。如图 6.49 所示。

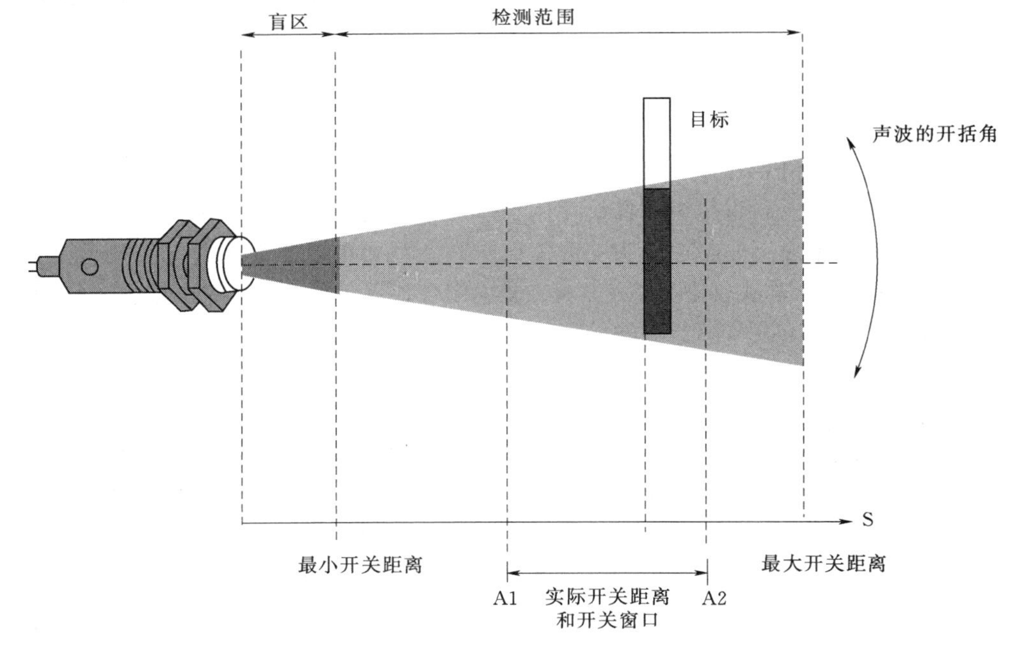

图 6.49　工作原理

超声波是一种在弹性介质中的机械振荡，有两种形式：横向振荡（横波）和纵向振荡（纵波）。在工业中应用主要采用纵向振荡。超声波可以在气体、液体及固体中传播，其传播速度不同。另外，它也有折射和反射现象，并且在传播过程中有衰减。在空气中传播超声波，其频率较低，一般为几十 kHz，而在固体、液体中则频率可用得较高。在空气中衰减较快，而在液体及固体中传播，衰减较小，传播较远。利用超声波的特性，可做成各种超声传感器，配上不同的电路，制成各种超声测量仪器及装置，并在通信、医疗家电等各方面得到广泛应用。

超声波传感器主要材料有压电晶体（电致伸缩）及镍铁铝合金（磁致伸缩）两类。电致伸缩的材料有锆钛酸铅（PZT）等。压电晶体组成的超声波传感器是一种可逆传感器，它可以将电能转变成机械振荡而产生超声波，同时它接收到超声波时，也能转变成电能，所以它可以分成发送器或接收器。有的超声波传感器既作发送，也能作接收。这里仅介绍小型超声波传感器，发送与接收略有差别，它适用于在空气中传播，工作频率一般为23～25kHz 及 40～45kHz。这类传感器适用于测距、遥控、防盗等用途。该种有 T/R－40－60，T/R－40－12 等（其中 T 表示发送，R 表示接收，40 表示频率为 40kHz，16 及 12 表示其外径尺寸，以 mm 计）。另有一种密封式超声波传感器（MA40EI 型）。它的特点是具有防水作用（但不能放入水中），可以作料位及接近开关用，它的性能较好。超声波应用有三种基本类型，透射型用于遥控器，防盗报警器、自动门、接近开关等；分离式反射型用于测距、液位或料位；反射型用于材料探伤、测厚等。

由发送传感器（或称波发送器）、接收传感器（或称波接收器）、控制部分与电源部分组成。发送器传感器由发送器与使用直径为 15mm 左右的陶瓷振子换能器组成，换能器作用是将陶瓷振子的电振动能量转换成超能量并向空中辐射；而接收传感器由陶瓷振子换能器与放大电路组成，换能器接收波产生机械振动，将其变换成电能量，作为传感器接收器的输出，从而对发送的超声波信号进行检测。而实际使用中，用作发送传感器的陶瓷振子也可以用作接收器传感器社的陶瓷振子。控制部分主要对发送器发出的脉冲链频率、占空比及稀疏调制和计数及探测距离等进行控制。

（2）工作程式。若对发送传感器内谐振频率为 40kHz 的压电陶瓷片（双晶振子）施加 40kHz 高频电压，则压电陶瓷片就根据所加高频电压极性伸长与缩短，于是发送 40kHz 频率的超声波，其超声波以疏密形式传播（疏密程度可由控制电路调制，如图 6.50 所示），并传给波接收器。接收器是利用压力传感器所采用的压电效应的原理，即在

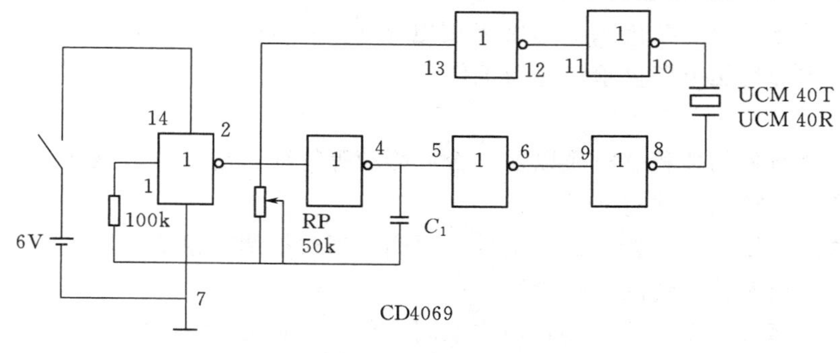

图 6.50 控制电路

压电元件上施加压力，使压电元件发生应变，则产生一面为“+”极，另一面为“−”极的 40kHz 正弦电压。因该高频电压幅值较小，故必须进行放大。超声波传感器使得驾驶员可以安全地倒车，其原理是利用探测倒车路径上或附近存在的任何障碍物，并及时发出警告。所设计的检测系统可以同时提供声光并茂的听觉和视觉警告，其警告表示是探测到了在盲区内障碍物的距离和方向。这样，在狭窄的地方不管是泊车还是开车，借助倒车障碍报警检测系统，驾驶员心理压力就会减少，并可以游刃有余地采取必要的动作。

（3）工作模式。超声波传感器利用声波介质对被检测物进行非接触式无磨损的检测，如图 6.51 所示。超声波传感器对透明或有色物体，金属或非金属物体，固体、液体、粉状物质均能检测。其检测性能几乎不受任何环境条件的影响，包括烟尘环境和雨天。

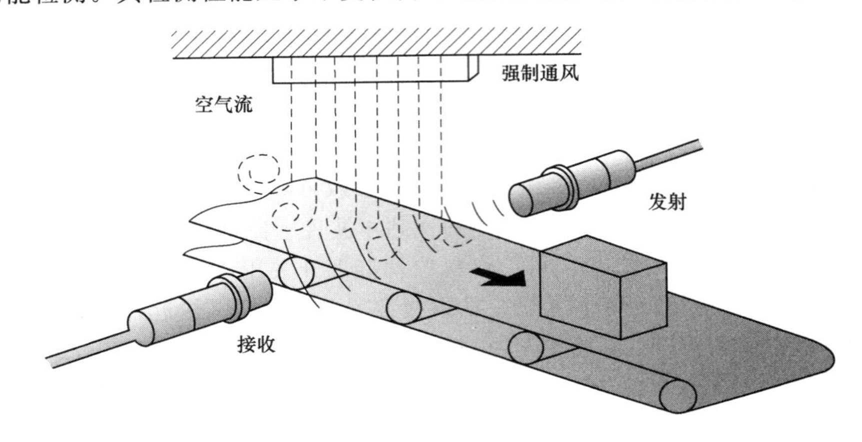

图 6.51　工作模式

5. 系统构成

超声波传感器主要由如下四个部分构成：

（1）发送器：通过振子（一般为陶瓷制品，直径约为 15mm）振动产生超声波并向空中辐射。

（2）接收器：振子接收到超声波时，根据超声波发生相应的机械振动，并将其转换为电能量，作为接收器的输出。

（3）控制部分：通过用集成电路控制发送器的超声波发送，并判断接收器是否接收到信号（超声波），以及已接收信号的大小。

（4）电源部分：超声波传感器通常采用电压为 DC12V±10%或 24V±10%外部直流电源供电，经内部稳压电路供给传感器工作。

6. 检测方式

根据被检测对象的体积、材质以及是否可移动等特征，超声波传感器采用的检测方式有所不同，常见的检测方式有如下四种：

（1）穿透式：发送器和接收器分别位于两侧，当被检测对象从它们之间通过时，根据超声波的衰减（或遮挡）情况进行检测。

（2）限定距离式：发送器和接收器位于同一侧，当限定距离内有被检测对象通过时，根据反射的超声波进行检测。

（3）限定范围式：发送器和接收器位于限定范围的中心，反射板位于限定范围的边缘，并以无被检测对象遮挡时的反射波衰减值作为基准值。当限定范围内有被检测对象通过时，根据反射波的衰减情况（将衰减值与基准值比较）进行检测。

（4）回归反射式：发送器和接收器位于同一侧，以检测对象（平面物体）作为反射面，根据反射波的衰减情况进行检测。

7. 注意事项

（1）为确保可靠性及长使用寿命，请勿在户外或高于额定温度的地方使用传感器。

（2）由于超声波传感器以空气作为传输介质，因此局部温度不同时，分界处的反射和折射可能会导致误动作，风吹时检出距离也会发生变化。因此，不应在强制通风机之类的设备旁使用传感器。

（3）喷气嘴喷出的喷气有多种频率，因此会影响传感器且不应在传感器附近使用。

（4）传感器表面的水滴缩短了检出距离。

（5）细粉末和棉纱之类的材料在吸收声音时无法被检出（反射型传感器）。

（6）不能在真空区或防爆区使用传感器。

（7）请勿在有蒸汽的区域使用传感器；此区域的大气不均匀。将会产生温度梯度，从而导致测量错误。

【挑战自我】

请同学们尝试制作一个倒车雷达。

强化实训篇

第7章　App Inventor 2 与 Arduino 应用开发

【教学目标】

(1) 了解蓝牙模块 HC－05 的工作原理。

(2) 熟悉传感器的应用知识。

(3) 掌握 Arduino Uno 与 App Inventor 2 之间的编程控制。

【本章导航】

当我们看见网上很多智能家居产品都是通过手机端 App 控制实现其给你的，你是不是在想通过本教材的学习，我们能做到吗？回答大家是肯定的。通过本章学习，读者可以通过使用 App Inventor 2 制作手机 App 来控制我们的 Arduino Uno 锁搭建的硬件，达到无线控制的效果。在本章中从简单的 App 控制灯泡的亮灭，到植物管家系统，再到智能风扇控制，最后以智能家居系统为实例讲解，让读者能很轻松地掌握智能控制。

7.1　手机蓝牙控制 LED 灯

【任务导航】

(1) 认识蓝牙模块。

(2) 搭建蓝牙模块与 Arduino 硬件电路。

(3) 制作用蓝牙模块控制 LED 的亮灭。

【材料阅读】

蓝牙模块 BT－HC05 模块是一款高性能的蓝牙串口模块，如图 7.1 所示。

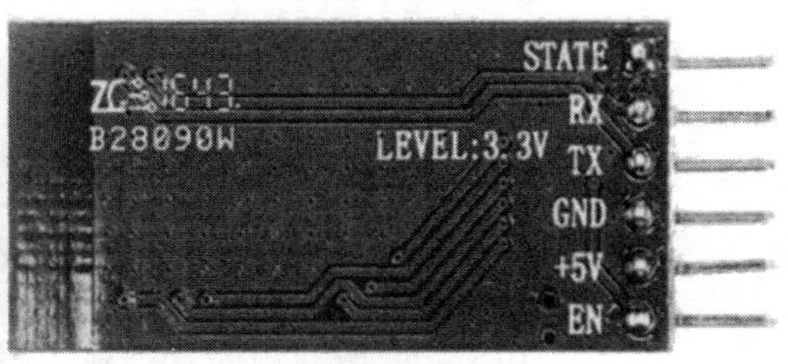

图 7.1　蓝牙模块实物图

(1) HC－05 蓝牙模块的特点：

1) 采用 CSR 主流蓝牙芯片，蓝牙 V2.0 协议标准。

2) 输入电压：3.6～6V，禁止超过 7V。

3) 波特率为 1200、2400、4800、9600、19200、38400、57600、115200 用户可设置。

4）带连接状态指示灯，LED 快闪表示没有蓝牙连接；LED 慢闪表示进入 AT 命令模式。

5）板载 3.3V 稳压芯片，输入电压直流 3.6～6V；未配对时，电流约 30mA（因 LED 灯闪烁，电流处于变化状态）；配对成功后，电流大约 10mA。

6）用于 GPS 导航系统，水电煤气抄表系统，工业现场采控系统。

7）可以与蓝牙笔记本电脑、电脑加蓝牙适配器等设备进行无缝连接。

8）HC-05 嵌入式蓝牙串口通信模块（以下简称模块）具有两种工作模式：命令响应工作模式和自动连接工作模式，在自动连接工作模式下模块又可分为主（Master）、从（Slave）和回环（Loopback）三种工作角色。当模块处于自动连接工作模式时，将自动根据事先设定的方式连接的数据传输；当模块处于命令响应工作模式时能执行下述所有 AT 命令，用户可向模块发送各种 AT 指令，为模块设定控制参数或发布控制命令。通过控制模块外部引脚（PIO11）输入电平，可以实现模块工作状态的动态转换。

（2）HC-05 蓝牙模块模块指示灯说明：

1）将模块上电同时（或者之前），将 KEY 接高电平，此时指示灯慢闪（1s 亮 1 次），模块进入 AT 状态，此时波特率固定 38400。

2）将模块上电后，将 KEY 悬空或者接地，此时指示灯快闪（1s 闪 2 次），表示模块进入可配对状态。此时如果将 KEY 接高电平，模块也会进入 AT 状态。但是指示灯依然是快闪（1s 闪 2 次）。

3）模块配对成功，此时 STA 双闪（1 次闪 2 下，2s 闪 1 次）。

（3）HC-05 蓝牙模块的与硬件的连接：

1）HC-05 蓝牙模块的接线说明，如图 7.2 所示。

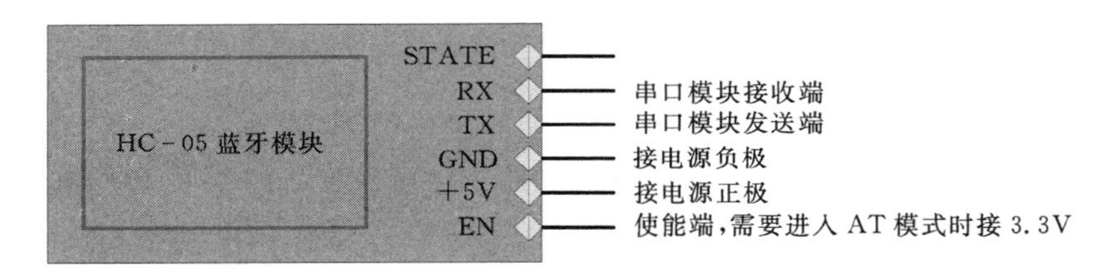

图 7.2　蓝牙模块接线说明

2）蓝牙模块与串口 USB 模块对接连接图，如图 7.3 所示。

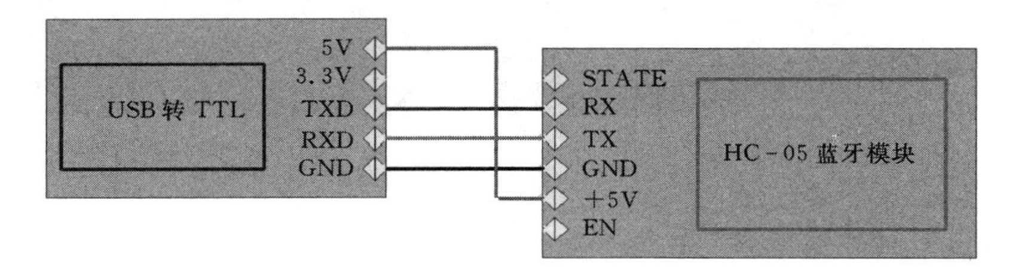

图 7.3　蓝牙模块与串口 USB 连接图

3）蓝牙模块与单片机通信连接图，如图 7.4 所示。

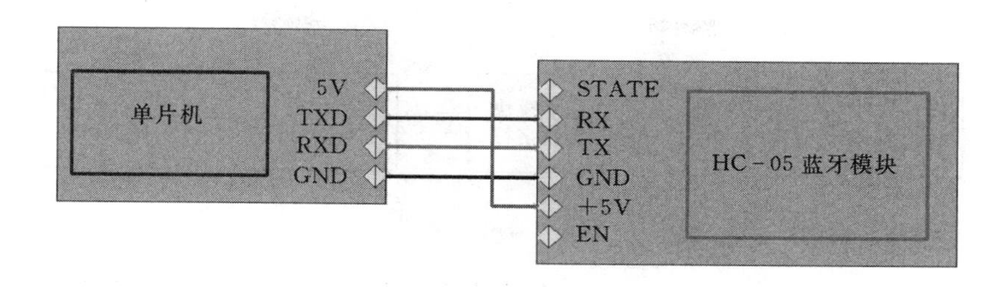

图 7.4　蓝牙模块与单片通信连接图

【动手操作】

主题一：手机与蓝牙模块模块通信

器材：Arduino 板子、HC－05 蓝牙模块、USB 数据线

1. 硬件搭建

根据上述材料阅读及相关资料，硬件连接图用面包板连接绘图软件绘制，如图 7.5 所示。

图 7.5　硬件连接图

2. 程序讲解

在前面的课程中讲过了串口发送字符给单片机点亮 LED 灯，在这个实验中，手机安装“蓝牙串口助手”的 App，用于发送字符到单片机；相对于之前的串口字符实验，本实验就像是做了一个无线传输，蓝牙模块接受到的字符传给单片机，再传到 PC 机的串口调试工具上面显示出来，框图如图 7.6 所示。

根据上面的讲解编写程序如下：

```
void setup()
```

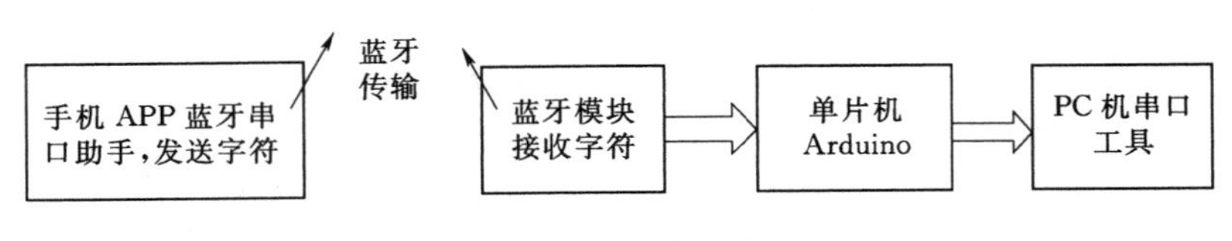

图 7.6　系统框图

```
{
  Serial.begin(9600);
}
void loop()
{
  while(Serial.available())
  {
    char c=Serial.read();
    if(c=='A')
    {
      Serial.println("succeed");
    }
  }
}
```

下载程序观察后，用蓝牙串口助手发送字符“A”，然后用 Arduino IDE 的串口工具观察数据，在串口工具的接收区域里面就显示“succeed”，如图 7.7 所示。

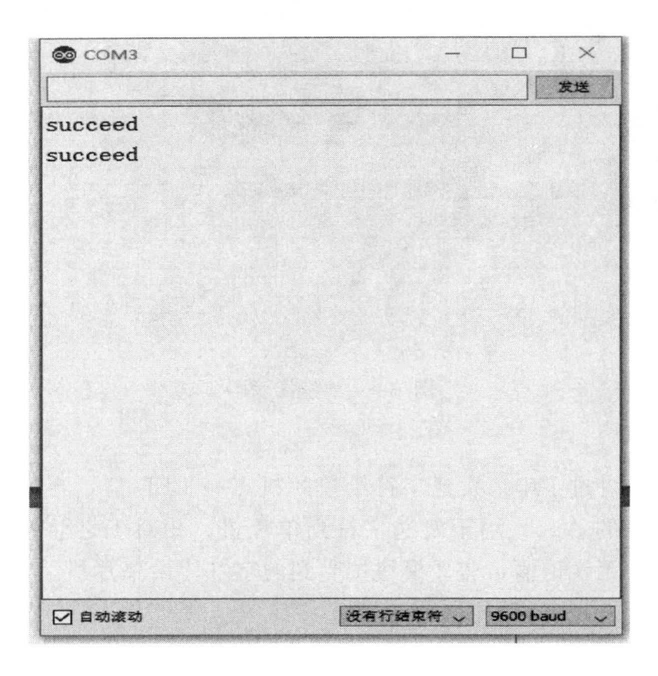

图 7.7　串口工具接收到数据对话框

主题二：用App Inventor制作手机App控制LED灯亮灭

器材：Arduino板子、HC－05蓝牙模块、USB数据线

1. 硬件搭建

本实验使用的硬件和主题一样，LED灯用Arduino板子数字I/O口13引脚自带的就可以，在这里就不在绘制硬件电路图了，大家参照主题一即可。

2. 程序讲解

（1）Arduino程序。本程序与主题一的程序相差不大，只要在接收到手机App发送控制LED灯的字符时，同时去控制LED灯即可。程序编写如下：

```
#define led 13
char c;
void setup()
{
  pinMode(led,OUTPUT);
  Serial.begin(9600);
}
void loop()
{
  while(Serial.available())
  {
    c=Serial.read();
    if(c=='1')
    {
      digitalWrite(led,HIGH);
      Serial.println("ON");
    }
    if(c=='0')
    {
      digitalWrite(led,LOW);
      Serial.println("OFF LED");
    }
  }
}
```

（2）Inventor图形画编程。在前面章节已经学习了Inventor图形画编程，在这里就不作详细地介绍了，只介绍一些相关的操作步骤。

本主题的界面设计思路是在屏幕上方先一个熄灭的灯泡图片，当用手指单击灯泡时，熄灭的灯泡图片变成点亮灯泡的图片。在图片的下面有两个按钮，分别是“搜索蓝牙”和“蓝牙连接”。设计界面如图7.8所示。

1）界面设计：

a. 在组件面板下面的用户界面栏中找到按钮控件，拖到工作面板区，得到一个名为按钮1的组件。

b. 对按钮1进行相关参数进行修改，删除按钮1上面的文字，将按钮的宽设置位200

图 7.8　设计界面

像素，高设置为 300 像素，然后修改组件列表下面的 Screen1 的水平对齐为居中。

c. 将做好的素材添加到组件列表的素材熄灭灯泡图片（light1. png）和点亮灯泡图片（light2. png）列表里面。

d. 在组件列表下面选择按钮 1，然后在组件属性里面找到图像选项，选择熄灭灯泡图片（light1. png）添加到按钮 1，如图 7.9 所示。

手机和主控板 Arduino 使用蓝牙通信，所以要位程序添加蓝牙组件。操作如下：

a. 在组件面板的通信连接选项中，找到蓝牙客户端控件；在用户界面选项中，找到对话框控件，将其拖到工作面板区。这两个控件是不可见的，像是在模拟器下方。

b. 在组件面板的界面布局选项中，找到水平布局控件，将其拖到工作面板区，属性默认设置。

c. 在组件面板的用户界面选项中，找到列表选择框和按钮两个控件，将其拖到工作面板区的水平布局里面，然后修改其控件属性，如图 7.9 所示。

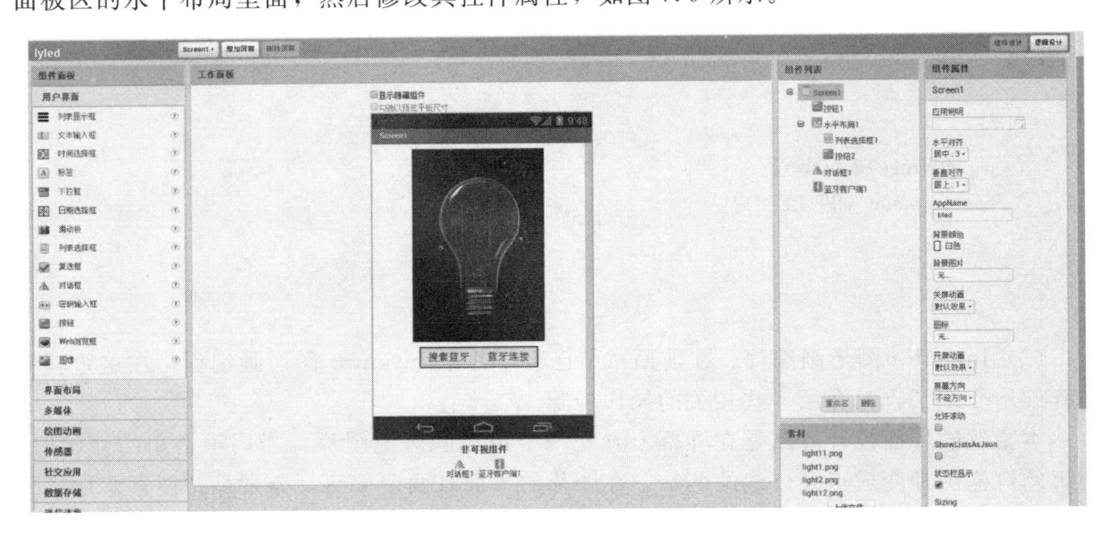

图 7.9　添加组件图

2）逻辑界面设计。接下来要为组件和控件添加一下行为，使程序能够对一些动作（比如单击屏幕）做出相应反应（变换图片等）。单击软件右上方的逻辑设计按钮，就进入逻辑设计界面，如图 7.10 所示，左侧列表为刚才做界面设计添加的控件、素材和内置的

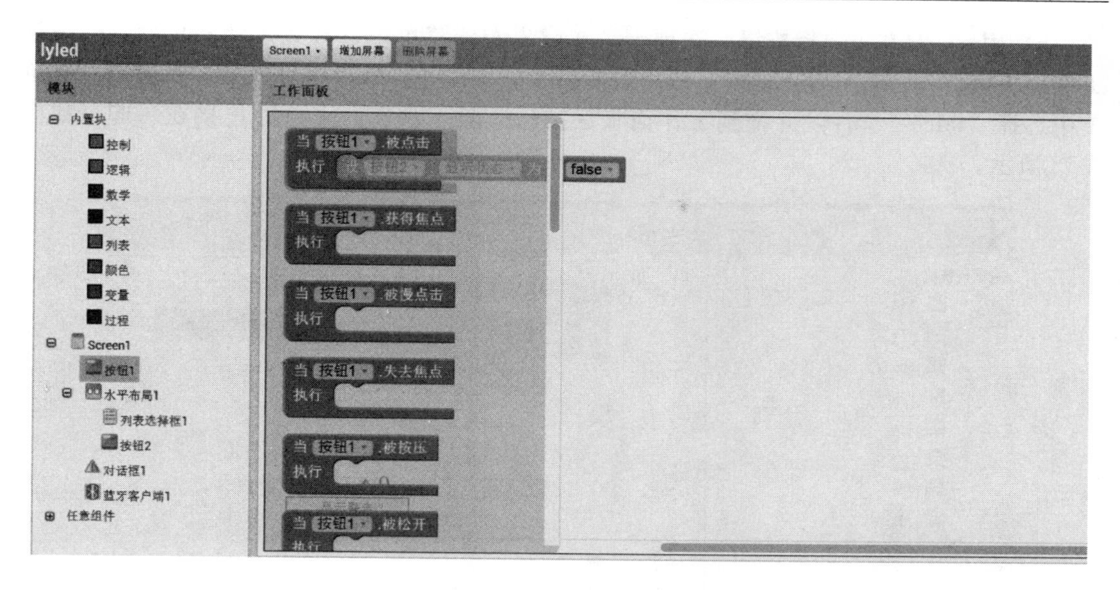

图 7.10 添加事件列表框

模块；单击控件会在它的右侧弹出该组件可以创建的事件列表类型，如图 7.10 所示。选择其中需要的事件块拖到右侧的编辑区，为事件编写相应内容。

a. 对屏幕进行初始化。在没有完成“搜索蓝牙”之前，“蓝牙连接”按钮除去非活动状态，即不可单击。

a）在逻辑设计左侧的模块中单击 Screen1 选项卡，在弹出右侧菜单中选择初始化事件，并拖到工作面板区里面。如图 7.11 所示。

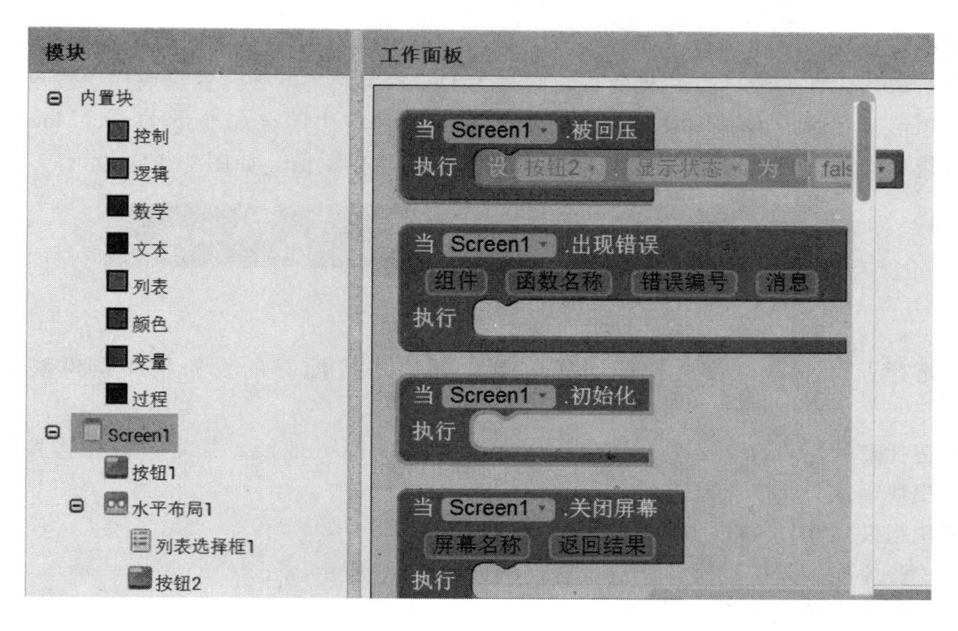

图 7.11 添加组件方法

b）用 a）的方法选择按钮 2 选项卡，在弹出右侧菜单中选择显示状态事件，并拖到工作面板区 Screen1 初始化框内；然后选择内置模块栏下面的逻辑选项卡，在弹出右侧菜单中选择“false”事件，并拖到工作面板区按钮 2 显示状态的卡口处连接在一起，如图 7.12 所示。

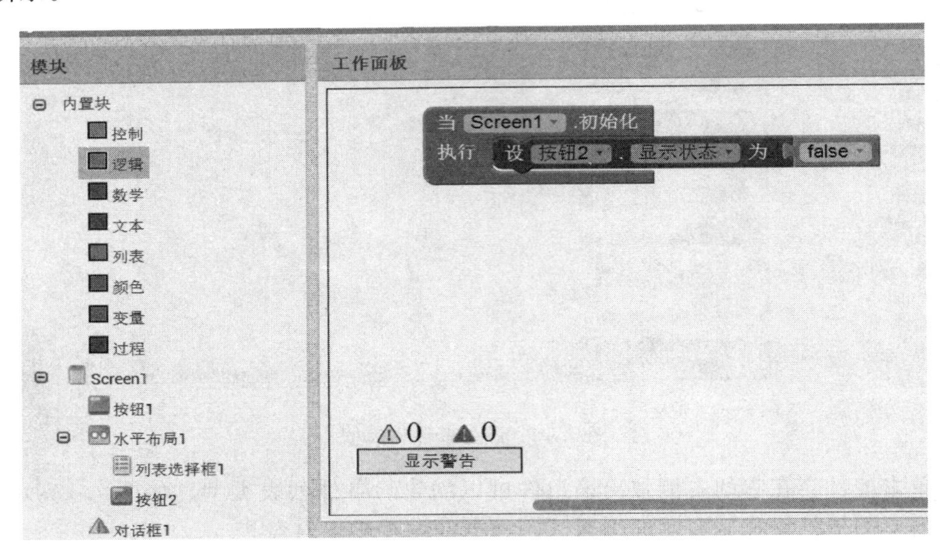

图 7.12　事件添加到工作区

b.“搜索蓝牙”按键设置。利用“列表选择框”组件实现“搜索”蓝牙建展开功能，将手机已存储配对过的设备做一个列表供选择。

定义一个全局变量 DeviceMac，用来存放选择后的蓝牙 Mac 地址。

从内置模块栏下面选择“变量”选项卡，在弹出的右侧菜单中选择初始化全局变量，并拖到右边的工作面板区，并将变量名修改为 DeviceMac。再从内置模块栏下面选择“文本”选项卡，在弹出的右侧菜单中选择文本，并拖到右边的全局变量 DeviceMac 后面的卡口。将本文的内容修改为 ok，完成 DeviceMac 初始化赋值，如图 7.13 所示。

初始化全局变量 DeviceMac 为 " ok "

图 7.13　变量事件选项卡

在选择蓝牙前，列表选择框组件需要先列出手机配对的设备清单，模块需求见表 7.1。

在选择蓝牙后，DeviceMac 保存从列表中选择的 Mac 地址，并将“蓝牙连接”按钮激活。模块需求见表 7.2。

模块组装后如图 7.14 所示。

c.“蓝牙连接”按键设计。设计流程图如图 7.15 所示。

设计模块需求见表 7.3。

“蓝牙连接”按钮完整设计如图 7.16 所示。

表 7.1　　手机配对事件模块清单

模　块　类　型	拖放位置	目　　的
当 列表选择框1 .准备选择 执行	Screen 1—列表选择框—列表选择框，准备选择	选择蓝牙前行为定义
调用 蓝牙客户端1 .断开连接	Screen 1—蓝牙客户端—蓝牙客户端，断开连接	确保选择当前没有进行蓝牙连接
设 列表选择框1 . 元素 为	Scween 1—列表选择框—列表选择框，元素	实现已配对过的设备列表
蓝牙客户端1 . 地址及名称	Screen 1—蓝牙客户端—蓝牙客户端，地址及名称	实现已配对过的设备列表
设 按钮2 . 文本 为	Scween 1—按钮 2—按钮 2. 文本	改变“蓝牙连接”按钮文本字为“已选择请连接”，以提示可以进行连接
“ ”	内置块—文本—文本	将文本改为“已选择请连接”

表 7.2　　激活蓝牙按钮事件

模　块　类　型	拖放位置	目　　的
当 列表选择框1 .选择完成 执行	Screen 1—列表选择框—列表选择框．选择完成	选择蓝牙后行为定义
设 global DeviceMac 为	内置块—变量—变量为	用 DeviceMac 变量保存 Mac 地址
列表选择框1 . 选中项	Screen 1—列表选择框—列表选择框．选中项	用 DeviceMac 变量保存 Mac 地址
设 按钮2 . 启用 为	内置块—按钮 2—按钮 2. 启用	激活按钮 2
true	内置块—逻辑—逻辑．真用	激活按钮 2

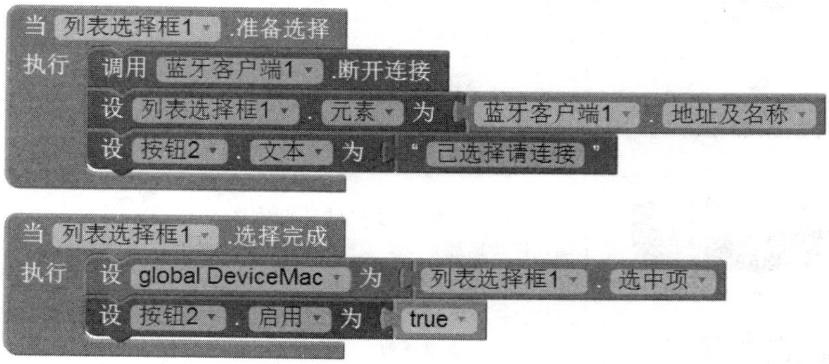

当 列表选择框1 .准备选择
执行 调用 蓝牙客户端1 .断开连接
设 列表选择框1 . 元素 为 蓝牙客户端1 . 地址及名称
设 按钮2 . 文本 为 “ 已选择请连接 ”

当 列表选择框1 .选择完成
执行 设 global DeviceMac 为 列表选择框1 . 选中项
设 按钮2 . 启用 为 true

图 7.14　模块组装图

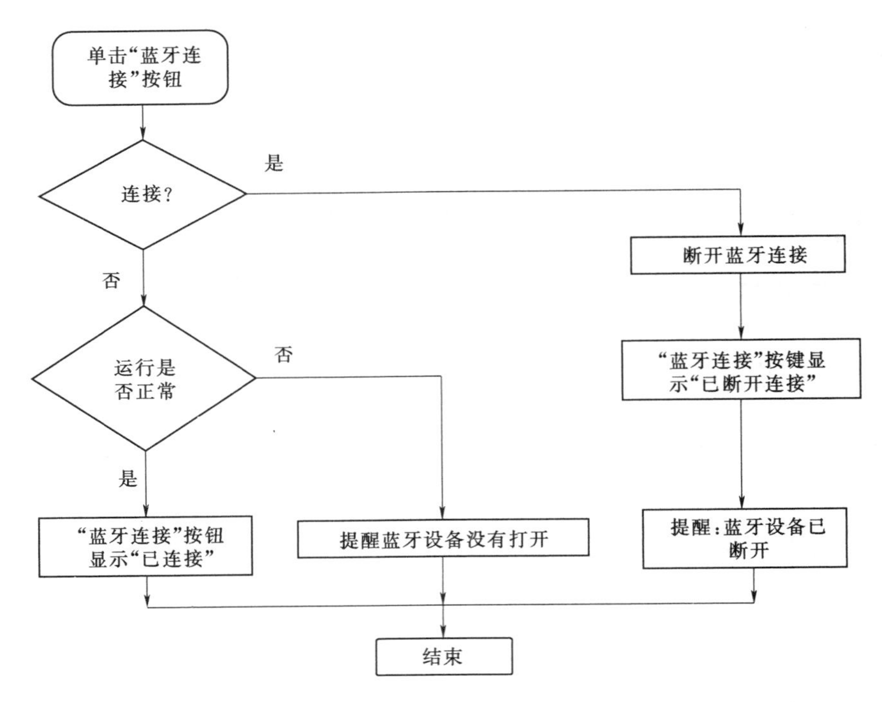

图 7.15　蓝牙设计流程图

表 7.3　　设计蓝牙模块所需事件

模块类型	拖放位置	目　　的
当 按钮2 .被点击 执行	Screen 1—按钮 2—按钮 2，被点击	“蓝牙连接”按钮按下行为定义
如果 则 否则	内置块—控制—控制，如果	在按钮 2 被单击框内嵌套两个半段选项如果-则-否则
蓝牙客户端1 . 连接状态	Screen 1—蓝牙客户端—蓝牙客户端，连接状态	判断蓝牙是否连接。如果是，断开连接；如果否，运行蓝牙连接指令
调用 蓝牙客户端1 .连接 地址	Screen 1—蓝牙客户端—蓝牙客户端，连接地址	判断蓝牙是否开启。如果是，修改按钮显示；如果否，提醒开启蓝牙
取 global DeviceMac	内置块—变量—取	判断蓝牙是否开启。如果是，修改按钮显示；如果否，提醒开启蓝牙

续表

模块类型	拖放位置	目　　的
调用 对话框1 .显示告警信息 通知	Screen 1—对话框—对话框，显示警告通知	提醒
调用 蓝牙客户端1 .断开连接	Screen 1—蓝牙客户端—蓝牙客户端，断开连接	如果蓝牙已连接，再次按下按钮，则断开连接
设 按钮2 . 文本 为	Screen 1—按钮 2—按钮 2，文本	如果已连接，按钮显示“已连接”，表示再次按下后断开连接。如果未连接，按钮显示“已断开”，表示再次按下后进行连接
" "	内置块—文本—文本	

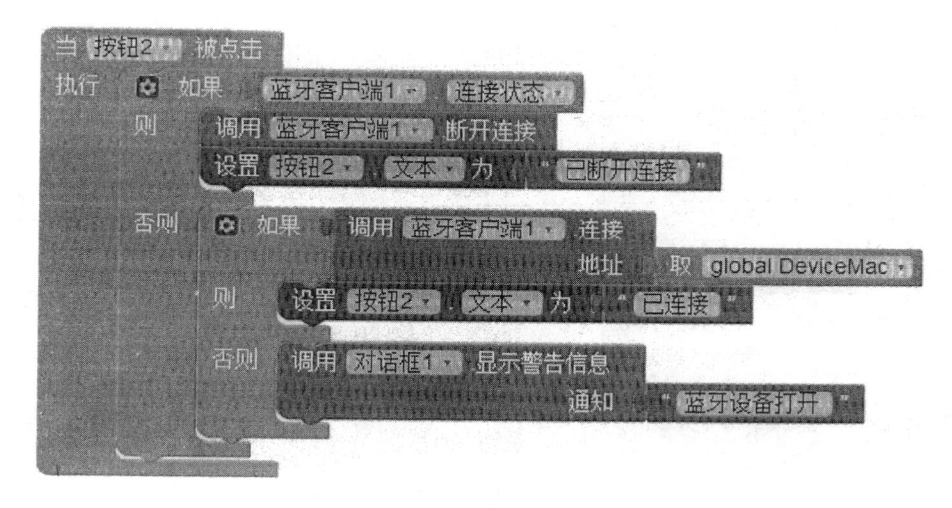

图 7.16　“蓝牙连接”按钮模块

d. “灯泡按钮”的设计。

a）点击熄灭灯泡图片时，把熄灭灯泡的图片换成点亮灯泡的图片。在“按钮．单击”框内把“按钮．图片”修改为 light2. png，并通过蓝牙模块向 Arduino 板子发送数字“1”，当 Arduino 板子接收到数字“1”后，就去控制板子上 13 引脚的 LED 灯亮。

b）再次单击时，把点亮灯泡的图片换成熄灭灯泡的图片。在“按钮．单击”框内把“按钮．图片”修改为 light1. png，并通过蓝牙模块向 Arduino 板子发送数字“0”，当 Arduino 板子接收到数字“0”后，就去控制板子上 13 引脚的 LED 灯灭。设计模块需求见表 7.4。

表 7.4　　　　单击按钮所需事件表

模　块　类　型	拖放位置	目　　的
当 按钮1 .被点击 执行	Screen 1—按钮 1—按钮 1. 被单击	“灯泡”按钮按下行为定义
如果 则 否则	内置块—控制—控制．如果	在按钮 2 被单击框内嵌套两个半段选项如果-则-否则
按钮1 . 图像	Screen 1—按钮 1—按钮 1. 图像	判断灯泡图片是熄灭图片还是点亮图片。如果是熄灭图片，跟还为点亮图片；如果否，更换为熄灭图片
等于	内置块—数学—等于	判断灯泡图片是熄灭图片还是点亮图片。如果是熄灭图片，跟还为点亮图片；如果否，更换为熄灭图片
“ ”	内置块—文本—文本	判断灯泡图片是熄灭图片还是点亮图片。如果是熄灭图片，跟还为点亮图片；如果否，更换为熄灭图片
蓝牙客户端1 . 连接状态	Screen 1—蓝牙客户端—蓝牙客户端．连接状态	判断蓝牙是否连接，如果是，发送字符；如果否，提醒蓝牙未连接
调用 对话框1 .显示告警信息 通知	Screen 1—对话框—对话框．显示警告信息，通知	提醒连接蓝牙
调用 蓝牙客户端1 .发送单字节数字 数值	Screen 1—蓝牙客户端—蓝牙客户端．发送单字节数字	通过蓝牙向主控板发送一个数字
“ ”	内置块—文本—文本	

“灯泡按钮”完整设计如图 7.17 所示。

【探究思考】

想一想蓝牙模块除了控制 LED 亮灭的效果，还可以用来做什么？

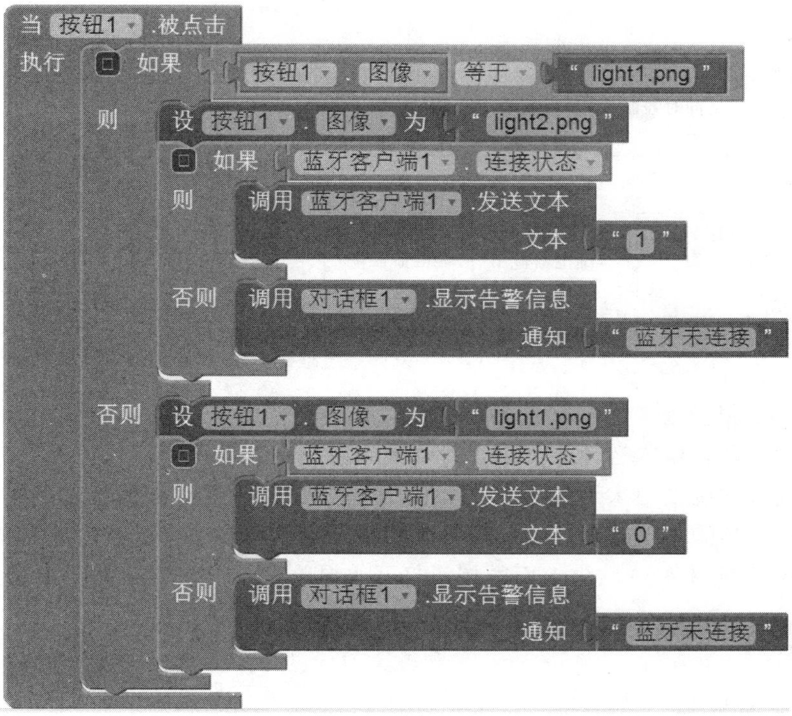

图 7.17 “灯泡按钮”完整设计图

7.2 植物管家系统的设计

【任务导航】

(1) 掌握温湿度传感器 DHT11 使用。

(2) 了解继电器模块的使用。

(3) 了解水泵的工作原理。

(4) 搭建 Arduino 硬件电路。

(5) 制作植物管家系统。

【材料阅读】

随着城镇化、城市化的大力发展，人们的生活质量不断的提高，越来越多的家庭开始在自己的庭院、阳台等种植花卉等小型植物，花卉种植的普及当然也带来了一些小小的难题，浇水“难”其中常见且重要的一个问题。为了应对这个难题，自动浇水系统应运而生。

随着科技的不断发展，他们无一例外都是能够起到方便日常生活的作用。自动浇花系统可以理解为各种设备的一种，它能够通过编程手段完成特定任务，实现浇花自动化，方便日常生活。因此根据构思设计了这个植物管家系统。系统框图如图 7.18 所示。

工作原理，就是当制作的 App 连接硬件电路时，App 的时间就显示出来，并且每隔

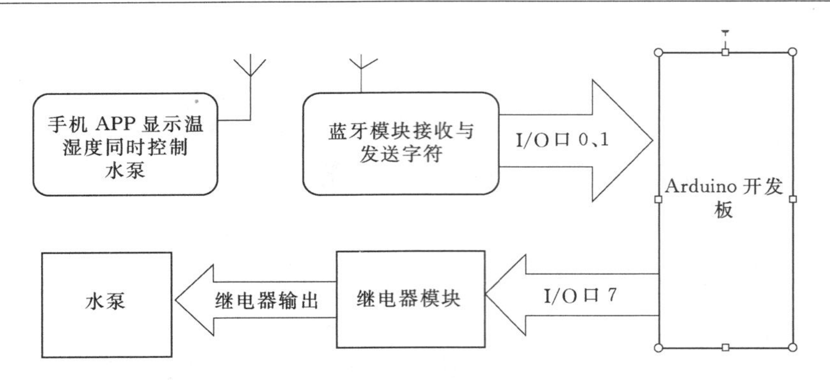

图 7.18　设计系统框图

5s更新一次温湿度传感器采集回来的数据，并在App显示出来。同时在App控制室界面分有自动和手动两种模式选择，当选择自动模式时，设置的湿度值与传感器采集的数值进行比较，当设置的湿度值大于传感器采集的数值，就自动打开水泵浇水5s；要是设置的湿度值小于传感器采集的数据值，就不打开水泵。手动模式，就是自己感觉植物的土壤湿度很低，就自己使用App软件上面的按钮打开水泵浇水，然后自己按App上的按钮关闭浇水。

【动手操作】

主题：按键控制LED亮灭

器材：Arduino板子、温湿度传感器DHT11、水泵、USB数据线

1. 硬件搭建

本实验是结合前面DHT11温湿度传感器实验和上面的蓝牙控制LED灯来做的，将温湿度传感器采集到的数据经过蓝牙模块，发送自己制作的App上面显示。硬件接图用面包板连接绘图软件绘制，如图7.19所示。

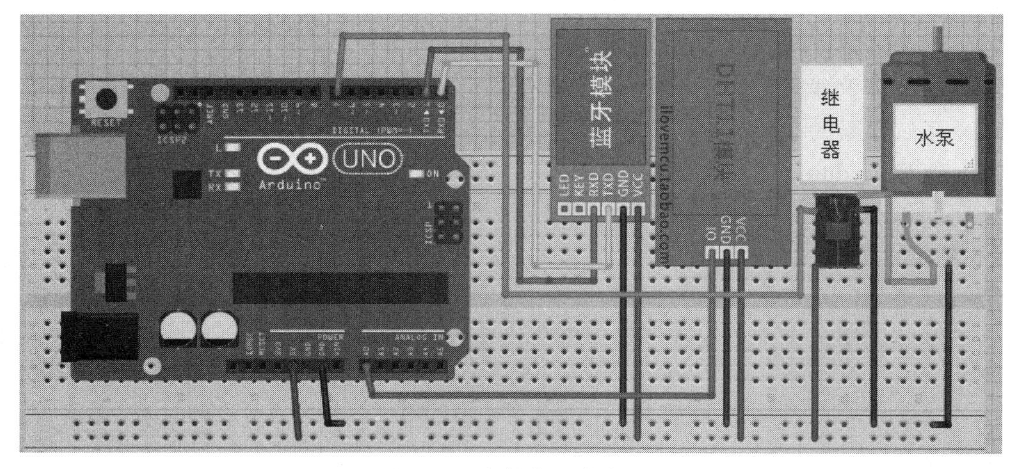

图 7.19　硬件点图接线图

2. 程序讲解

(1) Arduino板子的程序参照前面课程DHT11传感器实验的，稍作修改就可以，程

序如下：

```
#define DHT11_PIN 0       //DHT11 输入输出引脚连接在 Arduino UNO 模拟端口 0
byte dht11_dat[5];        //存储从 DHT11 传感器采样的温湿度值的数组
#define relay 7           //继电器的输入连接在 Arduino UNO 模拟数字端口 7,用于控制水泵的开关
int ReceiveByte = 0;
/********************初始化********************/
void setup()
{
    DDRC |= _BV(DHT11_PIN);        //配置 DHT11_PIN 配置为输出
    PORTC |= _BV(DHT11_PIN);       //第 DHT11_PIN 位置 1,其他位不变
        //pinMode(led,OUTPUT);
        pinMode(relay,OUTPUT);     //配置 relay 配置为输出
    Serial.begin(9600);
    }
/********************循环语句********************/
void loop()
{
    while(1){
        if(Serial.available()> 0){            //串口是否有输入
          ReceiveByte = Serial.read();
          switch(ReceiveByte){
            case 0x30:   //十进制 48 转换十六进制为 30
                          {
                        DHT11();
                        Serial.print(99,DEC);    //发送温度识别码
                        Serial.print(dht11_dat[2],DEC);  //发送温度值
                        Serial.print(98,DEC);  //发送湿度识别码
                        Serial.print(dht11_dat[0],DEC);  //发送湿度值
                            break;
                          }
                        case 0x00:  //自动浇水模式选择
                        {
                        if(dht11_dat[0]<=60)
                          {
                              digitalWrite(relay,HIGH);
                              delay(5000);
                          }
                        else
                              digitalWrite(relay,LOW);
                        break;
                        }
                        case 0x04:     //手动浇水开
                        {
                          digitalWrite(relay,HIGH);
```

```
                    break;
                  }
                  case 0x05:  //手动浇水关
                  {
                    digitalWrite(relay,LOW);
                    break;
                  }
          default:
              break;
      }
    }
  }
}
/*********************DHT11 温湿度模块子函数*********************/
void DHT11()
{
    byte dht11_in;
    int i;
    PORTC &= ~_BV(DHT11_PIN);          //拉低总线,给 DHT11 送开始信号
    delay(18);                         //延时 18μs
    PORTC |= _BV(DHT11_PIN);           //释放总线,开始信号结束
    delayMicroseconds(40);             //延时 40μs
    DDRC &= ~_BV(DHT11_PIN);           //端口转为输入
    delayMicroseconds(40);
    dht11_in = PINC & _BV(DHT11_PIN); //读输入电平
    if(dht11_in)
      {
        Serial.println("dht11 response signal 1 not received");  //未收到响应信号低电平
        return;
    }
    delayMicroseconds(80);             //延时 80μs
    dht11_in = PINC & _BV(DHT11_PIN);
    if(! dht11_in){
        Serial.println("dht11 response signal 2 not received");    //未收到响应信号高电平
        return;
    }
    delayMicroseconds(80);             //延时 80μs
        //读取来自 DHT11 传感器的 5 个字节温湿度值
            //第一个字节是湿度值整数部分,dht11_dat[0]
            //第二个字节是湿度值小数部分,dht11_dat[1]
            //第三个字节是温度值整数部分,dht11_dat[2]
            //第四个字节是温度值小数部分,dht11_dat[3]
            //第五个字节是校验值,可以判断数据传送是否正确,dht11_dat[4]
    for(i=0;i<5;i++)
```

```
        dht11_dat[i] = read_dht11_dat();
    byte dht11_check_sum
    dht11_dat[0]+dht11_dat[1]+dht11_dat[2]+dht11_dat[3];
    if(dht11_dat[4]! = dht11_check_sum)     //验证校验码
    {
        Serial.println("DHT11 checksum error");     //校验错误告警
    }
    DDRC |= _BV(DHT11_PIN);
    PORTC |= _BV(DHT11_PIN);
}
/********************DHT11温湿度模块数据读取子函数********************/
byte read_dht11_dat()
{
    int i = 0;
    byte result=0;
    for(i=0;i< 8;i++){
            while(! (PINC & _BV(DHT11_PIN)));     //自循环,等待低电平结束
      delayMicroseconds(30);     //延时30μs
      if(PINC & _BV(DHT11_PIN))     //如果是高电平,表示信号1
                result |=(1<<(7-i));
            while((PINC & _BV(DHT11_PIN)));     //自循环,等待高电平结束
    }
    return result;
}
```

在下载程序之前，要查看板卡和端口号是否正确，然后观察手机App界面，如图7.20所示。

图7.20　手机App操作界面

（2）植物管家系统App制作。

1）界面设计。首先，设置 Screen1 的组件属性里面的标题，更改为“植物管家系统”，并选择水平居中。其次，插入图片 12.png。也可以取消 Screen1 组件属性的允许滚动复选框，这样手机旋转时，画面也跟着旋转。设计中需要组件见表 7.5。

表 7.5　　设计界面需要的组件列表

组件类型	组件位置	重命名	目的	属性
标签 1	用户面板		显示当前温度	文本：当前温度
标签 2	用户面板	Temperature	温度值	文本：0 文本颜色：红
标签 3	用户面板		℃	文本：℃ 文本颜色：红
标签 4	用户面板			文本：当前湿度
标签 5	用户面板	Huidity	%	文本：0 文本颜色：红
标签 6	用户面板			文本：% 文本颜色：红
标签 7	用户面板		显示“更新时间”	文本：更新时间
标签 8	用户面板	CurrentTime	显示当前时间	文本：初始时间
列表选择框	用户面板		搜索蓝牙按钮	文本：搜索蓝牙
按钮 1	用户面板		连接蓝牙按钮	文本：连接蓝牙
标签 9	用户面板		模式选择	文本：模式选择
标签 10	用户面板		手动模式	文本：手动模式
按钮 2	用户面板		自动模式按钮	文本：动模式
按钮 3	用户面板		浇水开按钮	文本：浇水开
按钮 4	用户面板		浇水关按钮	文本：浇水关
蓝牙客户端 1	通信连接		蓝牙	
对话框 1	用户面板		警告	
计时器	传感器		时钟	

根据表 7.5 设计的界面效果图如图 7.21 所示。

2）逻辑设计。在这里设计一个过程子函数，设计思路是先向 Arduino 板子发送一个控制命令，然后接收 Arduino 板子反馈的温湿度值，显示在手机界面上，并将当前时间也同步显示在手机界面上。先定义两个变量，用于存放温度识别值和湿度识别值，如图 7.22 所示。

a. 创建子函数需要的模块定义见表 7.6。

完整的子函数行为创建设计如图 7.23 所示。

b. 创建一个定时器“计时器．计时”事件

a）从模块栏下面选择“计时器 1”选项卡，在弹出的右侧菜单中选择计时器．计时，并拖到右边的工作面板区，这样就产生一个计时器．计时的事件，当计时器 1 运行的时

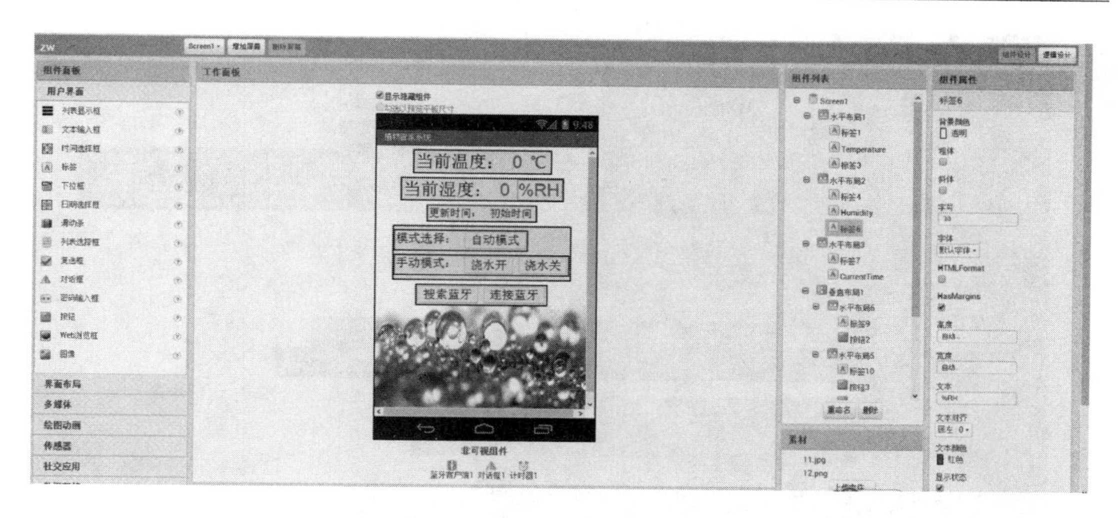

图 7.21 设计界面效果图

图 7.22 全局变量的定义

表 7.6 **子函数需要的模块列表**

模 块 类 型	拖放位置	目 的
定义过程 我的过程 执行语句	内置块—过程—定义过程	子函数定义
调用 蓝牙客户端1 .发送单字节数字 数值	Screen 1—蓝牙客户端—蓝牙客户端，发送单字节数字	蓝牙连接，发送命令
设 CurrentTime . 文本 为	Screen 1—CurrentTime—CurrentTime，文本	显示当前时间
调用 计时器1 .设日期时间格式 时刻 pattern	Screen 1—计时器 1—计时器 1，日期时间格式	时间格式：日期时间
调用 计时器1 .求系统时间	Screen 1—计时器 1—计时器 1，系统时间	当前时间
设 global temp 为	内置块—变量—为	存放温度识别值
调用 蓝牙客户端1 .接收文本 字节数	Screen 1—蓝牙客户端—蓝牙客户端，接收文本	接收 Arduino 板子发送的字符的 ASCII 码

候，TimerInterval 的时间间隔，就会运行计时器．计时事件中的代码。

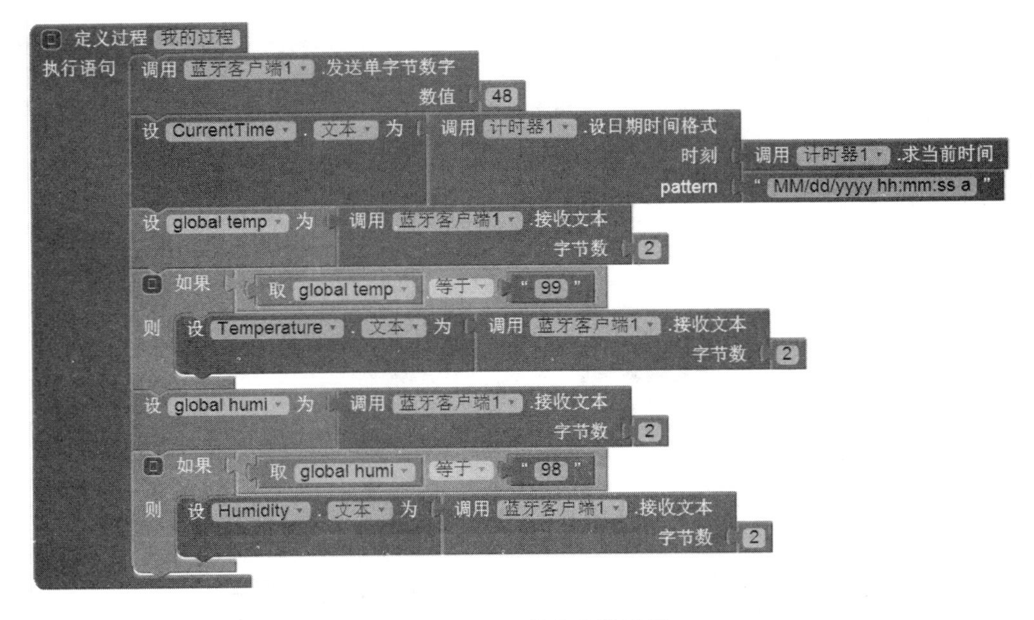

图 7.23　子函数完整设计图

b）调用子函数，从内置模块下面选择“过程”选项卡，在弹出的右侧菜单中选择“调用我的过程”，并拖到右边的工作面板区，如图 7.24 所示。

图 7.24　计数器设计图

c. 蓝牙按钮设计。在前面的任务，学习了“连接蓝牙”发送字符的设计，本实验是在上面的任务作修改，下面就需要启动定时器，在“连接蓝牙”按钮行为设计里增加了两个行为：一个是蓝牙连接时启动定时器，另一个是蓝牙断开时，关闭定时器，如图 7.25 所示。

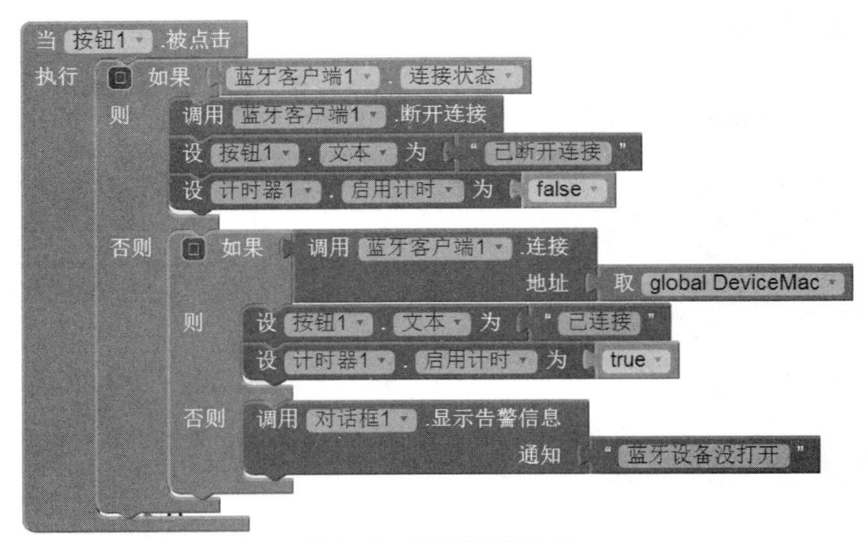

图 7.25　蓝牙按钮设计图

d. 浇水模式选择设计。设计界面的时候，用按钮 2 表示“自动浇水”，当按钮按下时，App 像手机发送一个数字 0，当 Arduino 板子经过蓝牙模块接收到字符 0 的时候，就自动对比设置好的湿度值，档低于设置的湿度值，就去控制水泵开始工作一定的时间；当高于设置的湿度值，就控制水泵停止工作。

手动模式的设计与自动模式的设计原理基本相同，设计了一个开的按钮和关的按钮，认为控制给植物浇水的开关与时间。设计编程如图 7.26 所示。

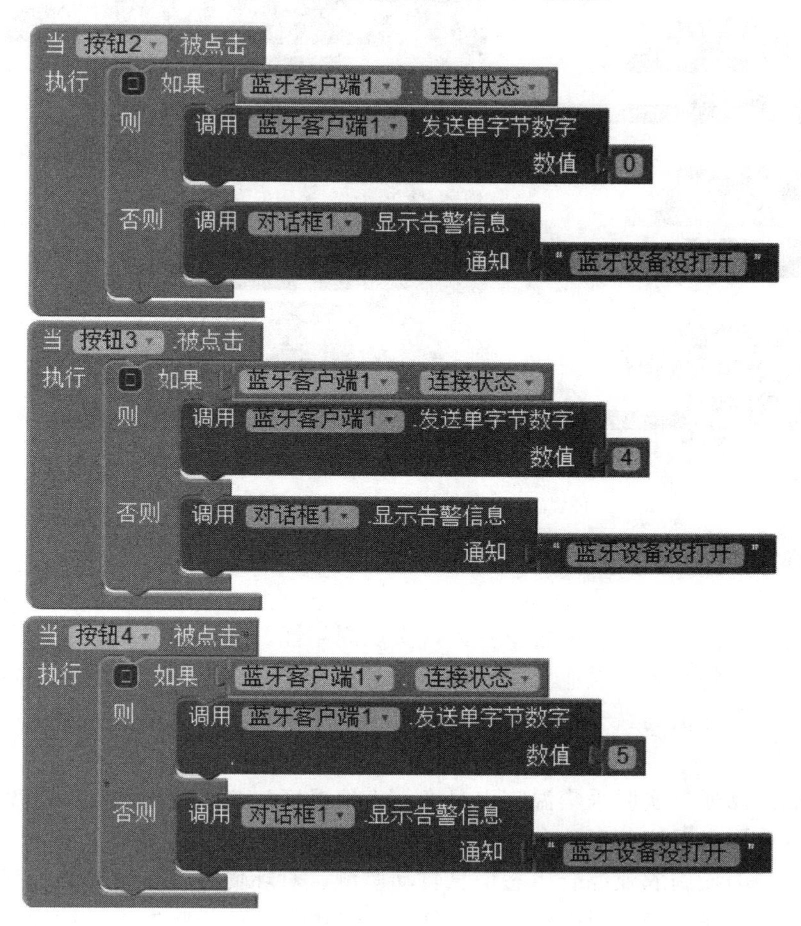

图 7.26　浇水模式设计图

设计完整系统编程如图 7.27 所示。

【探究思考】

想想，我们制作的 App 除了这些功能，还可以添加上面功能？

【视野拓展】

智　能　农　业

智能农业（或称工厂化农业），是指在相对可控的环境条件下，采用工业化生产，实现集约高效可持续发展的现代超前农业生产方式，就是农业先进设施与陆地相配套、具有

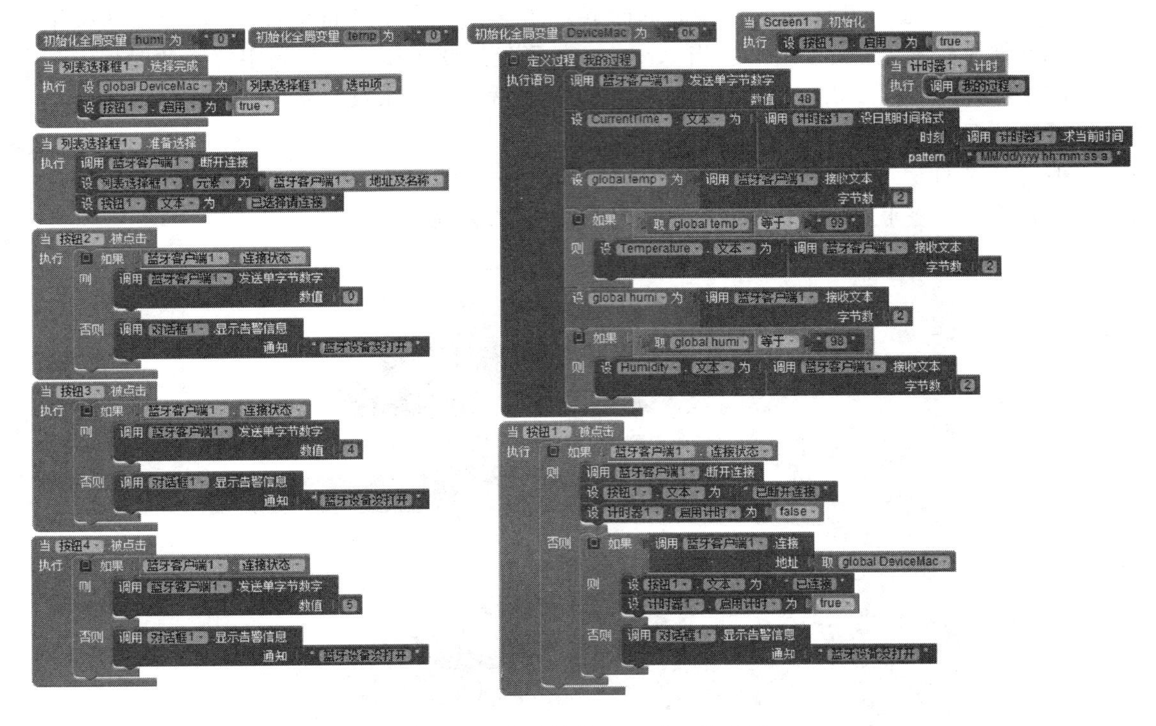

图7.27　植物管家App完整设计图

高度的技术规范和高效益的集约化规模经营的生产方式。

1. 简述

它集科研、生产、加工、销售于一体，实现周年性、全天候、反季节的企业化规模生产；它集成现代生物技术、农业工程、农用新材料等学科，以现代化农业设施为依托，科技含量高，产品附加值高，土地产出率高和劳动生产率高，是我国农业新技术革命的跨世纪工程。

智能农业产品通过实时采集温室内温度、土壤温度、二氧化碳浓度、湿度信号以及光照、叶面湿度、露点温度等环境参数，自动开启或者关闭指定设备。可以根据用户需求，随时进行处理，为设施农业综合生态信息自动监测、对环境进行自动控制和智能化管理提供科学依据。通过模块采集温度传感器等信号，经由无线信号收发模块传输数据，实现对大棚温湿度的远程控制。智能农业还包括智能粮库系统，该系统通过将粮库内温湿度变化的感知与计算机或手机的连接进行实时观察，记录现场情况以保证量粮库的温湿度平衡。

2. 发展与应用实例

传统农业生产活动中的浇水灌溉、施肥、打药，全凭经验和感觉来完成。而应用物联网，诸如瓜果蔬菜的浇水时间，施肥、打药，怎样保持精确的浓度，如何实行按需供给等一系列作物在不同生长周期曾被“模糊”处理的问题，都有信息化智能监控系统实时定量“精确”把关，农民只需按个开关，作个选择，或是完全听“指令”，就能种好菜、养好花。从传统农业到现代农业转变的过程中，农业信息化的发展大致经历了计算机农业、数字农业、精准农业和智慧农业四个过程。

我国发展现代农业，面临着资源紧缺与资源消耗过大的双重挑战。以信息传感设备、传感网、互联网和智能信息处理为核心的物联网将为农业生产过程中量化分析、智能决策、变量投入、定位操作的现代农业生产管理技术体系开辟新的思路和有利手段，将在农业领域得到广泛应用，并将进一步促进信息技术与农业现代化的融合。基于物联网的智能农业可用于大中型农业种植基地、设施园艺、畜禽水产养殖和农产品物流，布设的六种类型的无线传感节点，包括空气温度、空气湿度、土壤温度、土壤湿度、光照强度、二氧化碳浓度等，并通过低功耗自组织网络的无线通信技术实现传感器数据的无线传输。所有数据汇集到中心节点，通过无线网关与互联网或移动网络相连，实现农业信息的多尺度（个域、视域、区域、地域）传输；用户通过手机或计算机可以实时掌握农作物现场的环境信息，系统根据环境参数诊断农作物生长状况和病虫害状况。同时，在环境参数超标的情况下，系统可远程对灌溉等农业装备进行控制，实现农业生产的产前、产中、产后的过程监控，进而实现农业生产集约、高产、优质、高效、生态、安全等可持续发展的目标。

2002年，英特尔公司率先在俄勒冈建立了世界上第一个无线葡萄园。传感器节点被分布在葡萄园的每个角落，每隔1min检测一次土壤温度、湿度或该区域有害物的数量，以确保葡萄可以健康生长。研究人员发现，葡萄园气候的细微变化可极大地影响葡萄酒的质量。通过长年的数据记录以及相关分析，便能精确地掌握葡萄酒的质地与葡萄生长过程中的日照、温度、湿度的确切关系。这是一个典型的精准农业、智能耕种的实例。

2008年美国Crossbow公司开发了基于无线传感网络的农作物监测系统，基于太阳能供电，能监测土壤温湿度与空气温度，通过Internet浏览器为客户提供了农作物健康、生长情况的实时数据，已经在美国批量应用。美国加州Camalie葡萄园在4.4英亩（1英亩＝6.07亩）区域部署了20个智能节点，组建了土壤温湿度监测网络，同时还监测酒窖内存储温度的变化，管理人员可通过网络远程浏览和管理数据，在应用了网络化的监测管理之后，葡萄园的经济效益显著提高。与2004年的2t产量相比，2005—2007年的产量逐年翻一番，分别达到了4t、8t和17.5t，同时也改善了葡萄酒品质，节省了灌溉用水。日本富士通公司开发的富士通农场管理系统以全生命周期农产品质量安全控制为重点，带动设施农业生产、智能畜禽和智能水产养殖，实现设施农业管理、养殖场远程监控与维护、水产养殖生产全过程的智能化。

无锡阳山镇专门开发桃园种植技术的物联网监测系统，实现了高科技种桃，令人叹为观止。该镇有25亩桃林作为物联网种植园的示范基地，由22个传感器和3个微型气象站组成的监测系统充当“智慧桃农”。这种绿色农业种植模式有效压缩了成本，提高了经济效益，实现了高产、优品的种植目标。

中科院遥感应用研究所开发的基于无线传感网络和移动通信平台的农业生态环境监测系统，解决了大棚内监测温度、湿度的困难，在环境参数超过用户设置的范围时，系统可以通过短信方式对用户进行报警，同时用户可利用手机短信获取大棚内实时的温度、湿度或者登录Internet网页查看，用户还可以通过手机短信对大棚内的浇灌系统、天棚等设备进行控制。上海交大机电控制与物流装备研究所针对葡萄新梢生长发育的规律特点，开发研制了基于嵌入式控制器和CCD彩色相机的葡萄新梢生长图像数据采集记录系统，实现了葡萄新梢生长态势的在线监测。该系统针对葡萄生长发育特点，配备球坐标式图像采集

支架，实现对图像采集角度的自由调整；设计开发的全光谱辅助照明装置，大限度地减少或避免了直射光对成像质量的影响；嵌入可编程式控制器实现了无人值守的自动拍照模式，用户可根据需求预先自由设定拍摄间隔，从而无需人工干预即可获取清晰的图像数据。由于采用了商业化的 CCD 彩色相机，拍摄到的图像分辨率高且色彩真实，有利于后续的图像分析处理，可以得到理想的图像分割效果和精度。同时系统还具备现场大容量 SD 卡存储和远程无线网络传输功能，既延长了监控周期，又可以实时地共享观测结果。

【挑战自我】

请同学们尝试用我们所学的知识，制作一个简单的农业灌溉系统。

7.3　蓝牙风扇的设计

【任务导航】

（1）熟悉电机、蓝牙模块的使用。

（2）搭建蓝牙风扇的硬件电路。

（3）制作蓝牙风扇。

【材料阅读】

随着网络化和数字化的热潮，智能化热潮席卷世界的每一个角落，成为了世界上不可阻挡的历史大趋势。智能家居也应运而生。现代家庭中，各种线缆错综复杂。如电话线、有线电视线、网络宽带线、防盗报警信号线等，带来线缆多、乱的麻烦；因此家庭弱电系统需要统一规范的管理。然而家庭传统布线方式因为施工不规范、维护和使用不方便等因素，已不能适应当前家庭装修的需要，更不能满足以后智能化家居的更高要求。蓝牙技术的出现正好解决了这个问题，使智能家居中的无线控制成为可能。本课题根据蓝牙技术在智能家居中的应用，设计蓝牙风扇，能实现用手机 App 控制风扇调速。系统设计框图如图 7.28 所示。

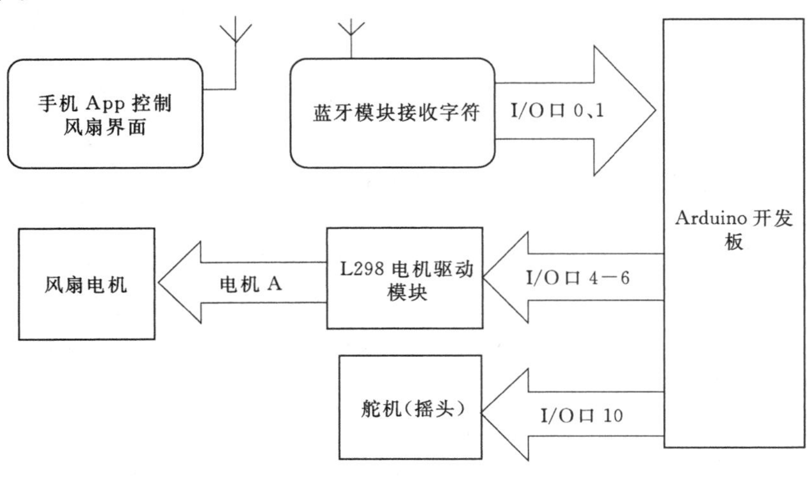

图 7.28　系统设计框图

工作原理，用 Inventor 制作的 App 界面，有电源开关、风速调节和摇头开关控制按钮，当电机电源开时，就给硬件发送一个控制命令，使风扇低速转到；当调节风速当时，风扇的风速就会发生变化；当单击摇头开关时，风扇就可以开始摇头，就这样的重复工作。

【动手操作】

主题：蓝牙风扇

器材：Arduino 板子、蓝牙模块、直流电机、舵机、USB 数据线

1. 硬件搭建

硬件接线图用面包板连接绘图软件绘制，如图 7.29 所示。

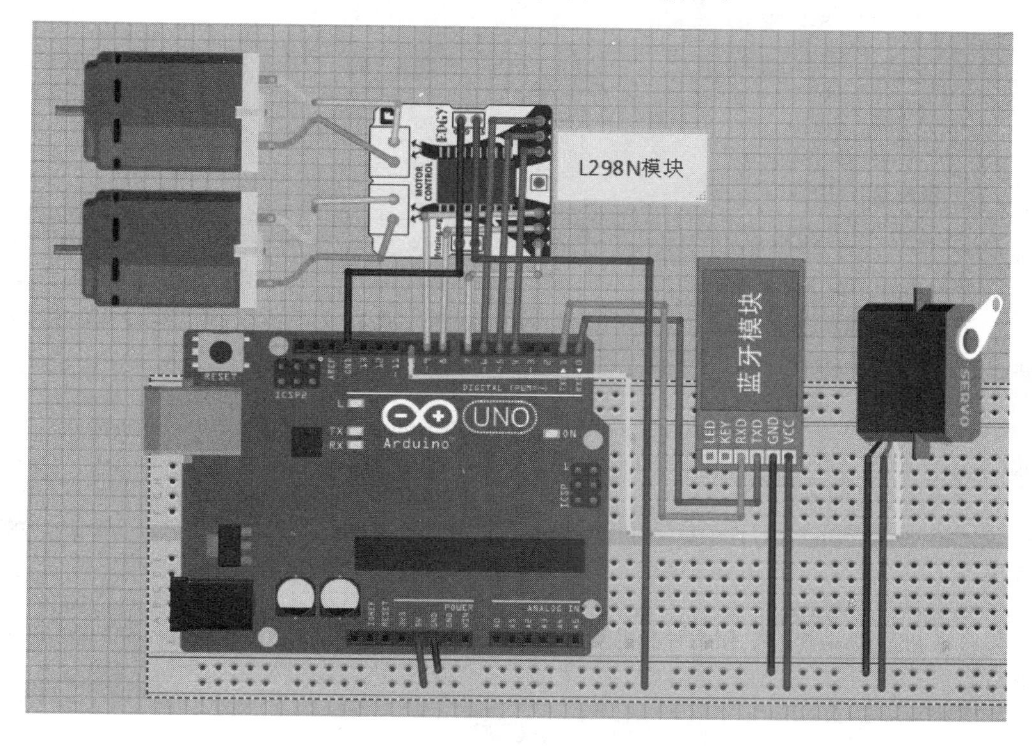

图 7.29 硬件电路接线图

2. 程序讲解

本实验的程序，结合直流电机、舵机和蓝牙模块的相关资料一起编写，程序如下：

```
#include<Servo.h>          //载入 Servo.h 库文件
#define ENA 6              //电机 B 的使能端
#define IN1 5
#define IN2 4
Servo myservo;             //建立一个舵机对象,名称为 myservo
int pos = 0;               //定义一个变量 pos,并赋值为 0
void setup()               //初始化部分
{
```

```
    pinMode(IN1,OUTPUT);
    pinMode(IN2,OUTPUT);
    myservo.attach(10);        //将引脚 10 上的舵机与舵机对象连接起来
    Serial.begin(9600);
  }
  void loop()                  //主循环
  {
    while(1)
    {
        char ch;
      if(Serial.available()>0)
        {
        ch=Serial.read();
        switch(ch)
        {
          case '3'://风速 1 挡
           {digitalWrite(IN1,HIGH);digitalWrite(IN2,LOW);analogWrite(ENA,150);Serial.println("1");
break;}
          case '4'://风速 2 挡
           {digitalWrite(IN1,HIGH);digitalWrite(IN2,LOW);analogWrite(ENA,200);Serial.println("2");
break;}
          case '5'://风速 3 挡
           {digitalWrite(IN1,HIGH);digitalWrite(IN2,LOW);analogWrite(ENA,250);Serial.println("3");
break;}
          case '6'://电源开
          {digitalWrite(IN1,HIGH);digitalWrite(IN2,LOW);analogWrite(ENA,90);Serial.println("ON");
break;}
          case '7'://电源关
           {digitalWrite(IN1,HIGH);digitalWrite(IN2,LOW);analogWrite(ENA,0);Serial.println("OFF");
break;}
          case '8'://摇头开
            {
              for(pos = 0;pos <= 180;pos ++)//角度从 0 自加 1 到 180
              {
                  myservo.write(pos);//写角度到舵机代码位置
                  delay(15);
                }
              for(pos = 180;pos>=0;pos--)//角度从 180 自减 1 到 0
                {
                  myservo.write(pos);//写角度到舵机代码位置
                  delay(15);
                }
            break;
          }
```

```
            case '9'://摇头关
            {myservo.write(90);break;}
          }
        }
      }
    }
```

在下载程序之前，要查看板卡和端口号是否正确，然后使用制作的App进行控制，看看效果是怎么样的？

3. 智能风扇App制作

(1) 界面设计。

首先，设置Screen1的组件属性里面的标题，更改为“智能风扇”，并选择水平居中。其次，背景颜色选择橙色。也可以取消Screen1组件属性的允许滚动复选框，这样手机旋转时，画面也跟着旋转。

设计中需要组件见表7.7。

表7.7　设计界面需用到的组件列表

组件类型	组件位置	目　　的	属　　性
标签1	用户面板	显示风速调节	文本：当前温度
标签2	用户面板	显示风扇电源	文本：风扇电源 文本颜色：红
标签3	用户面板	显示风扇摇头	文本：风扇摇头文
列表选择框1	用户面板	显示连接蓝牙	文本：连接蓝牙 文本颜色：蓝
按钮2	用户面板	显示断开蓝牙	文本：断开蓝牙 文本颜色：蓝
按钮3	用户面板	显示1档	文本：1档
按钮4	用户面板	显示2档	文本：2档
按钮5	用户面板	显示3档	文本：3档
按钮6	用户面板	显示电源开	文本：电源开
按钮7	用户面板	显示电源关	文本：电源关
按钮8	用户面板	显示开	文本：开
按钮9	用户面板	显示关	文本：关
蓝牙客户端1	通信连接	蓝牙	
启动器	通信连接	提示	

根据表7.7设计的效果图如图7.30所示。

(2) 逻辑设计。在本实验我们就不对每个模块进行讲解了，操作步骤可以参照上面的实验。

1) 连接蓝牙App设计图，如图7.31所示。

2) 按钮设计图，如图7.32所示。

图 7.30　设计界面

其他按钮参照图 7.32 的方法设计。设计完整系统编程如图 7.33 所示。

【探究思考】

能制作一个蓝牙 App 控制家里的所有家电吗？

【视野拓展】

1. 无扇叶风扇

无叶风扇也称为空气增倍机，它能产生自然持续的凉风，因无叶片，不会覆盖尘土或伤到儿童插进的手指。更奇妙的是其造型奇特，外表既流线又清爽，如图 7.34 所示。

无叶风扇的灵感源于空气叶片干手器。空气叶片干手器的原理是迫使空气经过一个小口来“吹”干手上的水，空气增倍器是让空气从一个 1.0mm 宽、绕着圆环放大器转动的切口里吹出来。由于空气是被强制从这一圆圈里吹出来的，通过的空气量可增原先的 15 倍，它的时速可达到 35km。空气增倍器的空气流动比普通风扇产生的风更平稳。它产生的空气量相当于目前市场上性能最好的风扇。因为没有风扇片来切割空气，使用者不会感到阶段性冲击和波浪形刺激。它通过持续的空气流让你感受更加自然的凉爽。

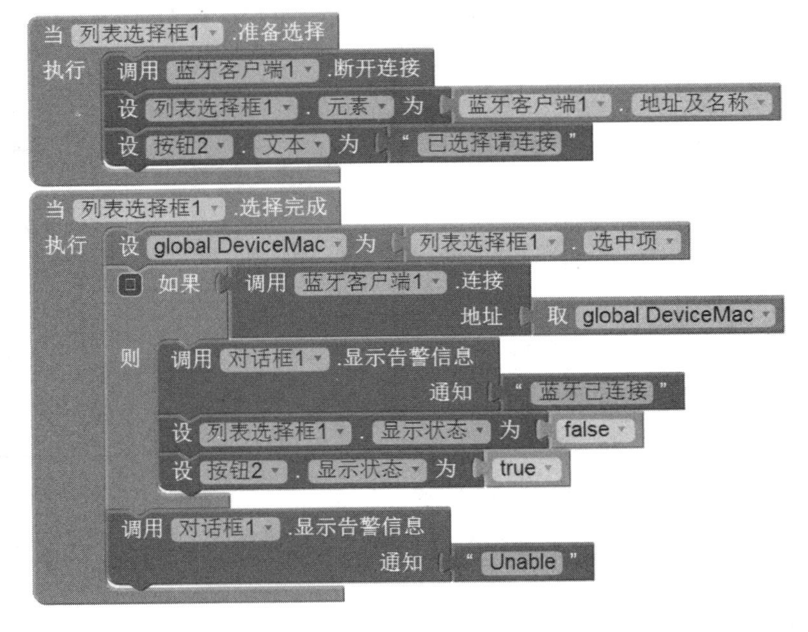

图 7.31　连接蓝牙设计图

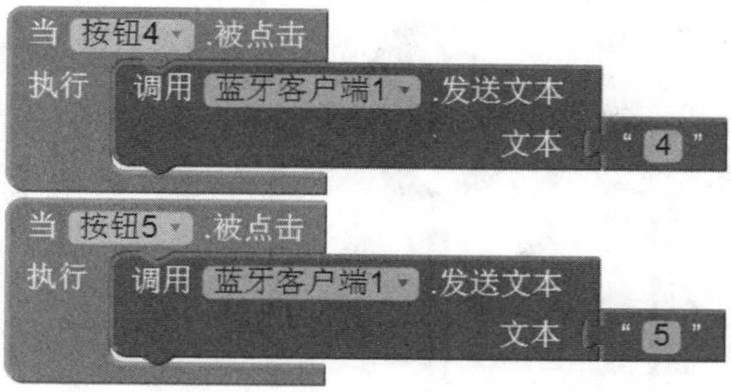

图 7.32 按钮设计图

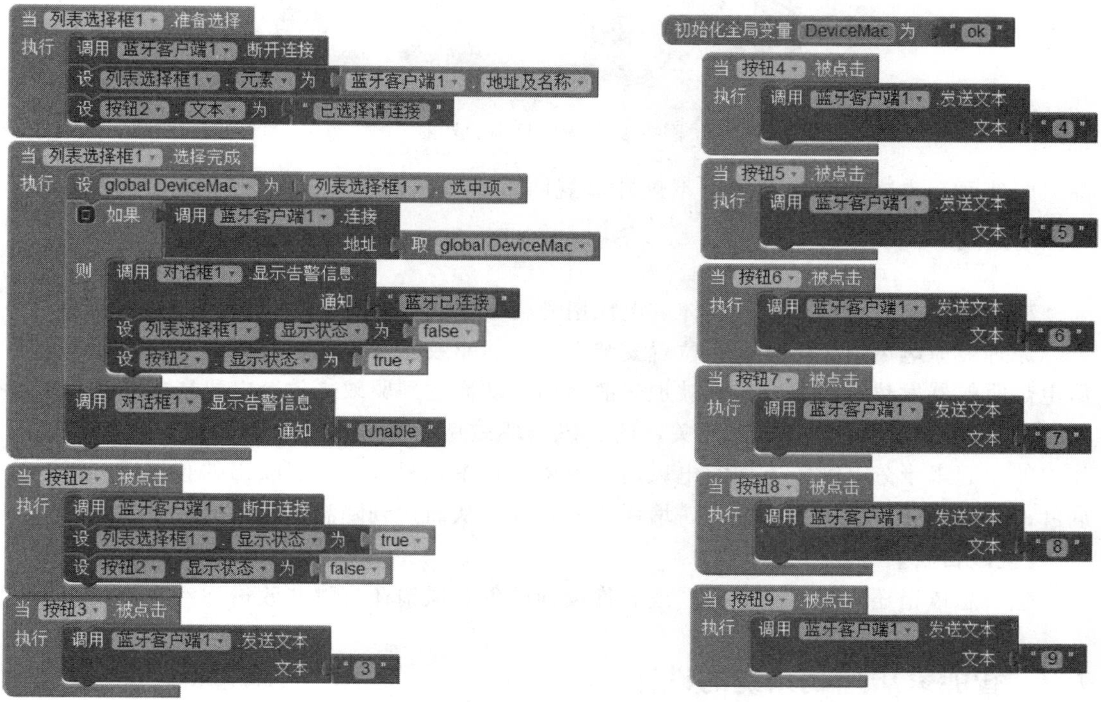

图 7.33 完成的设计图

简介：外形像一只巨大的指环。它能产生强有力的凉爽空气，而且安静无声，也比传统电扇安全。另外，它清洗起来也比传统电风扇方便得多。和传统电风扇一样，能 90°角摆动。不同的是，它还能通过人为控制发生灯光变化。

特色：没有扇叶，少了运转噪声，而且出风量更稳定；用风扇风乾头髮时，不怕头发给卷了进去，或是小朋友意外受伤；清理电风扇时只要一条抹布就能轻松搞定；风扇气流集中强劲，吹起来更舒服；具备传统电风扇灵活调整特质，如可旋转、上下角度调整等。

原理：底座中带有的高功率马达将空气吸入风扇基座内部，经由气旋加速器加速后，空气流通速度将大大增大，经由无叶风扇扇头环形内唇环绕，其环绕力带动扇头附近的空气随之进入扇头，并以高速向外吹出，最终形成一股不间断的冷空气流。如此一来，徐徐

图 7.34　无叶风扇的外形

凉风飘然而至。这种新造型风扇不仅外形靓丽，清理起来也十分方便，安全性也得到了提高。

2. 驱蚊电风扇

构造：电动机、叶片、外壳体，电风扇外壳体上安装的电热驱蚊器。

原理：原电风扇壳体上适当位置安装有一电热驱蚊器，上面放有驱蚊药片，接通电源后电热驱蚊器发热，使驱蚊药片被加热散出药物从而达到驱蚊之效。电风扇的马达与驱蚊器分别受控于两个独立的电源开关，使吹风与驱蚊两种功能可以同时、也可以分别地工作，使用起来十分有效、方便。电风扇在使用过程中，驱蚊喷雾器喷出的驱蚊液可以通过扇叶的转动而充分且大面积散发，增强驱蚊效果，从而达到降温、驱蚊的双重功效。

【挑战自我】

想一想风扇还有哪些创意呢？或者你设计的创意风扇还有哪些改进呢？

7.4　智能家居控制系统的设计

【任务导航】

(1) 了解智能家居。

(2) 搭建 Arduino 硬件电路。

(3) 制作智能家居系统。

【材料阅读】

智能家居实际是一个家庭系统，这个系统下又有几个子系统，比如情景模式，是可以通过一键控制家庭所有灯光照明，音乐变换；安防系统，基于互联网和设置好的系统让房间的安防监控统一起来，并且有远程监控，外出的时候可以用手机或者上网了解家里的情况；自动电器，包括自动门窗、窗帘，远程控制家电的功能；此外还有一些附加的功能，比如气温，湿度监测，火警，煤气报警等功能。

本实验的智能家居系统是依据所学的知识的一个综合应用。应用了LED灯的亮灭，传感器的应用，蓝牙模块和Inventor图形化编写App等。设计框图如图7.35所示。

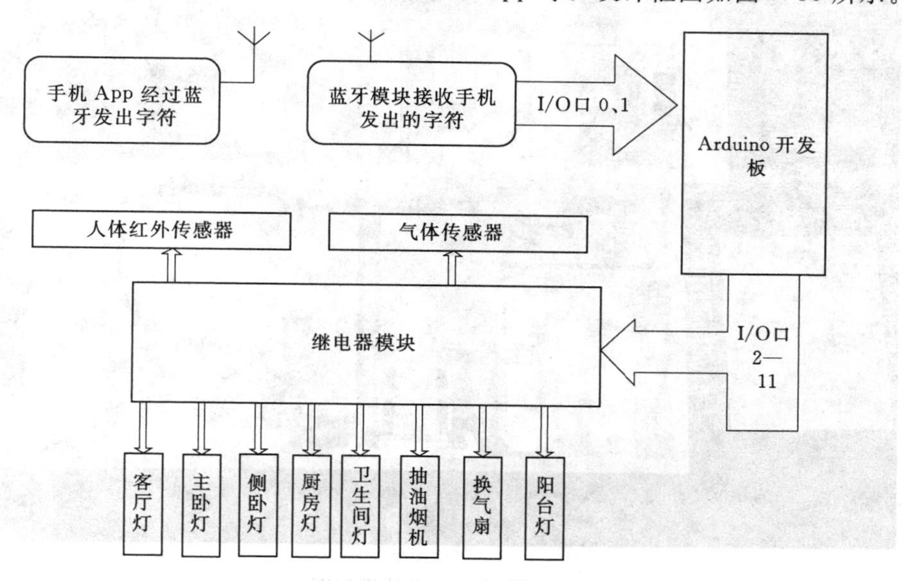

图7.35 设计系统框图

通过手机App发送指令，Arduino板子搭建的蓝牙模块接收到指令后，就去控制相应的继电器模块，从实现控制灯、排风扇、红外报警等。

【动手操作】

主题：按键控制LED亮灭

器材：Arduino板子、LED、蓝牙模块、继电器模块、气体传感器模块、USB数据线等

1. 硬件搭建

本实验就不绘制硬件电路图了，大家可以参照上面的材料的框图和结合前面的课程。给大家展示一下模型图如图7.36所示。

2. 程序讲解

(1) Arduino程序如下：

```
#define KEY1 2      //客厅灯
#define KEY2 3      //主卧灯
#define KEY3 4      //侧卧灯
#define KEY4 5      //厨房灯
#define KEY6 6      //卫生间灯
#define KEY7 7      //油烟机
#define KEY8 8      //换气扇
#define KEY9 9      //阳台灯
#define MQ5 10      //气体传感器
#define RT 11       //人体红外传感器
char c;
```

图 7.36　设计模型图

```
void setup()
{
  pinMode(KEY1,OUTPUT);
  pinMode(KEY2,OUTPUT);
  pinMode(KEY3,OUTPUT);
  pinMode(KEY4,OUTPUT);
  pinMode(KEY6,OUTPUT);
  pinMode(KEY7,OUTPUT);
  pinMode(KEY8,OUTPUT);
  pinMode(KEY9,OUTPUT);
  pinMode(MQ5,OUTPUT);
  pinMode(RT,OUTPUT);
  Serial.begin(9600);
}
void loop()
{
   while(Serial.available())
   {
     c=Serial.read();
     if(c=='1')      //客厅灯
     {
       digitalWrite(KEY1,HIGH);
       Serial.println("ON TK LED");
     }
```

```
  if(c=='0')
  {
    digitalWrite(KEY1,LOW);
    Serial.println("OFF KT LED");
  }
//********************//主卧灯
  if(c=='2')
  {
    digitalWrite(KEY2,HIGH);
    Serial.println("ON ZW LED");
  }
  if(c=='3')
  {
    digitalWrite(KEY2,LOW);
    Serial.println("OFF ZW LED");
  }
  //*************//侧卧灯
  if(c=='4')
  {
    digitalWrite(KEY3,HIGH);
    Serial.println("ON CW LED");
  }
  if(c=='5')
  {
    digitalWrite(KEY3,LOW);
    Serial.println("OFF CW LED");
  }
  //**************//厨房灯
  if(c=='6')
  {
    digitalWrite(KEY4,HIGH);
    Serial.println("ON CF LED");
  }
  if(c=='7')
  {
    digitalWrite(KEY4,LOW);
    Serial.println("OFF CF LED");
  }
  //**************//卫生间灯
  if(c=='8')
  {
    digitalWrite(KEY6,HIGH);
    Serial.println("ON WSJ LED");
  }
```

```
if(c=='9')
{
  digitalWrite(KEY6,LOW);
  Serial.println("OFF WSJ LED");
}
//**************//油烟机
if(c=='A')
{
  digitalWrite(KEY7,HIGH);
  Serial.println("ON YYJ LED");
}
if(c=='a')
{
  digitalWrite(KEY7,LOW);
  Serial.println("OFF YTJ LED");
}
//*************//换气扇
if(c=='B')
{
  digitalWrite(KEY8,HIGH);
  Serial.println("ON HQS LED");
}
if(c=='b')
{
  digitalWrite(KEY8,LOW);
  Serial.println("OFF HQS LED");
}
//**************//阳台灯
if(c=='C')
{
  digitalWrite(KEY8,HIGH);
  Serial.println("ON YTD LED");
}
if(c=='c')
{
  digitalWrite(KEY8,LOW);
  Serial.println("OFF YTD LED");
}
//*************//烟雾
if(c=='D')
{
  digitalWrite(MQ5,HIGH);
  Serial.println("ON YW ");
}
```

```
    if(c=='d')
    {
      digitalWrite(MQ5,LOW);
      Serial.println("GET YW ");
    }
    //*****************//人体红外
    if(c=='E')
    {
      digitalWrite(RT,HIGH);
      Serial.println("ON PEOPLE LED");
    }
    if(c=='e')
    {
      digitalWrite(RT,LOW);
      Serial.println("GET PEOPLE LED");
    }
  }
}
```

（2）Inventor 图形化编写 App 如下：

将不再具体介绍 Inventor 图形化编程，大家可以参考前面的内容。界面设计图如图 7.37 所示。

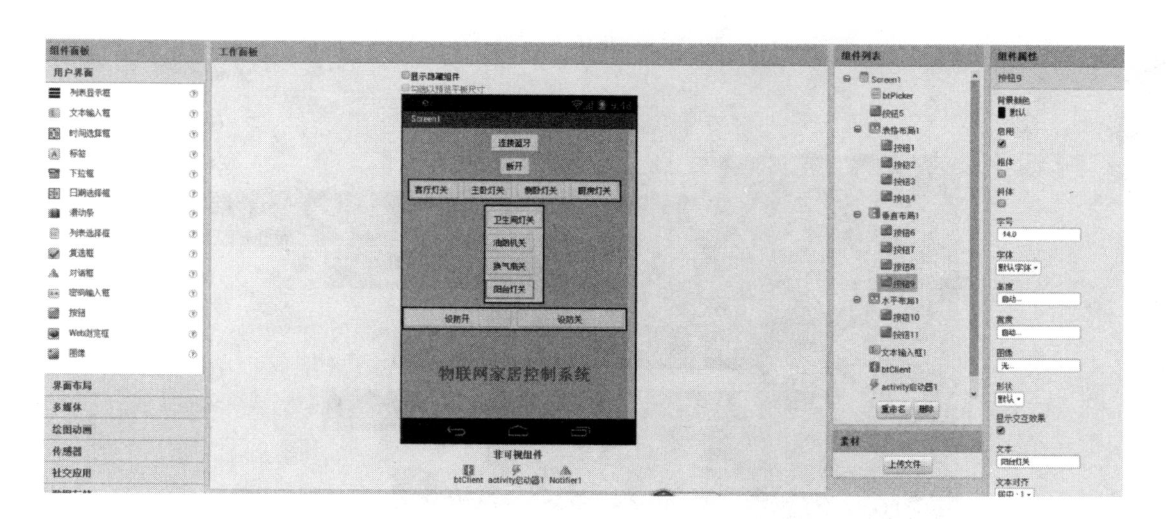

图 7.37　界面设计图

1）蓝牙配置图形化设计，如图 7.38 所示。

2）按钮 1 图形化设计，如图 7.39 所示。

其他按钮也参照按钮 1 的设计方法即可。

3）按钮 10、11 的图形化设计，如图 7.40 所示。

4）整个系统的图形化设计，如图 7.41 所示。

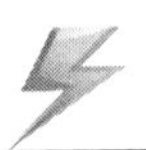

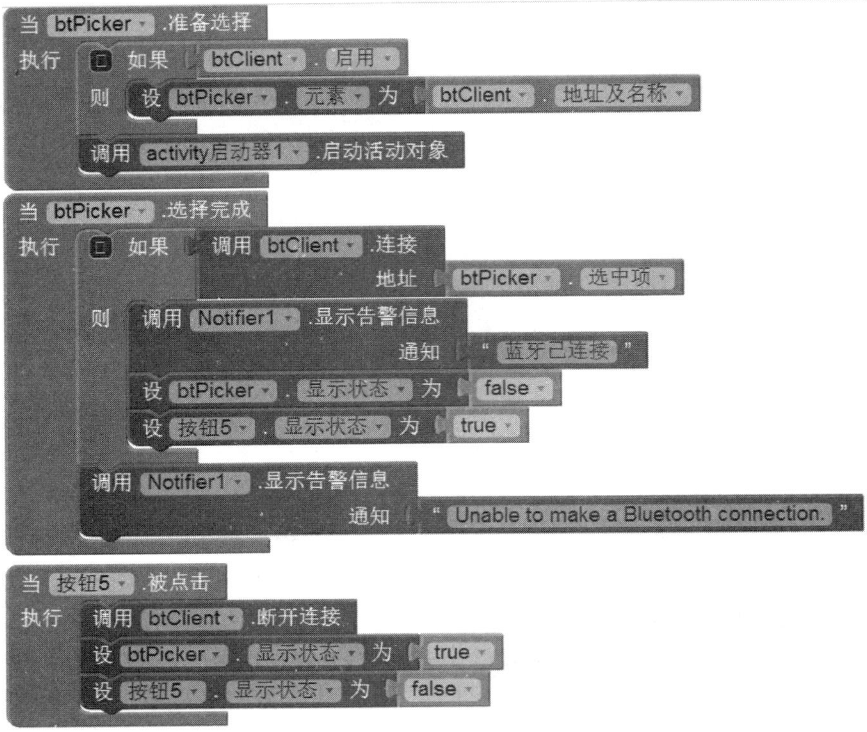

当 btPicker .准备选择
执行 如果 btClient . 启用
则 设 btPicker . 元素 为 btClient . 地址及名称
调用 activity启动器1 .启动活动对象
当 btPicker .选择完成
执行 如果 调用 btClient .连接
地址 btPicker . 选中项
则 调用 Notifier1 .显示告警信息
通知 " 蓝牙已连接 "
设 btPicker . 显示状态 为 false
设 按钮5 . 显示状态 为 true
调用 Notifier1 .显示告警信息
通知 " Unable to make a Bluetooth connection. "
当 按钮5 .被点击
执行 调用 btClient .断开连接
设 btPicker . 显示状态 为 true
设 按钮5 . 显示状态 为 false

图 7.38　蓝牙 App 设计图

当 按钮1 .被点击
执行 如果 按钮1 . 文本 等于 " 客厅灯关 "
则 设 按钮1 . 文本 为 " 客厅灯开 "
调用 btClient .发送文本
文本 " 1 "
否则 设 按钮1 . 文本 为 " 客厅灯关 "
调用 btClient .发送文本
文本 " 0 "

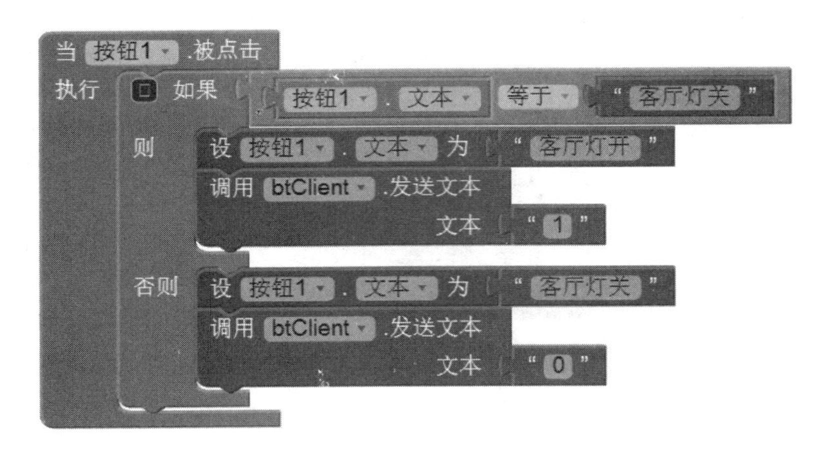

图 7.39　按钮设计图

连接硬件系统测试，看看达不达到我们的设计效果。

【探究思考】

想想我们的智能家居系统，还可以添加一些上面设备？

【视野拓展】

智 能 家 居

智能家居是以住宅为平台，利用综合布线技术、网络通信技术、安全防范技术、自动控制技术、音视频技术将家居生活有关的设施集成，构建高效的住宅设施与家庭日程事务的管理系统，提升家居安全性、便利性、舒适性、艺术性，并实现环保节能的居住环境。

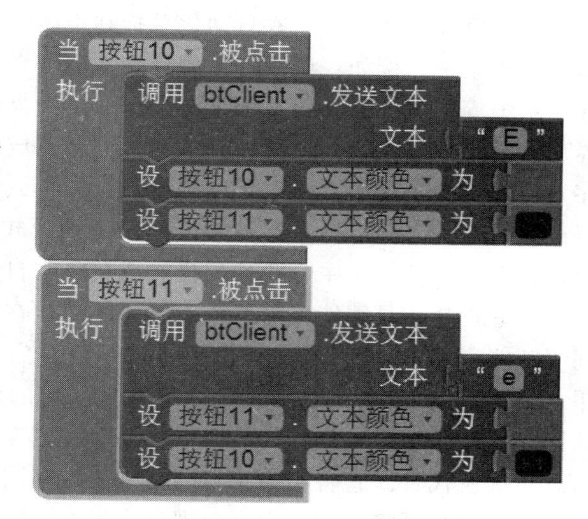

图 7.40 按钮设计图

1. 发展背景

智能家居是在互联网影响之下物联化的体现。智能家居通过物联网技术将家中的各种设备（如音视频设备、照明系统、窗帘控制、空调控制、安防系统、数字影院系统、影音服务器、影柜系统、网络家电等）连接到一起，提供家电控制、照明控制、电话远程控制、室内外遥控、防盗报警、环境监测、暖通控制、红外转发以及可编程定时控制等多种功能和手段。与普通家居相比，智能家居不仅具有传统的居住功能，兼备建筑、网络通信、信息家电、设备自动化，提供全方位的信息交互功能，甚至为各种能源费用节约资金。

智能家居的概念起源很早，但一直未有具体的建筑案例出现，直到1984年美国联合科技公司（United Technologies Building System）将建筑设备信息化、整合化概念应用于美国康涅狄格州（Connecticut）哈特佛市（Hartford）的CityPlaceBuilding时，才出现了首栋的“智能型建筑”，从此揭开了全世界争相建造智能家居派的序幕。

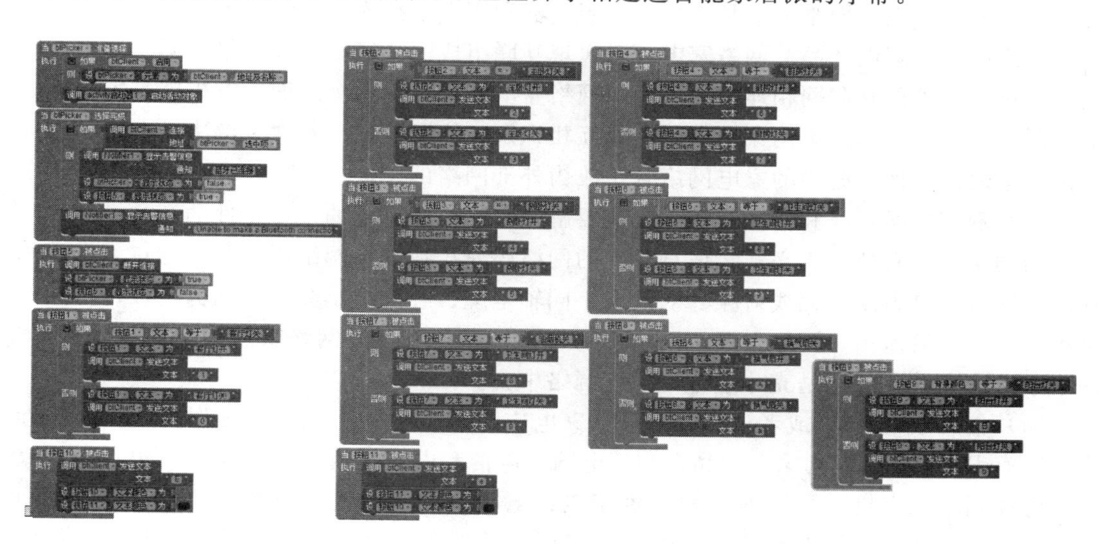

图 7.41 整个系统的设计图

（1）家庭自动化。家庭自动化系指利用微处理电子技术，来集成或控制家中的电子电器产品或系统，例如：照明灯、咖啡炉、电脑设备、保安系统、暖气及冷气系统、视讯及音响系统等。家庭自动化系统主要是以一个中央微处理机接收来自相关电子电器产品（外界环境因素的变化，如太阳初升或西落等所造成的光线变化等）的讯息后，再以既定的程序发送适当的信息给其他电子电器产品。中央微处理机必须透过许多界面来控制家中的电器产品，这些界面可以是键盘，也可以是触摸式荧幕、按钮、电脑、电话机、遥控器等；消费者可发送信号至中央微处理机，或接收来自中央微处理机的讯号。

家庭自动化是智能家居的一个重要系统，在智能家居刚出现时，家庭自动化甚至就等同于智能家居，今天它仍是智能家居的核心之一，但随着网络技术有智能家居的普遍应用，网络家电/信息家电的成熟，家庭自动化的许多产品功能将融入到这些新产品中去，从而使单纯的家庭自动化产品在系统设计中越来越少，其核心地位也将被家庭网络/家庭信息系统所代替。它将作为家庭网络中的控制网络部分在智能家居中发挥作用。

（2）家庭网络。首先大家要把这个家庭网络和纯粹的“家庭局域网”分开来，在本教材中还会提到“家庭局域网/家庭内部网络”这一名称，它是指连接家庭里的PC、各种外设及与因特网互联的网络系统，它只是家庭网络的一个组成部分。家庭网络是在家庭范围内（可扩展至邻居、小区）将PC、家电、安全系统、照明系统和广域网相连接的一种新技术。当前在家庭网络所采用的连接技术可以分为“有线”和“无线”两大类。有线方案主要包括双绞线或同轴电缆连接、电话线连接、电力线连接等；无线方案主要包括红外线连接、无线电连接、基于RF技术的连接和基于PC的无线连接等。

家庭网络相比起传统的办公网络来说，加入了很多家庭应用产品和系统，如家电设备、照明系统，因此相应技术标准也错综复杂，这里面也牵涉太多知名的网络厂家和家电厂家的利益，在智能家居技术一章中将对各种技术标准作详细介绍。家庭网络的发展趋势是将智能家居中其他系统融合进去，最终一统天下。

（3）网络家电。网络家电是将普通家用电器利用数字技术、网络技术及智能控制技术设计改进的新型家电产品。网络家电可以实现互联组成一个家庭内部网络，同时这个家庭网络又可以与外部互联网相连接。可见，网络家电技术包括两个层面：首先就是家电之间的互联问题，也就是使不同家电之间能够互相识别，协同工作。其次是解决家电网络与外部网络的通信，使家庭中的家电网络真正成为外部网络的延伸。

要实现家电间互联和信息交换，就需要解决：①描述家电的工作特性的产品模型，使得数据的交换具有特定含义；②信息传输的网络媒介。在解决网络媒介这一难点中，可选择的方案有：电力线、无线射频、双绞线、同轴电缆、红外线、光纤。认为比较可行的网络家电包括网络冰箱、网络空调、网络洗衣机、网络热水器、网络微波炉、网络炊具等。网络家电未来的方向也是充分融合到家庭网络中去。

（4）信息家电（3C或者说IA）。信息家电应该是一种价格低廉、操作简便、实用性强、带有PC主要功能的家电产品。利用电脑、电信和电子技术与传统家电（包括白色家电：电冰箱、洗衣机、微波炉等和黑色家电：电视机、录像机、音响、VCD、DVD等）相结合的创新产品，是为数字化与网络技术更广泛地深入家庭生活而设计的新型家用电器，信息家电包括PC、机顶盒、HPC、DVD、超级VCD、无线数据通信设备、视频游

戏设备、WEBTV、INTERNET 电话等，所有能够通过网络系统交互信息的家电产品，都可以称之为信息家电。音频、视频和通信设备是信息家电的主要组成部分。另外，在传统家电的基础上，将信息技术融入传统的家电当中，使其功能更加强大，使用更加简单、方便和实用，为家庭生活创造更高品质的生活环境。比如模拟电视发展成数字电视，VCD 变成 DVD，电冰箱、洗衣机、微波炉等也将会变成数字化、网络化、智能化的信息家电。

从广义的分类来看，信息家电产品实际上包含了网络家电产品，但如果从狭义的定义来界定，可以这样做一简单分类：信息家电更多的指带有嵌入式处理器的小型家用（个人用）信息设备，它的基本特征是与网络（主要指互联网）相连而有一些具体功能，可以是成套产品，也可以是一个辅助配件。而网络家电则指一个具有网络操作功能的家电类产品，这种家电可以理解是原来普通家电产品的升级。

信息家电由嵌入式处理器、相关支撑硬件（如显示卡、存储介质、IC 卡或信用卡等读取设备）、嵌入式操作系统以及应用层的软件包组成。信息家电把 PC 的某些功能分解出来，设计成应用性更强、更家电化的产品，使普通居民步入信息时代的步伐更为快速，是具备高性能、低价格、易操作特点的 Internet 工具。信息家电的出现将推动家庭网络市场的兴起，同时家庭网络市场的发展又反过来推动信息家电的普及和深入应用。

2. 现状与发展

（1）国内现状。智能家居作为一个新生产业，处于一个导入期与成长期的临界点，市场消费观念还未形成，但随着智能家居市场推广普及的进一步落实，培育起消费者的使用习惯，智能家居市场的消费潜力必然是巨大的，产业前景光明。正因为如此，国内优秀的智能家居生产企业越来越重视对行业市场的研究，特别是对企业发展环境和客户需求趋势变化的深入研究，一大批国内优秀的智能家居品牌迅速崛起，逐渐成为智能家居产业中的翘楚。智能家居至今在中国已经历了近 12 年的发展，从人们最初的梦想，到今天真实地走进我们的生活，经历了一个艰难的过程。

智能家居在中国的发展经历的四个阶段，分别是萌芽期、开创期、徘徊期、融合演变期。

1）萌芽期/智能小区期（1994—1999 年）。这是智能家居在中国的第一个发展阶段，整个行业还处在一个概念熟悉、产品认知的阶段，这时没有出现专业的智能家居生产厂商，只有深圳有一两家从事美国 X－10 智能家居代理销售的公司从事进口零售业务，产品多销售给居住国内的欧美用户。

2）开创期（2000—2005 年）。国内先后成立了 50 多家智能家居研发生产企业，主要集中在深圳、上海、天津、北京、杭州、厦门等地。智能家居的市场营销、技术培训体系逐渐完善起来，此阶段，国外智能家居产品基本没有进入国内市场。

3）徘徊期（2006—2010 年）。2005 年以后，由于上一阶段智能家居企业的野蛮成长和恶性竞争，给智能家居行业带来了极大的负面影响：包括过分夸大智能家居的功能而实际上无法达到这个效果、厂商只顾发展代理商却忽略了对代理商的培训和扶持导致代理商经营困难、产品不稳定导致用户高投诉率。行业用户、媒体开始质疑智能家居的实际效果，由原来的鼓吹变得谨慎，市场销售也几年出来增长减缓甚至部分区域出现了销售额下

降的现象。2005—2007年，大约有20多家智能家居生产企业退出了这一市场，各地代理商结业转行的也不在少数。许多坚持下来的智能家居企业，在这几年也经历了缩减规模的痛苦。正在这一时期，国外的智能家居品牌却暗中布局进入了中国市场，而活跃在市场上的国外主要智能家居品牌都是这一时期进入中国市场的，如罗格朗、霍尼韦尔、施耐德、Control4等。国内部分存活下来的企业也逐渐找到自己的发展方向。

4）融合演变期（2011—2020年）。进入2011年以来，市场明显看到了增长的势头，而且大的行业背景是房地产受到调控。智能家居的放量增长说明智能家居行业进入了一个拐点，由徘徊期进入了新一轮的融合演变期。

接下来的3～5年，智能家居一方面进入一个相对快速的发展阶段，另一方面协议与技术标准开始主动互通和融合，行业并购现象开始出来甚至成为主流。

接下来的5～10年，将是智能家居行业发展极为快速，但也是最不可捉磨的时期，由于住宅家庭成为各行业争夺的焦点市场，智能家居作为一个承接平台成为各方力量首先争夺的目标。谁能最终胜出，可以作种种分析，但最终结果，也许只有到时才知。但不管如何发展，这个阶段国内将诞生多家年销售额上百亿元的智能家居企业。

5）爆发期。进入到2014年以来，各大厂商已开始密集布局智能家居，尽管从产业来看，业内还没有特别成功的案例显现，这预示着行业发展仍处于探索阶段，但越来越多的厂商开始介入和参与已使得外界意识到，智能家居未来已不可逆转。

目前来看，智能家居经过一年多产业磨合，已正处爆发前夜。业内人士认为，2015年随着合作企业已普遍进入到出成果时刻，智能家居新品将会层出不穷，业内涌现的新案例也会越来越多。

（2）国内相关政策。截至2013年，全球范围内信息技术创新不断加快，信息领域新产品、新服务、新业态大量涌现，不断激发新的消费需求，成为日益活跃的消费热点。中国市场规模庞大，正处于居民消费升级和信息化、工业化、城镇化、农业现代化加快融合发展的阶段，信息消费具有良好发展基础和巨大发展潜力。中国政府为了推动信息化、智能化城市发展也在2013年8月14日发表了关于促进信息消费扩大内需的若干意见，大力测发展宽带普及、宽带提速，加快推动信息消费持续增长，这都为智能家居、物联网行业的发展打下了坚实的基础。

鼓励智能终端产品创新发展。面向移动互联网、云计算、大数据等热点，加快实施智能终端产业化工程，支持研发智能手机、智能电视等终端产品，促进终端与服务一体化发展。支持数字家庭智能终端研发及产业化，大力推进数字家庭示范应用和数字家庭产业基地建设。鼓励整机企业与芯片、器件、软件企业协作，研发各类新型信息消费电子产品。支持电信、广电运营单位和制造企业通过定制、集中采购等方式开展合作，带动智能终端产品竞争力提升，夯实信息消费的产业基础。

（3）国外现状。自从世界上第一幢智能建筑1984年在美国出现后，加拿大、欧洲、澳大利亚和东南亚等经济比较发达的国家先后提出了各种智能家居的方案。智能家居在美国、德国、新加坡、日本等国都有广泛应用。

1998年5月新加坡举办的“98亚洲家庭电器与电子消费品国际展览会”上，通过在场内模拟“未来之家”，推出了新加坡模式的家庭智能化系统。它的系统功能包括三表抄

送功能、安防报警功能、可视对讲功能、监控中心功能、家电控制功能、有线电视接入、电话接入、住户信息留言功能、家庭智能控制面板、智能布线箱、宽带网接入和统软件配置等。

根据美国该行业之专业顾问公司PARKS的统计资料显示：1995年，美国一个家庭要安装家庭自动化设备的平均费用为7000～9000美元。1995年美国家庭已使用先进家庭自动化设备的比率为0.33%，看来市场真正启动尚需时日。预计这5年内，家庭自动化的市场年平均增长率为8%。PARKS公司的资料亦显示：到2004年，家庭网络市场总额可达57亿美元。据国际专家预测，到2000年底国际智能家居的产品销售额可达24亿美元。2004年可达148亿美元。

(4) 发展机遇。智能家居是今后家居领域发展的必然趋势，虽然市场推广才刚刚开始，但行业的竞争已经很激烈，光是宁波就有不下5家企业专门从事这方面开发。

制造企业在产业调整和转型中，都需要运用到大数据。今后，数据将成为推进社会进步的第四生产力。市场潜力巨大，同时，智慧家居所依托的大数据分析，也是传统制造企业转型升级的重要途径。

总论：比尔盖茨是国外第一个使用智能家居的家庭，至今快有30年的历史了，智能家居控制系统也逐渐走进大家的视野。这两年随着WiFi的普及，无线智能家居逐渐取代了有线产品，在无线领域国内并不落后于国外，同样使用最新Zigbee智能家居，但目前国内智能家居虽有潜力但发展缓慢，人们的消费观和消费能力并不充分。

目前中国智能家居产品与技术的百花齐放，市场开始明显出现低、中、高不同产品档次的分水岭，行业进入快速成长期。面对中国庞大的需求市场，预计该行业将以年均19.8%的速率增长，在2015年产值达1240亿元。

(5) 发展。智能家居最初的发展主要以灯光遥控控制、电器远程控制和电动窗帘控制为主，随着行业的发展，智能控制的功能越来越多，控制的对象不断扩展，控制的联动场景要求更高，其不断延伸到家庭安防报警、背景音乐、可视对讲、门禁指纹控制等领域，可以说智能家居几乎可以涵盖所有传统的弱电行业，市场发展前景诱人，因此和其产业相关的各路品牌不约而同加大力度争夺智能家居业务，市场渐成春秋争霸之势。

3. 理念与原则

(1) 设计理念。智能家居控制的发展关键在于设计理念以及经营者的心态，市场目标客户真正需要什么东西，挣什么样的钱都要慎重考虑，如果只注重签单，不设身处地地为客户着想，不兼顾智能解决未来的发展，提供片面的智能家居解决方案，而不考虑客户的适用性，是不可取的，是急功近利的表现，这不仅降低了智能家居的应用效果，还不利于整个智能家居行业的发展。

智能家居控制系统的经营商更要本着消费者至上的理念，本着从客户利益出发心态，以认真、负责、诚信的态度，真正的从客户的实际需求出发，用心服务，用心为客户做智能家居控制设计和解决方案，把工程做好，让客户花最少的钱得到最大化的实惠，才是企业发展之道，才是智能家居行业发展之道。

(2) 设计原则。衡量一个住宅小区智能化系统的成功与否，并非仅仅取决于智能化系统的多少、系统的先进性或集成度，而是取决于系统的设计和配置是否经济合理并且系统能否成功运行，系统的使用、管理和维护是否方便，系统或产品的技术是否成熟适用，换句话说，就是如何以最少的投入、最简便的实现途径来换取最大的功效，实现便捷高质量的生活。

为了实现上述目标，智能家居系统设计时要遵循以下原则：

1）实用便利。智能家居最基本的目标是为人们提供一个舒适、安全、方便和高效的生活环境。对智能家居产品来说，最重要的是以实用为核心，摒弃掉那些华而不实，只能充作摆设的功能，产品以实用性、易用性和人性化为主。

在设计智能家居系统时，应根据用户对智能家居功能的需求，整合以下最实用最基本的家居控制功能：包括智能家电控制、智能灯光控制、电动窗帘控制、防盗报警、门禁对讲、煤气泄露等，同时还可以拓展诸如三表抄送、视频点播等服务增值功能。对很多个性化智能家居的控制方式很丰富多样，比如本地控制、遥控控制、集中控制、手机远程控制、感应控制、网络控制、定时控制等，其本意是让人们摆脱繁琐的事务，提高效率，如果操作过程和程序设置过于繁琐，容易让用户产生排斥心理。所以在对智能家居的设计时一定要充分考虑到用户体验，注重操作的便利化和直观性，最好能采用图形图像化的控制界面，让操作所见即所得。

2）可靠性。整个建筑的各个智能化子系统应能24h运转，系统的安全性、可靠性和容错能力必须予以高度重视。对各个子系统，以电源、系统备份等方面采取相应的容错措施，保证系统正常安全使用、质量、性能良好，具备应付各种复杂环境变化的能力。

3）标准性。智能家居系统方案的设计应依照国家和地区的有关标准进行，确保系统的扩充性和扩展性，在系统传输上采用标准的TCP/IP协议网络技术，保证不同产商之间系统可以兼容与互联。系统的前端设备是多功能的、开放的、可以扩展的设备。如系统主机、终端与模块采用标准化接口设计，为家居智能系统外部厂商提供集成的平台，而且其功能可以扩展，当需要增加功能时，不必再开挖管网，简单可靠、方便节约。设计选用的系统和产品能够使本系统与未来不断发展的第三方受控设备进行互通互连。

4）方便性。布线安装是否简单直接关系到成本，可扩展性，可维护性的问题，一定要选择布线简单的系统，施工时可与小区宽带一起布线，简单、容易；设备方面容易学习掌握、操作和维护简便。系统在工程安装调试中的方便设计也非常重要。家庭智能化有一个显著的特点，就是安装、调试与维护的工作量非常大，需要大量的人力物力投入，成为制约行业发展的瓶颈。针对这个问题，系统在设计时，就应考虑安装与维护的方便性，比如系统可以通过Internet远程调试与维护。通过网络，不仅使住户能够实现家庭智能化系统的控制功能，还允许工程人员在远程检查系统的工作状况，对系统出现的故障进行诊断。这样，系统设置与版本更新可以在异地进行，从而大大方便了系统的应用与维护，提高了响应速度，降低了维护成本。

5）轻巧型。轻巧型智能家居产品顾名思义它是一种轻量级的智能家居系统。“简单”“实用”“灵巧”是它的最主要特点，也是其与传统智能家居系统最大的区别。所以一般把无需施工部署，功能可自由搭配组合且价格相对便宜可直接面对最终消费者销售的智能家居产品称为轻巧型智能家居产品。

（3）详细设计。

1）子系统。智能家居系统包含的主要子系统有：家居布线系统、家庭网络系统、智能家居（中央）控制管理系统、家居照明控制系统、家庭安防系统、背景音乐系统（如TVC平板音响）、家庭影院与多媒体系统、家庭环境控制系统等八大系统。其中，智能家居（中央）控制管理系统、家居照明控制系统、家庭安防系统是必备系统，家居布线系统、家庭网络系统、背景音乐系统、家庭影院与多媒体系统、家庭环境控制系统为可选系统。

2）技术协议。当下智能家居技术主要指的是通讯或控制协议，专业来看这里主要涉及硬件接口和软件协议两部分，笼统来看市场上主要分为两大派别，即大家经常听到的无线与有线技术：

有线方式：RS485、IEEE802.3（Ethernet）、LonWorks、X-10，PLC-BUS、PLC-BUS概述、CresNet，AXLink等Net或Link。

无线方式：RF射频技术、蓝牙（Bluetooth）、WiFi、Zigbee、Z-Wave、Enocean。

（4）主流技术。智能家居领域由于其多样性和个性化的特点，也导致了技术路线和标准众多，没有统一通行技术标准体系的现状，从技术应用角度来看主要有三类主流技术：

第一类——总线技术类。总线技术的主要特点是所有设备通信与控制都集中在一条总线上，是一种全分布式智能控制网络技术，其产品模块具有双向通信能力，以及互操作性和互换性，其控制部件都可以编程。典型的总线技术采用双绞线总线结构，各网络节点可以从总线上获得供电，亦通过同一总线实现节点间无极性、无拓扑逻辑限制的互连和通信。

总线技术类产品比较适合于楼宇智能化以及小区智能化等大区域范围的控制，但一般设置安装比较复杂，造价较高，工期较长，只适用新装修用户。

第二类——无线通信技术类。无线通信技术众多，已经成功应用在智能家居领域的无线通信技术方案主要包括：射频（RF）技术（频带大多为315和433.92MHz）、VESP协议、IrDA红外线技术、HomeRF协议、Zigbee标准、Z-Wave标准、Z-world标准、X2D技术等。

无线技术方案的主要优势在于无需重新布线，安装方便灵活，而且根据需求可以随时扩展或改装，可以适用于新装修用户和已装用户。

第三类——电力线载波通信技术。电力线载波通信技术充分利用现有的电网，两端加以调制解调器，直接以50Hz交流电为载波，再以数百kHz的脉冲为调制信号，进行信号的传输与控制。

4. 规范与趋势

（1）设计标准。1979年，美国的斯坦福研究所提出了将家电及电气设备的控制线集成在一起的家庭总线（HOMEBUS），并成立了相应的研究会进行研究，1983年美国电子工业协会组织专门机构开始制定家庭电气设计标准，并于1988年编制了第一个适用于家庭住宅的电气设计标准，即《家庭自动化系统与通讯标准》，也有称之为家庭总线系统标准（HBS，Home Bus System）。在其制定的设计规范与标准中，智能住宅的电气设计要求必须满足以下三个条件：

1）具有家庭总线系统。

2）通过家庭总线系统提供各种服务功能。

3）能和住宅以外的外部世界相连接。

（2）发展趋势。随着智能家居的迅猛发展，越来越多的家居开始引进智能化系统和设备。智能化系统涵盖的内容也从单纯的方式向多种方式相结合的方向发展。但较之于欧美发达国家，中国的智能家居系统起步稍晚，所以市场主流的产品（系统）还无法很好地解决产品本身与市场需求的矛盾，使得智能家居市场的僵冰还没有被完全打破，所以很大程度上阻碍了智能家居产业的发展。在此情形之下，从产品（系统）的技术角度上看什么才是解决这个难题的方法？据市场调研显示，只有智能家居交互平台才是最好的手段之一。

智能家居交互平台是一个具有交互能力平台，并且通过平台能够把各种不同的系统、协议、信息、内容、控制在不同的子系统中进行交互、交换。它具有如下特点：

1）每个子系统都可以脱离交互平台独立运行。智能家居交互平台中，各个子系统在脱离交互平台时能够独立运行，如果楼寓对讲、家庭报警、各种电器控制、门禁、家庭娱乐等。各子系统在交互平台管理下运行，平台能采集各子系统的运行数据，系统的联动。

2）不同品牌的产品、不同的控制传输协议能通过这个平台进行交互。由于有了交互平台，不同子系统在交户平台的统一管理下，可以协同工作和运行数据额交换、共享，给用户最大限度的选择权，充分体现智能家居的个性化。同时，它还具有网关的功能，通过交互平台，能与广域网连接，实现远程控制、远程管理。具有多种主流的控制接口，如RS 485、RS 232、TCP、IP等，同时可以扩充添加国内外流行的控制接口，如EIB、lonwork、CE－bus、Canbus以及无线网络，如WiFi、GPRS、蓝牙等。根据客户及市场的变化不断增加各种总线、系统的驱动软件和硬件接口，丰富多样的通信、控制接口，为子系统的多样选择提供的基础保障，智能家居有了最大限度包容性，用户有了更大的选择余地。

3）智能终端（触摸屏）仅作为各子系统的显示、操作界面。整个系统在平台的控制、管理下运行，智能终端（触摸屏）仅做为各子系统的显示、操作界面，多智能终端配置容易可行。同时，可以记录各子系统的运行数据、为系统运行优化、自学习提供依据。交互平台，平台可以记录存储各系统的运行数据，对系统的运行可以提供有效的历史数据，同时可以根据历史的运行数据，总结出主人的使用习惯和某种规律，让系统能够自学习。

4）控制软件可编程（DIY），提供信息服务。此系统方便用户改变控制逻辑、控制方式、操作界面，用户的控制逻辑、操作界面可以自定义、可以DIY。在现代的智能家居系统中，信息服务是非常重要的不可或缺的部分，有了信息服务，它给智能家居更多的“智慧”、给我们的生活提供更多的信息和资讯、给智能家居赋予更生动的生命，它是智能家居更高的境界。信息服务内容包括健康、烹饪、交通信息、生活常识、婴幼儿哺育、儿童教育、日常购物、社区信息、家居控制专家等，智能家居已不仅仅是面向控制的系统而是信息服务与控制有机结合的系统。

5）多种控制手段。在日常家居生活中，为了对家庭的控制系统能随时掌控、需要的信息随时获取，操作终端的形式非常重要，多种形式的智能操作终端是必不可少，如智能遥控器、移动触摸屏、电脑、手机、PDA等。

而随着云技术的发展，市面上出现了将云语音控制融入到控制系统的智能家居控制软

件，不需要专业的设备，任意一台智能手机或是平板电脑安装上软件即可，其兼容 windows、IOS、android 系统，开启手机软件，启用监听模式，在声场的覆盖的范围内，即可与系统对话控制电气设备，更强大的是该系统还可以接入互联网系统，进行日常信息查询，浏览网页，搜索音乐等功能，整个交互的过程，可以是全语音也可以是屏幕显示。

智能家居可以成为智能小区的一部分，也可以独立安装。

中国人口众多，城市住宅也多选择密集型的住宅小区方式，因此很多房地产商会站在整个小区智能化的角度来看待家居的智能化，也就出现了一统天下、无所不包的智能小区。欧美由于独体别墅的居住模式流行，因此住宅多散布城镇周边，没有一个很集中的规模，当然也就没有类似国内的小区这一级，住宅多与市镇相关系统直接相连。这一点也可解释为什么美国仍盛行 ADSL、Cable Modem 等宽带接入方式，而国内光纤以太网发展如此迅猛。因此欧美的智能家居多独立安装，自成体系。而国内习惯上已将它当作智能小区的一个子系统考虑，这种做法在前一阶段应该是可行的，而且是实用的，因为以前设计选用的智能家居功能系统多是小区配套的系统。但智能家居最终会独立出来成为一个自成体系和系统，作为住宅的主人完全可以自由选择智能家居系统，即使是小区配套来统一安装，也应该可以根据需要自由选择相应产品和功能、可以要求升级、甚至你对整个设计不感兴趣，完全可以独立安装一套。我们的观点是，智能家居实施其实是一种“智能化装修”，智能小区只不过搭建了大环境、完成了粗装修，接下来的智能化“精装修”要靠自己来实施。

（3）技术判断。最新出台的《物联网“十二五”发展规划》指出“推进传输技术突破。重点支持适用于物联网的新型近距离无线通信技术和传感器节点的研发，支持自感知、自配置、自修复、自管理的传感网组网和管理技术的研究”，它在自配置、自修复、自管理、低功耗，高安全、抗干扰等方面有着非常独特的优势。

当然由于 433M/315M 射频、蓝牙，WiFi 技术简单，产品开发周期短，我国电子行业前沿，特别是广东、福建等南方一些智能家居企业的再使用，这些企业产品得到大量的使用与验证，并且使用年限较上，得到了消费者的普遍认可。

（4）认知三大误区。

1）有线无线区别大。国内外智能家居企业鱼龙混杂，相关智能控制技术参差不齐，传统智能家居采用有线技术，布线复杂，造价昂贵，且用户体验度非常不好。新一代物联网技术的智能家居，利用无线传感技术，结合目前最火热的移动互联网技术，采用智能终端远程控制，使整个使用体验的舒适度明显地提升了上去。相关专家表示，有线控制面临消亡，无线控制由于其免布线，移动性强，升级方便等特点迅速受到市场的欢迎，更符合智能化的需求和趋势。不过，有一些成熟的智能家居企业利用无线的优势，推出的只具有单向控制信号的无线智能家居，非常适合市场的需求，因此一些传统的低压开关厂家也纷纷进入，如 TCL、飞雕等，也是采用 RF433 的单向技术，说明只有符合市场的，才是好产品。

2）智能家电不等于智能家居。某企业推出了新一代超级智能电视，受到网民的热烈讨论。各大媒体和电视业纷纷追踪报道，一时间，智能电视以及智能家电受到了人们的强烈关注，很多人把智能家电当成了智能家居，这是一个非常大的误区，如果不认清这个，很容易被一些家电商误导。智能家电的本质还是家用电器，只不过采用了一些智能化的系统或者技术，这是相对于传统家电而言的，就像 21 世纪的智能手机一样，它还是手机。而智能家居是一个平台，其本身就是一个智能化的控制系统。在这个平台上，所有的家电和门窗开关都可以被远程控制，实现智能化的应用体验，可以根据用户的自定义设置，进行各种各样的智能控制，这才是真正的智能家居。在选择产品和品牌的时候，且不要被一些家电厂商的所谓的“智能化”字眼所迷惑和误导。

3）智能不智能，体验是关键。在 21 世纪智能是一个非常火热的词语，随着移动互联网的强势崛起，21 世纪以后所有的产品都要和智能联系到一起，否则都不好意思出现在用户面前。然后事实却是大部分打着智能旗号的产品都是一个幌子而已，根本都不能实现用户所想所需的智能体验。特别是在智能家居领域，很多时候并不是说能够进行简单的智能控制就是智能家居了。我们所需要的智能应该是一种切实解决实际需求并且使用方便快捷的人性化体验，因此，判断到底智能不智能，只有通过自己的实际体验才能知道，没有体验过的智能家居很难让用户产生信任。用户在选择智能装修的时候，一定要去其体验中心实地考察体验，只有适合自己的才是好产品。

消费者安装智能家居系统所要追求的是一种高品质的生活体验，因此在选择智能装修之前一定要认识到这些常见的误区，避免造成资金的浪费，并且不能使自己享受很好的服务。

一般原理，所有的技术都各有所长，各有所短，市场上接受度最高，使用量最大的产品，是值得考虑的。

参 考 文 献

[1] 赵智. Arduino开发实战指南——智能家居卷［M］. 北京：机械工业出版社，2016.
[2] Assimo Banzi Michael Shiloh. 爱上Arduino——创客常用的开源智能硬件设计平台［M］. 3版. 北京：人民邮电出版社，2016.
[3] 孙骏荣，苏海永. 用Arduino全面打造物联网［M］. 北京：清华大学出版社，2016.
[4] 蔡艳桃. Android App Inventor项目开发教程［M］. 北京：人民邮电出版社，2014.
[5] 黄仁祥，金琦，易伟. 人人都能开发安卓APP-App Inventor 2应用开发实战［M］. 北京：机械工业出版社，2014.
[6] 王向辉，张国印，沈洁. 可视化开发Android应用程序——拼图开模式App Inventor 2［M］. 2版. 北京. 清华大学出版社，2014.